INSPC认证培训教程系列

信息安全之个人防护

国家反计算机入侵和防病毒研究中心 组编
张奎亭 单蓉胜 罗诗尧 编著

電子工業出版社
Publishing House of Electronics Industry
北京•BEIJING

内 容 简 介

本书围绕个人用户使用计算机和网络过程中遇到的安全问题，介绍了信息安全基础知识和安全威胁，结合个人用户常使用的Windows XP系统，介绍了Windows XP系统的基本安全设置、文件安全操作、数据安全保护、系统进程管理、网络故障差错和安全模板的配置与管理知识。围绕用户使用Internet和网络应用服务，介绍了Internet网络及应用遇到的安全问题和防范技能，帮助用户有效防范计算机病毒和木马的攻击威胁，能够安全使用常见的计算机远程管理手段，帮助用户提高信息网络安全防范意识，掌握个人计算机及网络安全防范技能，防止常见的网络攻击手段对信息系统的侵害。

本教程内容适合于信息系统的普通用户培训和学习，如组织中的管理人员、财务和市场业务人员、技术支持人员，通过学习提高个人对信息安全威胁的防护意识和技能。本教程同时也可供大中专院校和职业技术学校的相关专业，作为信息安全专业基础课程教材，为进一步学习安全专业课程奠定基础。

图书在版编目（CIP）数据

信息安全之个人防护 / 国家反计算机入侵和防病毒研究中心组编；张奎亭，单蓉胜，罗诗尧编著. —北京：电子工业出版社，2008.8

（安全技术大系. INSPC认证培训教程系列）

ISBN 978-7-121-06337-4

I. 信… II. ①国… ②张… ③单… ④罗… III. 信息系统－安全技术 IV. TP393

中国版本图书馆CIP数据核字（2008）第045024号

责任编辑：王鹤扬
印　　刷：北京智力达印刷有限公司
装　　订：北京中新伟业印刷有限公司
出版发行：电子工业出版社
　　　　　北京市海淀区万寿路173信箱　邮编100036
开　　本：787×980　1/16　印张：20.25　字数：368千字
印　　次：2008年8月第1次印刷
印　　数：5000册　定价：39.00元

凡所购买电子工业出版社图书有缺损问题，请向购买书店调换。若书店售缺，请与本社发行部联系，联系及邮购电话：（010）88254888。

质量投诉请发邮件至zlts@phei.com.cn，盗版侵权举报请发邮件至dbqq@phei.com.cn。

服务热线：（010）88258888。

前　　言

人类进入信息时代，各种信息化应用系统日益渗透我们社会经济、政治、文化等领域，伴随而来的是各种各样的信息安全问题，无论国家、社会还是个人，都应加强信息安全防范。如今在很多大中型企事业单位中，已经设立了信息安全方面的专业技术和管理岗位，由专业人员负责应对各种信息安全问题。而作为信息网络系统的一名普通用户（不属于信息安全专业技术人员范畴），同样每天也要面对着各种各样的信息安全威胁。由于普通用户缺少信息安全防范意识和必要的安全防范技能，在遇到诸如操作系统崩溃、病毒和黑客攻击等安全问题时，往往束手无策，导致个人计算机无法正常使用，个人数据丢失，影响用户使用计算机的效率；另一方面，随着 Internet 网络的广泛应用，个人用户使用网上银行、网络购物、网络炒股等电子业务形式越来越多，由此而引起的各种网络安全问题近些年屡有发生，甚至直接造成用户的经济和名誉损失。

在社会很多领域，大家都了解“水桶定律”，它指的是一个水桶能装多少水不取决于组成水桶中最长最结实的那块木板，而取决于组成水桶中最短的那块木板。信息安全的防护也同样适用这个定律，信息安全是一个系统性的工程，信息系统的安全性到底如何取决于信息系统中最薄弱的环节，所以无论信息系统中用了多么先进的产品，有多少顶级的安全专家顾问，如果不重视对普通用户安全防范的意识教育和技能培养，系统的安全性将难以真正保障。

个人用户使用计算机遇到的安全问题，大多和计算机操作系统、个人数据备份及网络应用有关，除个人版的计算机防病毒和防火墙产品，用户很少接触专业的安全设备和产品，因而本教程的内容紧紧围绕个人使用计算机可能遇到的问题进行组织，通过本教程的学习，达到普及信息安全基础知识和政策法规、提高信息网络安全防范意识的目标，帮助用户掌握个人计算机及网络安全防范技能，防止常见的网络攻击手段对系统的侵害。

为增加内容的趣味性，本教程采用了“情景故事”线索的组织形式。故事的主人公（在本教程中以“安博士”来称呼）是一位高校教师，同时身兼一家大型安全公司的咨询顾问，参与了多项信息安全工程和服务项目，具备扎实的理论基础和丰富的工程实践经验。通过“安博士”对各种安全问题的解答和阐述，帮助读者掌握在使用个人计算机中必需的安全防范知识和技能。

教程内容概述

第 1 章　信息安全概述，介绍了信息资产、信息安全基本概念，并结合近些年发生的各类信息安全典型事件，以事例点评的方式向读者展示信息时代所面临的各种安全威胁，分析了信息安全问题发生的根源，以及如何实现信息安全防护的解决之道，并以个人防护为重点，概述了作为普通用户应该从形成良好的计算机使用操作规范、增强安全防范意识等方面提高防护能力。

第 2 章　Windows XP 系统基本安全，介绍了个人用户最常使用的操作系统——Windows XP 在使用过程中的基本安全问题，包括系统的启动、登录、账户管理、默认安装服务、系统优化等内容，并给出了常用的安全措施建议，以实现系统的基本安全防护。

第 3 章　Windows XP 系统文件安全，介绍了文件系统的类型和安全性，使用 EFS 保护文件的安全，指导用户如何清除垃圾文件，并介绍文件共享的安全防范措施。

第 4 章　Windows XP 系统数据安全，介绍了 Windows XP 系统还原功能和操作，Ghost 工具备份系统和恢复，如何备份关键数据的最佳指南，如何保护用户隐私数据信息等内容。

第 5 章　Windows XP 系统高阶安全，介绍了 Windows XP 系统中的进程管理，日志审计操作，网络故障查错和安全模板的配置和管理。用户利用这些功能可以更进一步实现系统的安全管理。

第 6 章　Internet 上网安全，围绕 Internet 网络连接、网络浏览和网络搜索的基本上网应用，介绍了各种网络安全威胁和防护手段，利用相关的安全配置和常见的安全工具软件，提高用户在上网过程中的安全防范技能。

第 7 章　Internet 网络应用安全，围绕用户在电子邮件、网络聊天、电子商务等应用方面，介绍相应的安全威胁和防护手段。

第 8 章　计算机木马防范，介绍了计算机木马的种类和发展，木马工作原理，计算机木马的常见症状以及启动和隐藏机制，帮助用户能够手动或借助专用工具清除计算机木马。

第 9 章　计算机病毒防范，介绍了计算机病毒基本知识和运行机制，常用反病毒软件的使用操作，以病毒清除实例介绍如何手动和借助专用软件防范和查杀计算机病毒。

第 10 章　计算机远程管理，介绍远程终端连接的安全威胁、远程终端和桌面使用操作、PC Anywhere 远程管理工具软件的使用、远程协助等内容，帮助用户安全有效地远程管理和使用计算机。

教程适合对象

本教程内容适合信息系统的普通用户培训和学习，如组织中的管理人员、财务和市场业务人员、技术支持人员，通过学习提高个人对信息安全威胁的防护意识和技能。本教程同时也可供大中专院校和职业技术学校的相关专业作为信息安全专业基础课程，为进一步学习安全专业课程奠定基础。

本教程同时作为 INSPC 认证的信息安全公共基础教程，供各 INSPC 授权机构开展培训使用，与教程配套，由 INSPC 认证管理中心开发了网络多媒体课件，提供网络点播，同时也设计了针对性的实验，训练提高学员动手操作技能（注：教程配套资源需要成为注册学员后获得）。对通过 INSPC 认证考核的学员，将颁发 INSPC 认证的权威证书。

感谢

上海交通大学信息安全工程学院的施勇老师也参与了本教程的编写工作，大家在合作编写的过程中，为了能够保证稿件质量和进度，经常利用电话和网络及时沟通交流，不厌其烦地修改稿件中不合适的内容，这是一段相互学习和激励的愉快体验，在此感谢大家的参与和认真精神。

本教程在编写过程中也得到了电子工业出版社毕宁编辑的指导和支持，还有晚间构思教程内容时家人为我创造了独立宽松的写作环境，理解并支持我所做的编写工作，在此一并表示感谢！

反馈与完善

由于编者水平有限，书中难免存在不足和错误之处，望各位专家与读者给予谅解和指正。

我们将不遗余力地保证本书内容的准确性和适应性，同时将根据信息技术的发展及培训学员的实际需要，对教程进行针对性的修订。如果对本书有意见、问题或看法，请通过下面的方法反馈到 INSPC 教材编审委员会，请来信至

电子邮件：kuitingzhang@163.com

教程参考网站：www.inspc.cn

编者

2008 年 1 月

INSPC 认证丛书介绍

随着全球科学技术的迅猛发展和信息技术的广泛应用，信息网络系统的安全性问题已经成为全社会关注的焦点，并且已成为涉及国家政治、军事、经济和文教等诸多领域的重要课题。在国内，随着国民经济和社会信息化建设进程全面加快，网络与信息系统的基础性、全局性作用日益增强，迫切要求加强信息安全保障工作。

为贯彻落实《国家信息化领导小组关于加强信息安全保障工作的意见》（中办发[2003]27 号）和《国务院关于大力发展职业教育的决定》（国发[2005]35 号），进一步加强信息网络安全专业人员队伍建设，培养和建设一支政治可靠、技术过硬的信息网络安全专业人员队伍。国家公安部第三研究所、国家反计算机入侵和防病毒研究中心首先发起，联合国内信息安全专业教育和研究服务机构、国际知名信息安全厂商企业、国家重点行业代表性用户单位，按照优势互补、资源共享原则，以联盟合作的形式共同推动中立、专业、实用的**信息网络安全专业人员认证培训体系**（**Information Network Security Professional Certification**）（**简称 INSPC**），建设以国家信息化产业政策为指导、适应中国信息安全产业发展的信息安全职业技能认证体系，INSPC 体系的建设是以人才市场需求为导向，以培养和锻炼职业技能为核心，将推动 INSPC 认证体系逐渐获得政府职能部门、行业协会、信息安全产业和人才市场的认同，成为信息网络安全从业人员资格认证、技能鉴定、企事业单位聘用信息网络安全专业人才的测评标准，同时为中国的信息安全保障工作建立信息网络安全专业人才库。

INSPC 认证体系分为**公共基础认证**和**安全专业人员认证**。其中安全专业人员认证根据不同的安全领域或产品分为不同的认证模块。

一、公共基础认证（Common Basal Certification：CBC）

- **认证对象**

高中（含中专）以上学历，使用 PC 进行办公、学习和生活娱乐的个人电脑用户；
专业人员进阶认证的基础。

- **认证目标**

✓ 普及信息安全基本知识和政策法规，提高信息网络安全防范意识；
✓ 形成个人电脑操作良好规范，提高电脑使用效率；
✓ 掌握个人电脑安全防护技能，防止病毒、木马等恶意程序对系统的破坏；

✓ 掌握个人电脑网络安全防范技能，防止常见的网络攻击手段对系统的侵害；

✓ 掌握系统和用户数据备份技能，保护个人电脑用户数据安全。

二、专业人员认证（Security Professional Certification：SPC）

- **认证对象**

  ✓ 企事业单位中从事技术岗位的专业人员，如网络管理员、系统管理员、数据库管理员等专业人员。

  ✓ 信息安全企事业单位售前和售后技术支持人员。

- **认证目标**

  ✓ 掌握信息安全工程和管理所必需的专业理论知识；

  ✓ 掌握信息系统的安全管理、评估和攻防技术；

  ✓ 掌握主流网络和信息安全产品的配置管理；

  ✓ 培养信息安全解决方案设计和工程实施能力。

根据 INSPC 认证培训教学的需要，由公安部第三研究所和电子工业出版社联合组织国内信息安全领域的专家和工程实践人员，通过对用户单位在信息安全知识需求方面进行的针对性调研，组织编写和出版了该套 INSPC 认证丛书，丛书包括以下书目：

编　号	名　称	认证类别	计划出版日期
CBC01	信息安全之个人防护	公共基础	2008/6
SPC01	Windows 2003 Server 安全管理实践	系统安全	2008/8
SPC02	UNIX 系统安全管理实践	系统安全	2009/6
SPC03	数据库系统安全	数据安全	2008/10
SPC04	网络安全攻防实战	网络安全	2008/4
SPC05	计算机病毒防御技术	网络安全	2008/6
SPC06	防火墙配置实践	网络安全	2008/12
SPC07	路由与交换设备安全配置实践	网络安全	2009/6
SPC08	密码应用 PKI 技术	密码技术	2008/10
SPC09	安全审计与计算机取证技术	安全管理	2009/8
SPC10	信息安全管理实践	安全管理	2009/10

该丛书的出版本着“出精品”的原则，成熟一本，出版一本，并建立了完善的教材修订机制，及时更新教材内容。

作为一套用于认证培训的丛书，它具备以下特点。

实用性

本套丛书从信息系统用户的安全知识和技能需求出发，组织相关内容，同时与教程配套，由教学和工程实践经验丰富的专家精心设计了若干针对性实验，理论结合实践，可有效提高用户的专业知识和实践技能，有“立竿见影”之效。

趣味性

本套丛书结合了用户在信息系统使用中遇到的很多实例问题，文字风格生动活泼，有机地结合了知识性和趣味性，让学员或读者共同走进书中内容，与教师或编者分享经验心得。

开放性

为保证教程内容的时效性和针对性，INSPC 认证管理网站（www.inspc.cn）专门开设教程交流学习论坛，读者和学员用户可把自己遇到的问题和内容建议交流反馈，我们将由专人负责整理和解答，并把其中精彩的内容体现在修订教程中。

INSPC 认证教材编审委员会

2008 年 1 月

目　　录

CHAPTER 1

第1章 信息安全概述

引言

金秋9月，新的一个学期开始了，安博士这个学期要承担一门信息安全公共基础课程的教学任务，虽然类似的课程安博士以讲座的形式讲过多次，但由于面向对象不同，各主题内容也不尽相同，每次讲座总感觉时间比较紧凑，不能系统讲授相关的内容。这次教学任务作为一项专门的课程，授课时间要保证48课时以上，实验操作保证24课时以上，要让同学们学完后获得系统性的安全基本知识和基本操作技能。安博士在接到通知后就开始精心准备授课的内容了。

好的开始等于成功的一半，在第一周的课程中，安博士准备了信息安全概述的专题，这个专题会包括哪些内容呢？安博士将以何种方式引领大家进入信息安全的世界？我们拭目以待！

本章目标

- 了解信息资产的价值和特点；
- 掌握信息安全的基本概念和属性；
- 从信息安全典型事件的教训中，提高对信息安全重要性的认识，并了解其发生根源；
- 了解信息安全技术体系结构、管理标准及相关法律法规，作好个人防护。

信息是社会发展的重要战略资源。近十多年来Internet网络飞速发展，电子政务、电子商务等各种信息化系统日益深入应用，信息技术正在改变着传统的生产、经营和生活方式，我们已在不知不觉中进入了信息时代，整个社会和个人的事务越来越依赖信息网络系统，信息网络对国家和社会的全局性、基础性地位日益增强，已经成为国家的关键基础设施。

伴随信息化的发展，信息安全问题日渐突出。网络攻击、病毒破坏、垃圾邮件等迅速增长，利用网络进行盗窃、诈骗、敲诈勒索、窃密等案件数量逐年上升，严重影响了网络的正常秩序，严重损害了人民群众的利益；网上色情、暴力等不良和有害信息的传播，严重危害了青少年的身心健康；针对网络和信息系统的破坏活动，以及网络与系统自身的安全问题严重影响着通信、金融、能源、交通等关键基础设施正常运转；境内外敌对势力利用网络与信息技术手段进行的破坏活动也对社会政治稳定造成了严重威胁。

在信息时代，信息安全保障能力是世界各国奋力攀登的制高点。信息系统的安全性如果不能得到保证，将大大制约信息化的深度发展，同时也将威胁到国家的政治、经济、军事、文化和社会生活的各个方面，影响社会的稳定、和谐发展。

在信息安全保障体系的建设中，政府和产业界从安全法律法规、信息安全管理和信息安全技术各个方面提供了信息安全的解决方案，然而信息安全是一项系统性的工程，需要全社会人员共同参与。用户作为信息系统的使用者，对系统的安全性起到了关键作用，在实际应用中，并非每一个用户都是技术专家，有许多的安全问题是因为用户安全防范意识不强、计算机操作行为不规范等因素造成。

作为一名普通的信息网络系统用户，如何在信息时代作好个人防护，为整体的信息安全保障增加防范能力，首先需要了解信息的重要性和安全威胁，增强信息安全防范意识。本章将介绍相关的安全事件、信息安全基本概念、安全法律法规和常见的安全管理与技术手段，建立整体的安全防范意识，为学习后续章节的内容做好铺垫。

1.1 信息与信息资产

提起信息，大家应该很熟悉，因为我们已身处其中。报纸、广播、电视、网络等媒介都是信息传播的载体，形形色色的信息通过这些媒介向我们传递，影响着我们生活、学习和工作等方面。

然而，要给出信息的一个确切定义，会有些“只能意会不能言传”的感觉。近代控制论的创始人维纳有一句关于信息的名言：“信息就是信息，不是物质，也不是能量”。这句话听起来有些抽象，但指明了信息具有独特的属性，信息与物质、能量同等并列，是人类社会赖以生存和发展的三大要素。

1.1.1 信息的定义

信息的定义有广义和狭义两个层次。从广义上讲，信息是任何一个事物的运动状态以及运动状态形式的变化，它是一种客观存在。例如，大自然的日出日落，飞鸟流水，风雨雷电气象信息，还有金融证券等领域的股票涨跌等，都是信息。它是一种“纯客观”的概念，与人们主观上是否感觉到它的存在没有关系。而狭义的信息的含义是指信息接受主体所感觉到并能理解的东西。中国古代有“周幽王烽火戏诸侯”和“梁红玉击鼓战金山”的典故，这里的“烽火”和“击鼓”都代表了能为特定接收者所理解的军情，因而可称为“信息”；相反，至今仍未能破译的一些刻在石崖上的文字和符号，尽管它们是客观存在的，但由于人们（接受者）不能理解，因而从狭义上讲仍算不上是“信息”。同样道理，从这个意义上讲，鸟语是鸟类的信息，而对人类来说却算不上是“信息”。可见，狭义的信息是一个与接受主体有关的概念。

ISO 13335《信息技术安全管理指南》是一部重要的国际标准，其中对信息给出了明确的定义：信息是通过在数据上施加某些约定而赋予这些数据的特殊含义。信息是无形的，借助于信息媒体以多种形式存在和传播；同时，信息也是一种重要资产，具有价值，需要保护。

通常的信息资产分类如表 1-1 所示。

表 1-1　通常的信息资产分类

分　类	示　例
数据	存在电子媒介的各种数据资料，包括源代码、数据库数据，各种数据资料、系统文档、运行管理规程、计划、报告、用户手册等
软件	应用软件、系统软件、开发工具和资源库等
硬件	计算机硬件、路由器、交换机、硬件防火墙、程控交换机、布线、备份存储设备等
服务	操作系统、WWW、SMTP、POP3、FTP、MRPII、DNS、呼叫中心、内部文件服务、网络连接、网络隔离保护、网络管理、网络安全保障、入侵监控及各种业务生产应用等
文档	纸质的各种文件、传真、电报、财务报告、发展计划等
设备	电源、空调、保险柜、文件柜、门禁、消防设施等
人员	各级雇员和雇主、合同方雇员等
其他	企业形象、客户关系等

1.1.2　信息的特点

我们更为关注的是狭义信息。就狭义信息而言，它们具有如下共同特征：

1．信息与接受对象以及要达到的目的有关。例如，一份尘封已久的重要历史文献，在还没有被人发现的时候，它只不过是混迹在废纸堆里的单纯印刷品，而当人们阅读并理解它的价值时，它才成为信息。又如，公元前巴比伦和阿亚利亚等地广泛使用的楔形文字，很长时间里人们都读不懂它，那时候还不能说它是“信息”。后来，经过许多语言学家的努力，它能被人们理解了，于是，它也就成了信息。

2．信息的价值与接受信息的对象有关。例如，有关移动电话辐射对人体的影响问题的讨论，对城市居民特别是手机使用者来说是重要信息，而对于生活在偏远农村或从不使用手机的人来说，就可能是没有多大价值的信息。

3．信息有多种多样的传递手段。例如，人与人之间的信息传递可以用符号、语言、文字或图像等媒体进行；而生物体内部的信息可以通过电化学变化和神经系统来传递等。

4．信息在使用中不仅不会被消耗掉，还可以加以复制，这就为信息资源的共享创造了条件。

1.2 信息安全基本概念

信息安全的定义随着应用环境的改变也有不同的角释。对用户来说，个人隐私和机密数据的传输受到机密性、完整性的保护，避免他人窃取资料是他们的安全要求。而对安全保密部门来说，过滤非法、有害或涉及国家机密的信息，成为其安全的重点。

信息安全和其保护的信息对象有关。本质是在信息的安全期内保证其在传输或静态存放时不被非授权用户非法访问，但允许授权用户访问。

1.2.1 信息安全问题的发展

我们处理信息以及其他资源安全的方式是随着时间而发展的，因为社会和技术在不断发展。理解这种发展历史对于理解今天如何实现安全是非常重要的。如果从历史中学习经验教训，那么我们重复之前发生过的错误的机会就会大大减少。

1．物理安全

在古代，所有财产都是物理的。重要的信息媒介也是物理的，因为它们都是被刻在石头和竹简上，之后又被写在纸上。为了保护这些财产，人们利用物理安全措施，如墙、护城河和卫兵。

如果传递信息，则通常由使者完成，并通常伴有护卫。危险是纯物理的，除了在物理上拿到之外，没有什么办法可以获得信息。在大多数情况下，财产（金钱或书面信息）容易失窃。而一旦失窃，财产也就离开了它最初的主人。与物理安全保护相适应，各种警卫、保镖（现代社会更多的是保安人员）列为职业类别。

2．通信安全

遗憾的是，物理安全有缺陷。如果消息在传输过程中被截获，那么消息中的信息就可能被敌人知道。早在 Julius Caesar 时期，人们就已经知道了这种缺陷。其解决方法采用通信安全措施。Julius Caesar 发明了恺撒密码，这种密码可以传递即使截获也无法读出的消息。

这种观念一直持续到第二次世界大战，德国使用了一台名为 Enigma（如图 1-1 所示）

的机器对发送到军事部门的消息进行加密。在第二次世界大战开始时，德军通讯的保密性在当时世界上无与伦比。似乎可以这样说，Enigma 在纳粹德国二战初期的胜利中起到的作用是决定性的，但是历史告诉我们，Enigma 在后来希特勒的灭亡中扮演了重要的角色（这是后话，本文不展开叙述）。

图 1-1　Enigma 机器

3. 辐射安全

加密传输是一种非常有效并经常使用的方法，但它不能解决输入和输出端的电磁信息泄露问题。因为人机界面不能使用密码，而只能使用通用的信息表示方法，如显示器显示、打印机打印信息等。无论什么信息网络系统，输入和输出端设备总是必有的，事实证明这些设备（系统）电磁泄露造成的信息泄露十分严重。在 20 世纪 50 年代，人们就认识到可以通过检查电话线上传输的电信号获得消息。针对这一问题，美国建立了一套名为 TEMPEST 的规范，它规定了在敏感环境中使用计算机的电子辐射标准，其目的是减少可以被用于收集信息的电磁辐射。

我们下面看几个关于电磁辐射的例子。

1985 年，在法国召开的一次国际计算机安全会议上，年轻的荷兰人范·艾克当着各国代表的面，公开了他窃取微机信息的技术。他用价值仅几百美元的器件对普通电视机进行改造，然后安装在汽车里，这样就从楼下的街道上接收到了放置在 8 层楼上的计算机电磁波的信息，并显示出计算机屏幕上显示的图像。他的演示给与会的各国代表巨大的震动。据报道，目前在距离微机百米乃至千米的地方，都可以收到并还原微机屏幕上显示的图像。

在国外有实验表明，银行计算机显示的密码指令在马路上就能轻易地被截获。通常窃视这种微弱电磁辐射的方法是：用定向天线对准作为窃视目标的微机所在的方向，搜索信号，然后依靠特殊的办法清除掉无用信号，将所需的图像信号放大，这样微机荧屏上的图像即可原原本本地重现了。

4．计算机安全

随着计算机的发展和普及应用，很多信息财产以电子形式被移植到了计算机中。任何可以访问系统的用户都可以访问系统中的信息，这引起了对计算机安全的重视。

针对计算机安全评估的标准，美国国防部在 1985 年正式提出了可信计算系统评估标准（Trusted Computing System Evaluation Criteria，简称 TCSEC，也被称为橙皮书）。橙皮书按照下列级别定义了计算机系统，如表 1-2 所示。

表 1-2　TCSEC 计算机系统安全级别

D	最低保护或未经分类	B2	结构化保护
C1	自主安全保护	B3	安全域
C2	受控的安全保护	A1	经验证的设计
B1	标识的安全保护		

对于每一种级别，橙皮书都定义了功能要求和保证要求。因此，为了让系统能够达到某一级别的认证要求，它必须满足功能要求和保证要求。

在随后的 10 多年，欧美各国都开始积极开发建立在 TCSEC 基础上的评估准则。其中包括欧共体的 ITSEC、加拿大可信计算机产品评估准则 CTCPEC、美国信息技术安全联邦准则 FC。

由于全球 IT 市场的发展，需要标准化的信息安全评估结果在一定程度上可以互相认可，以减少各国在此方面的一些不必要开支，从而推动全球信息化的发展。国际标准化组织（ISO）从 1990 年开始着手编写通用的国际标准评估准则（CC），于 1996 年形成 CC1.0 版，1998 年形成 CC2.0 版。1999 年 6 月，ISO 正式将 CC2.0 颁布为国际标准 ISO15408。

以上标准的发展如图 1-2 所示。

CC 标准作为评估信息技术产品和系统安全性的世界性通用准则，是信息技术安全性评估结果国际互认的基础。目前，加入 CC 互认协定的国家包括美国、加拿大、英国、德国、法国、澳大利亚、新西兰、荷兰、西班牙、意大利、挪威、芬兰、瑞典、以色列和奥地利等。

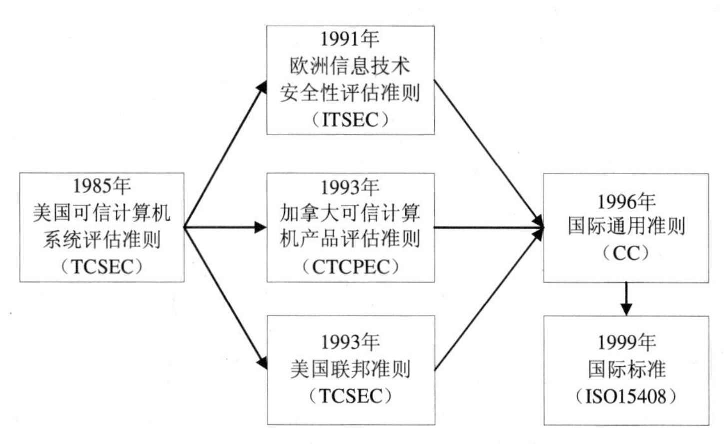

图 1-2　信息安全测评标准发展

我国于 2001 年 3 月正式颁布了 GB/T 18336-2001《信息技术 安全技术 信息技术安全性评估准则》（等同于 ISO/IEC15408：1999）。

5．网络安全

当计算机相互连接形成网络时，就会出现新的安全问题，而且原有的问题也会以不同的方式出现。比如信息系统联网之后，对信息的威胁就增加了来自网络更大范围的黑客攻击问题，网络病毒的传播和破坏也不同于单机模式。

在信息社会，经济、文化、军事和社会生活越来越多地依赖计算机网络。许多在计算机网络中存储、传输和处理的信息是政府决策、商业经济信息、银行资金转账、股票证券、能源资源数据、科研数据等重要信息，其中很多是敏感信息甚至是国家机密。由于网络安全的漏洞及恶意攻击，导致敏感信息泄露、信息篡改、数据破坏；另外网络的虚拟性使网络诈骗、暴力色情等不良信息等事件数量呈几何级数增长，导致网络安全问题面临着严重的威胁。

6．信息安全

事实上，信息安全是一个复合的问题，上述的安全问题综合在一起就构成了信息安全。在考虑信息安全的保护方案中，必须综合考虑物理、通信传输、辐射、计算机系统和网络安全的问题。

下文会对信息安全进行进一步的介绍。

1.2.2　信息安全的定义

ISO 国际标准化组织对于信息安全给出了精确的定义，描述是：信息安全是为数据处理系统建立和采用的技术和管理的安全保护，保护计算机硬件、软件和数据不因偶然和恶意的原因遭到破坏、更改和泄露。

ISO 的信息安全定义清楚地回答了我们所关心的信息安全主要问题，它包括三方面含义。

1. 信息安全的保护对象

信息安全的保护对象是信息资产，典型的信息资产包括了计算机硬件、软件和数据。

2. 信息安全的目标

信息安全的目标就是保证信息资产的三个基本安全属性。信息资产被泄露意味着保密性受到影响，被更改意味着完整性受到影响，被破坏意味着可用性受到影响，而保密性、完整性和可用性三个基本属性是信息安全的最终目标。

3. 实现信息安全目标的途径

实现信息安全目标的途径要借助两方面的控制措施，即技术措施和管理措施。从这里就能看出技术和管理并重的基本思想，重技术轻管理，或者重管理轻技术，都是不科学的，并且是有局限性的错误观点。

1.2.3 信息安全的基本属性

信息安全包括了保密性、完整性和可用性三个基本属性，如图 1-3 所示。

图 1-3 信息安全的基本属性

1. 保密性——Confidentiality

确保信息在存储、使用、传输过程中不会泄露给非授权的用户或者实体。

2. 完整性——Integrity

确保信息在存储、使用、传输过程中不被非授权用户篡改；防止授权用户对信息进行不恰当的篡改；保证信息的内外一致性。

3．可用性——Availability

确保授权用户或者实体对于信息及资源的正常使用不会被异常拒绝，允许其可靠而且及时地访问信息及资源。

1.3　信息安全典型事件

件随着各类信息网络系统的广泛应用，各类信息安全事件在近些年来屡屡爆发，给国家、社会、个人不同程度地造成了损失，在这些事件中，个人用户经常遇到的就是计算机病毒、黑客攻击、垃圾邮件、金融账户失窃以及网络不良信息资源等。

1.3.1　计算机病毒事件

每位计算机用户都会有过被病毒侵害的经历，我们一起来回顾一下几个典型的计算机病毒事件。

1．CIH 病毒事件

CIH 病毒是由台湾一位名叫陈盈豪的青年编写的，如图 1-4 所示。CIH 就是其姓名拼音的首字母缩写，据说当时他是为了“出一家在广告上吹嘘‘百分之百防毒软件’的洋相”而编写了这个病毒，却没想到制造了一场计算机系统的大灾难。

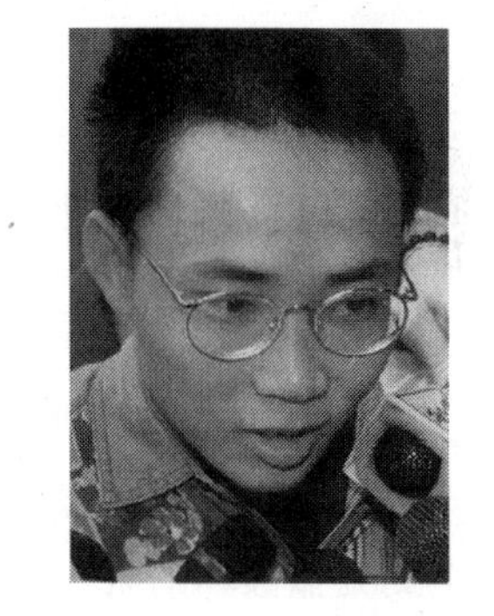

图 1-4　CIH 制造者 陈盈豪

今天回顾 CIH 病毒，我们可以心情比较轻松地谈论它，但在 1999 年 CIH 病毒大爆发的时候，可让中 CIH 病毒的电脑用户大伤脑筋，因为在此之前，计算机病毒给人的感觉就是只破坏电脑中的软件数据，对硬件不会构成任何威胁。而当 CIH 病毒发作时，电脑用户一开机就是黑屏，屏幕没有任何显示，好像是整个电脑硬件软件全破坏了（实际上 CIH 病毒破坏了主板 BIOS 的数据，使计算机无法正常开机），并且 CIH 病毒还破坏硬盘数据。从 1999 年的 4 月 26 日开始，4 月 26 日成为一个令电脑用户头痛又恐慌的日子，因为在那一天 CIH 病毒在全球全面发作，据媒体报道，全球有超过 6000 万台电脑被破坏，随后的 2000 年 4 月 26 日，CIH 又在全球大爆发，累计造成的损失超过 10 亿美元。

2．“熊猫烧香”病毒事件

“熊猫烧香”病毒是在 2006 年底大范围爆发的网络蠕虫病毒，它能终止大量的反病毒软件和防火墙软件进程，病毒会删除扩展名为 gho 的文件，使用户无法使用 ghost 软件恢复操作系统。"熊猫烧香"搜索硬盘中的.exe 可执行文件并感染，感染后的文件图标变成"熊猫烧香"图案，如图 1-5 所示。

图 1-5 "熊猫烧香"图案

"熊猫烧香"病毒传播速度快，危害范围广，截至 2007 年 2 月 1 日，国内已有上百万个人用户、网吧及企业局域网用户遭受感染和破坏，引起社会各界高度关注。在《2006 年度中国大陆地区电脑病毒疫情和互联网安全报告》的十大病毒排行中一举成为"毒王"。

经公安部门侦查，熊猫烧香病毒的制作者为湖北省武汉市李俊，公安部门于 2007 年 2 月初，抓获了李俊等 8 名犯罪嫌疑人，熊猫烧香病毒案件告一段落，这是国内制作计算机病毒的第一案。

1.3.2 黑客攻击事件

"黑客"一词由英语 Hacker 音译而来，是指专门研究、发现计算机和网络漏洞的计算机爱好者。他们伴随着计算机和网络的发展而产生成长。黑客对计算机有着狂热的兴趣和执着的追求，他们不断地研究计算机和网络知识，发现计算机和网络中存在的漏洞，喜欢挑战高难度的网络系统并从中找到漏洞，然后向管理员提出解决和修补漏洞的方法。

但是到了今天，黑客一词已被用于泛指那些专门利用计算机搞破坏或恶作剧的家伙，对这些人的正确英文叫法是 Cracker，有人也翻译成"骇客"或是"入侵者"，也正是由于入侵者的出现玷污了黑客的声誉，使人们把黑客和入侵者混为一谈，黑客被人们认为是在网上到处搞破坏的人。本文向读者介绍黑客攻击事件，就属于非法入侵。

虽然个人电脑很少成为黑客攻击的终极目标，但由于黑客会通过程序（网上一般称为"僵尸程序"）控制普通用户的个人电脑作为黑客攻击过程的跳板，这种被黑客控制了的电脑，被称为"肉鸡"，由许多"肉鸡"组成的计算机网络称为"僵尸网络"，它们常被用来当做垃圾邮件发送的中继站、放置恶意网站或者发起攻击。

2005 年，国家计算机网络应急技术处理协调中心（CNCERT/CC）发现超过 5000 个节点规模的僵尸网络有 143 个，其中最大的单个僵尸网络节点超过 15 万个。2005 年境外合作 CERT 组织发现一个超过 120 万个节点的僵尸网络，其中我国被控制的 IP 数量达到 29 万个。由于"僵尸程序"一般通过即时通讯、网络聊天等渠道传播，而网络聊天在网民的活动中占有非常重要的地位，因此特别值得所有人重视。

以下发生的事件就是一个利用“僵尸网络”进行攻击的案件。

从 2004 年 10 月份开始，原本并不火爆的北京某音乐网站，却突然“热闹”起来，在一段时间里，要想登录这家网站比“登天”还难，该网站技术人员确认该网站遭人恶意攻击。网站经营者专门请来北京地区的计算机专家前来“会诊”，试图“死里逃生”，但事与愿违，专家抵御攻击的尝试引来攻击者更加凶狠地“报复”。

无奈中，为了躲避攻击，网站经营者将网站服务器进行转移，但无论该网站服务器转到我国台湾，还是转到美国，攻击者如影相随，大有致该网站于死地而后快之势。最后，网站经营者“疲于奔命”，不得不向信息产业部进行汇报，接着信息产业部向公安部紧急报案。

公安部经侦查发现，这起黑客攻击事件是一起典型的“僵尸网络”案件，也是我国发生的第一起“僵尸网络”高科技犯罪案件。在该起黑客攻击案件中，有超过 6 万台的电脑受到一神秘黑客编译的一种名为 IPXSRV 的后门程序的控制，组成了一个庞大的“僵尸网络”。而神秘黑客则通过操纵这个控制有 6 万余台电脑的“僵尸网络”，对北京那家网站进行“拒绝服务”攻击。拒绝服务攻击就是利用一批受控制的机器向一台目标机器发起攻击，这样来势迅猛的攻击令人难以防备，因此具有较大的破坏性。其攻击原理如图 1-6 所示。

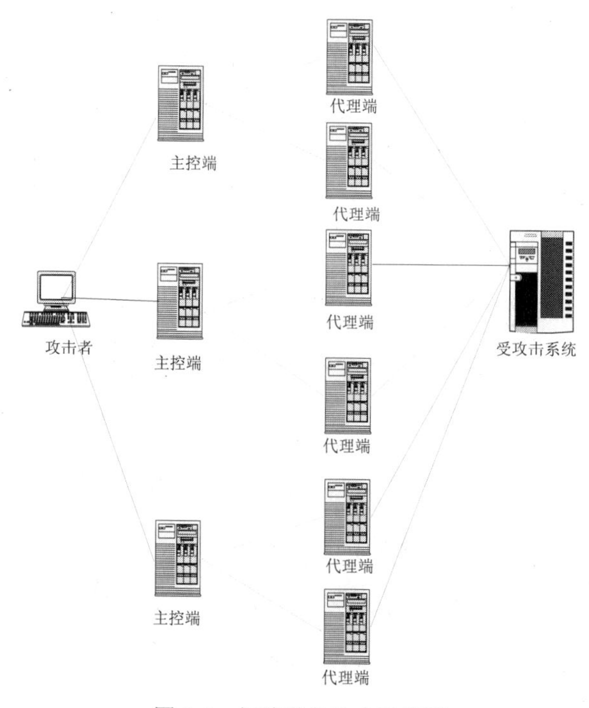

图 1-6　拒绝服务攻击示意图

经过数天的紧张调查，警方最终掌握了犯罪嫌疑人徐某的作案证据，2005 年 1 月 10 日，犯罪嫌疑人徐某被警方依法逮捕，在他的家中，警方发现了犯罪嫌疑人徐某作案用的电脑以及大量的电脑书籍。经审讯，犯罪嫌疑人对自己的犯罪事实供认不讳，这起我国首例“网络僵尸”案成功告破。

1.3.3 垃圾邮件的骚扰

我们的电子信箱里每天都会收到各种各样的邮件，由于电子邮件发送容易、成本低，普及面大，从而带来高额利润，而且难于追查来源，此为垃圾邮件盛行的根本原因。而病毒、木马、蠕虫的泛滥又是垃圾邮件发送者的天堂。据统计，全球 60%以上的垃圾邮件都是通过特洛伊木马、蠕虫和病毒控制的电脑发送的。因此，如果以传统的封 IP 的方法来抵制垃圾邮件，不知道会有多少服务器和终端被封掉。这如同手痛断手、脚痛砍脚一样令人无法接受。

我们下面来看一位记者与垃圾邮件斗智斗勇的经历，在这里你也许会看到自己的影子。

李先生供职于京城一家知名媒体，电子邮箱是他与外界联系的必备手段。为了确保各种资料传输准确无误，他特意于 2003 年向某家著名的电子邮件服务商申请了一个收费信箱，月使用费为 15 元。在享受了半年的幸福时光后，李先生和大多数网民一样，终于被垃圾邮件“盯”上了。

李先生收到第一封垃圾邮件是在 2004 年 3 月初，邮件正文只有一个英文单词“THANKS”，还有一个附件。当时服务器提示这是一封带病毒的邮件，有一定防范意识的李先生不敢贸然打开，只得直接删除了事。对于这个意外，李先生起初并未放在心上，但在随后的 20 多天内，他的信箱每天都会收到一些来路不明的垃圾邮件，有时候一天甚至会收到 7 封。

据李先生讲，这些邮件有两个共同特点。一是全部带有附件，而正文一般只有一行英文字，大都是“在这里”、“你很坏”、“你赤裸着吗”等诱惑性内容。二是这些垃圾邮件的发件人地址普遍比较古怪，要么纯粹是数字组合，要么是重复字母组合，一看就知道来者不善。

面对这些不请自到的垃圾邮件，李先生一开始还有耐心一封封地删除，但很快就无法忍受这种折磨，转而向邮件服务商寻求帮助。技术人员建议李先生将垃圾邮件发送地址加入信箱的黑名单，这样系统就会自动将这些烦人的垃圾邮件过滤掉。李先生依言而行，效果还真不错。可好景不长，仅仅清静了四五天，垃圾邮件便又开始光顾李先生的信箱，只不过数量略少了一些。

李先生用“道高一尺，魔高一丈”来形容他与垃圾邮件的战斗。后来在朋友的指导下，他又安装了防垃圾邮件的专用软件，效果仍然不理想。在承认自己“战败”的同时，李先生准备重新申请一个信箱，但对自己能否真正躲过垃圾邮件的骚扰并没有信心。

2006 年 3 月，我国《互联网电子邮件服务管理办法》开始实施，广东、上海、北京等地也相继开始或立法或处罚垃圾邮件发送者，国内外各行业也纷纷成立协会、组织以封堵垃圾邮件的蔓延。但是经过了数年发展和数次爆发的垃圾邮件，至今仍然令人无法轻松。

我国《互联网电子邮件服务管理办法》中规定，“对于有商业目的并可从垃圾邮件中获得违法收入的，则可最高处以 3 万元的罚款。”再来看看国外，日本的《反垃圾邮件法》规定“任何违反该法的企业最高可罚款 256 万美元，个人可判处最高两年的有期徒刑”。韩国《促进信息通信网利用以及信息保护等修正法案》规定，“凡是对青少年发送成人广告性质电子邮件者，将被判处最高两年徒刑或 1000 万韩元罚款。”

1.3.4　网络金融账户失窃案件

金融信息化使金融机构（如银行、证券公司）能够打破时空的限制，在任何时间、任何地点为顾客提供金融服务，它一方面给用户提供了便捷的服务，但另一方面，由于其安全性的隐患，犹如打开了潘多拉魔盒，各种麻烦甚至灾难接踵而至。

1. 2005 年，美国爆发了堪称迄今为止最大的金融数据泄密事件，有黑客侵入了为万事达、Visa、AmericanExpress 和 Discover 服务的“信用卡第三方付款处理器”的网络系统，造成 4000 多万信用卡用户的数据资料被窃。

2. 2005 年 5 月 11 日，储户庄某到晋江农行营业部业务窗口办理存款业务时，发现账户内的 777 万元存款不翼而飞，堪称迄今为止国内网上盗窃个人存款金额最大案。

3. 2006 年 6 月，“工行网银受害者维权联盟”（www.ak.cn）成立，正式向工行网上银行存在的安全隐患提出了维权的口号。至少 1000 多人用真实姓名登录联盟网站，并留下了联系地址和失窃金额。

4. 2006 年，某犯罪组织竟然在某银行的网银服务器内成功植入了木马程序，每隔 0.5 秒扫描一次，凡是此时登录的客户，其账号和口令通通被窃取。这一事件甚至惊动了国务院。

还有国内杀毒软件厂商监测到光大证券阳光网提供的多款网上证券交易程序捆绑了木马病毒。用户运行这些安装程序的同时，会下载网银木马，威胁用户工商银行网上银行的账号密码安全。

以上触目惊心的事件，使我们不难理解中国金融认证中心（CFCA）最近发布的数据，据其《2006 中国网上银行调查报告》显示，目前国内网上银行用户数量接近 4000 万，为 2005 年的两倍。但是，受“网银大盗”影响，高达 61%的网民不敢使用网上银行。

1.3.5 网络不良信息资源的毒害

中国互联网络信息中心最新发布的《第 20 次中国互联网络发展状况统计报告》显示，截止到 2007 年 6 月 30 日，我国网民总人数达到 1.62 亿，其中 25 岁以下的网民比例已经达到 51.2%。报告特别指出，青少年学生网民已经接近 6000 万，对互联网娱乐功能的使用超过对任何一种其他功能。我国网民年龄结构趋于年轻化、低龄化，青少年成为网络文化的主要参与者。网络作为一种特殊的文化载体，绝不仅仅是娱乐工具，同时，网络文化成分良莠不齐，不良文化对青少年群体的健康成长影响甚大。

网络暴力、色情、赌博等不良信息与服务，被称为“网络毒品”。有些网民的辨别能力和控制能力较差，往往在不知不觉中成为“污染”对象，沦为“电子鸦片吸食者”。许多网民尤其是青少年染上了“网络成瘾症”，在网络上毫无节制地花费时间、精力和金钱，由此对其身心健康和成长成才造成了严重损害。“网毒猛于虎”，并非是危言耸听。

1.4 信息安全问题的根源

1.4.1 物理安全问题

物理安全是其他安全的基础。不能保障物理安全，其他的安全就无从谈起。

除了物理设备本身的问题外，物理安全问题还包括物理设备的位置安全、物理环境安全、电磁泄露等。

首先，物理设备的存放位置极为重要，要考虑防盗和访问控制措施。所有关键物理设备都应该放置在严格限制来访人员的地方，如果条件允许，要把关键的物理设备存放在一个物理上安全的地方（比如专门的中心机房），以降低被盗和非授权访问的可能性。

第二，物理设备的环境安全威胁包括温度、湿度、灰尘、供电系统对系统运行可靠性的影响和自然灾害（如地震、闪电、风暴等）对系统的破坏等。这方面主要做好防火、防静电、防雷击等防护措施。

第三，防电磁泄露，信息系统的电子设备在工作时要产生电磁发射。电磁发射包括辐射发射和传导发射。这两种电磁发射都可被高灵敏度的接收设备接收并进行分析、还原，造成信息泄露。屏蔽是防电磁泄露的有效措施，屏蔽主要有电屏蔽、磁屏蔽和电磁屏蔽。

1.4.2 方案设计的缺陷

有一类安全问题根源在于方案设计时的缺陷。

由于实际中，网络信息系统的结构往往比较复杂，网络信息系统结构的复杂性给网络信息系统管理和方案设计带来很多问题。为了实现异构网络信息系统间信息的通信，往往要牺牲一些安全机制的设置和实现，从而提出更高的网络开放性的要求。开放性与安全性正是一对相生相克的矛盾。

由于特定的环境往往会有特定的安全需求，所以不存在可以到处通用的解决方案，往往需要制定不同的方案。如果设计者的安全理论和实践水平不够的话，设计出来的方案通常是存在不少漏洞的，这也是安全威胁的根源之一。

1.4.3 系统的安全漏洞

随着软件系统规模的不断增大，系统中的安全漏洞或“后门”也不可避免存在，比如我们常用的操作系统，无论是 Windows 还是 UNIX 几乎都存在或多或少的安全漏洞，众多的各类服务器（最典型的如微软的 IIS 服务器）、浏览器、数据库、一些桌面软件等都被发现存在安全隐患。可以说任何一个软件系统都可能会因为程序员的一个疏忽、设计中的一个缺陷等原因而存在漏洞，这也是信息系统安全问题的主要根源之一。

1.4.4 人的因素

信息系统的运行是依靠人员来具体实施的，他们既是信息系统安全的主体，也是系统安全管理的对象。人的因素是信息安全问题的最主要的因素，具体有以下的几方面表现。

1. 人为的无意失误

如操作员安全配置不当造成的安全漏洞，用户安全意识不强，用户口令选择不慎，用户将自己的账号随意转借他人或与别人共享都会给信息安全带来威胁。

2. 人为的恶意攻击

人为的恶意攻击也就是黑客攻击，这是计算机网络所面临的最大威胁。此类攻击又可以分为以下两种：一种是主动攻击，它以各种方式有选择地破坏信息的有效性和完整性；另一类是被动攻击，它是在不影响网络正常工作的情况下，进行截获、窃取、破译以获得重要机密信息。这两种攻击均可对计算机网络造成极大的危害，并导致机密数据的泄露。

黑客攻击比病毒破坏更具目的性，因而也更具危害性。更为严峻的是，黑客技术逐渐被越来越多的人掌握和发展，另外现在还缺乏针对网络犯罪卓有成效的反击和跟踪手段，使得黑客攻击的隐蔽性好、杀伤力强，成为网络安全的主要威胁之一。

3. 管理上的因素

网络信息系统的严格管理是企业、机构及用户免受攻击的重要措施。事实上，很多企业、机构及用户的信息系统都疏于安全方面的管理。此外，管理的缺陷还可能在系统内部人员泄露机密或外部人员通过非法手段截获而导致机密信息的泄露，从而为一些不法分子造成了可乘之机。

1.5 信息安全解决之道

要想真正为信息系统提供有效的安全保护，必须系统地进行安全保障体系的建设，避免孤立、零散地建立一些控制措施，而是要使之构成一个有机整体。在这个体系中，包括了安全技术、安全管理、安全法规、人员等关键因素。

1.5.1 信息安全技术体系结构

本教程根据信息系统的自然组织形式，阐述信息安全技术体系结构，如图 1-7 所示。

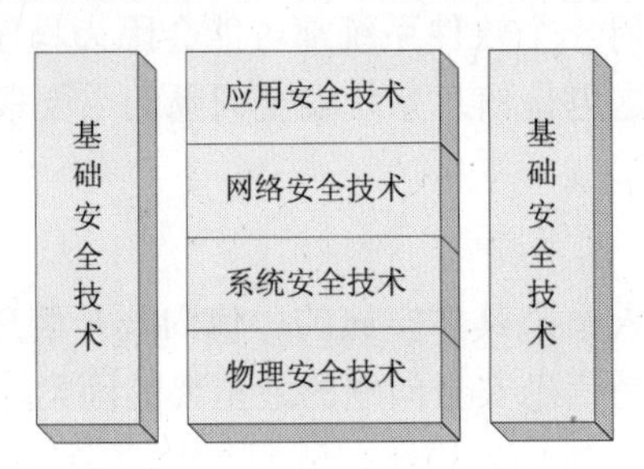

图 1-7 信息安全技术体系结构

1．物理安全技术

物理安全是相对于物理破坏而言的，所谓物理破坏，是指破坏信息网络赖以生存的外界环境、构成系统的各种硬件资源（包括设备本身、网络链接、电源、存储数据的介质等）以及系统中存在的各种数据。从保护的角度，我们可以这样定义物理安全：物理安全就是保护信息网络（包括单独的计算机设备、设施以及由它们组成的各种规模的网络）免受各种自然灾害和人为操作错误等因素的破坏，使信息网络可以维持正常运行的状态。

物理安全技术就是用来达到物理安全目标所采用的具体措施、过程和方法等，它对于各种信息网络应该是普遍适用的。物理安全技术按照需要保护的对象可以分为环境安全技术和设备安全技术。

（1）环境安全技术

环境安全技术是指保障信息网络所处环境安全的技术。主要技术规范是对场地和机房的约束，强调对于地震、水灾、火灾等自然灾害的预防措施。

（2）设备安全技术

是指保障构成信息网络的各种设备、网络线路、供电连接、各种媒体数据本身以及其存储介质等安全的技术。主要是应对可用性的要求，如防盗、防电磁辐射。

物理安全技术的保护范围仅仅限于物理层面，即所有具有物理形态的对象，从外界环境到构成信息网络所需的物理条件以及信息网络产生的各种数据对象。例如，构建一个机构的内部网络，我们就需要规划机房、门禁、监视系统、防火系统、照明系统，各种服务器、网络，还有对外提供的数据。

物理安全是整个信息网络安全的前提，如果破坏了物理安全，系统将会变得不可用或者不可信，而且其他上层安全保护技术也将会变得形同虚设。另外，仅仅做到物理安全是不够的，如我们熟知的病毒，它并没有破坏硬件（一些破坏硬盘的病毒除外），但也会导致我们的应用程序异常，甚至无法使用。虽然物理安全技术是必要技术，但我们还需要其他安全技术。

2. 基础安全技术

基础安全技术并不能简单地归入上述的任何一个层次，而是信息系统的各个层次都会用到的、依赖的技术，如加密技术和 PKI 技术等。

3. 系统安全技术

系统安全是相对于各种软件系统而言的，一个只有硬件的计算机是不能直接使用的，它需要各种软件系统来支持。最基本的、最重要的、也可以说是最大的软件系统就是操作系统，操作系统能够管理各种硬件资源，通过操作系统我们才能读写硬盘、读写光驱、使用打印机、连接网络等。信息网络还有一个共有的特性即数据，数据可以是信息处理的对象或结果，也可以是信息处理产生的命令。

既然数据是任何信息网络中都具有的对象，因而希望对于数据的处理能够标准化，如标准的格式、标准的存取接口等。这种需求被逐步固定下来，就产生了一类被广泛使用的软件系统——数据库系统。

系统是一个很广泛的概念，任何对象都可以被称为系统。相对应地，系统安全也是一个很宽泛的概念。我们将对于系统的保护称为系统安全，那么实现系统安全的各种方法、措施和过程就被称为系统安全技术。在本教程中，我们将系统的概念狭义化，仅仅讨论关于操作系统和数据库系统的范畴。之所以将系统的范围限制于操作系统和数据库系统的原因在于它们都具有相对标准的系统结构和安全技术，并且它们是最有代表性和使用最广泛的系统，是构成信息网络最基本的组成元素。

（1）操作系统安全

操作系统安全技术有两方面的含义：一是操作系统的自身安全，即遵循什么样的原则构建操作系统才是安全的，包括硬件安全机制和软件安全机制；二是操作系统提供给用户和上层应用的安全措施。操作系统的主要安全技术如表1-3所示。

表1-3 操作系统安全技术

硬件安全机制	存储保护	运行保护	I/O保护		
软件安全机制	标识与鉴别	存取控制	最小特权原则	可信通路	审计
安全管理机制	口令管理	权限管理	服务管理	系统升级	备份与恢复

每种操作系统中的具体安全措施都不完全一样。例如，Windows系列的操作系统提供的安全措施包括用户、组、域和权限，文件资源，注册表，网络服务等；UNIX/Linux操作系统提供的安全措施包括用户组、用户口令、用户权限、文件系统管理、审计等。

（2）数据库系统安全

数据库系统的安全技术目的是保证数据库能够正确地操作数据，实现数据读写、存储的安全。由于数据库系统在操作系统下都是以文件形式进行管理的，因此，可以将数据库中的数据等资源作为操作系统中的普通对象对待，利用攻击操作系统的方法间接攻击数据库。但是在本书中，数据库安全技术特指在数据库管理系统层次上实现的安全措施、方法和过程，即数据库管理系统提供的安全机制。例如，数据库管理系统对数据库的安全支持可以通过文件加密实现，文件加密可以有效防止数据的泄露。可以考虑在三个不同层次实现对数据库数据的加密，分别是OS层、DBMS内核层和DBMS外层。文件加密的同时还需要与严格的访问控制机制相结合，才能实现对数据安全细粒度的控制。

4．网络安全技术

信息网络必然需要网络环境的支持。依据网络的物理连接规模和使用范围可以实现对网络的分类，如局域网、城域网、广域网等。同时，我们还可以对网络本身进行分解。例如，开放系统互连OSI标准将网络分为物理层、链路层、网络层（IP层）、传输层（TCP层）、会话层、表示层和应用层7个层次。

相对应地，网络安全技术，是指保护信息网络依存的网络环境的安全保障技术，通过这些技术的部署和实施，确保经过网络传输和交换的数据不会被增加、修改、丢失和泄露等。最常用的网络安全技术包括防火墙、入侵检测、漏洞扫描、拒绝服务攻击等。

5．应用安全技术

任何信息网络存在的目的都是为某些对象提供服务，我们常常把它们称为应用，如电子邮件、FTP、HTTP等。应用是通过特定的协议与用户交互的，如电子邮件就采用了POP3

（PostOfficeProtocol3）和 SMTP（SimpleMailTransferProtocol）协议，POP3 即邮局协议的第三个版本，它规定怎样将个人计算机连接到互联网的邮件服务器和下载电子邮件；SMTP 即简单邮件传输协议，它是一组用于由源地址到目的地址传送邮件的规则，由它来控制信件的中转方式。严格地说，SMTP 协议属于 TCP/IP 协议族，它帮助每台计算机在发送或中转信件时找到下一个目的地。除了一些协议格式已经被规定的应用外，也可以定义遵循用户定制的特定协议格式的应用。

应用安全技术是指以保护特定应用为目的的安全技术，如反垃圾邮件技术、网页防篡改技术、内容过滤技术等。

1.5.2　信息安全管理

信息安全管理覆盖的内容非常广泛，涉及信息和网络系统的各个层面以及生命周期的各个阶段，随着对信息安全管理认识和理解的不断深入，人们发现这些不同层次、不同方面的管理内容在彼此之间存在着一定的内在关联性，它们共同构成一个全面的有机整体，以使管理措施保障达到信息安全的目标，这个有机整体被称为信息安全管理体系（Information Security Management System，ISMS）。

英国标准BS7799是目前世界上应用最广泛的典型的信息安全管理标准，该标准于1993年由英国贸易工业部立项，于 1995 年英国首次出版 BS7799-1：1995《信息安全管理实施细则》，它提供了一套综合的、有信息安全最佳惯例组成的实施规则，其目的是作为确定工商业信息系统在大多数情况所控制范围的唯一参考基准。1998 年英国公布标准的第二部分《信息安全管理体系规范》，它规定了信息安全管理体系要求与信息安全控制要求，它是一个组织的全面或部分信息安全管理体系评估的基础。

BS7799-1 与 BS7799-2 经过修订与 1999 年重新予以发布，2000 年 12 月，BS7799-1：1999《信息安全管理实施细则》通过了国际标准化组织 ISO 的认可正式成为国际标准——ISO/IEC17799-1：2000《信息技术—信息安全管理实施细则》。

2004 年，ISO/IEC JTC1/SC27 对 ISO/IEC 17799：2000 进行了修订。

2005 年 6 月 15 日，颁布 ISO/IEC 17799：2005。

2005 年 10 月 15 日，BS 7799-2：2002 经修订后，作为国际标准 ISO/IEC 27001：2005 发布。

组织可以按照 BS7799 信息安全管理标准建立组织完整的信息安全管理体系并实施与保持，达到动态的、系统的、全员参与、制度化的、以预防为主的信息安全管理方式，用最低的成本、达到可以接受的信息安全水平。

组织建立、实施与保持信息安全管理体系将会产生如下作用：

1．强化员工的信息安全意识；

2．规范组织信息安全行为；

3．对组织的关键信息资产进行全面系统的保护；

4．维持竞争优势；

5．在信息系统受到侵袭时，确保业务持续开展并将损失降到最低程度；

6．使组织的生意伙伴和客户对组织充满信心。

如果通过体系认证，就表明体系符合标准，证明组织有能力保障重要信息，提高组织的知名度与信任度；促使管理层坚持贯彻信息安全保障体系。

目前许多国家的政府机构、银行、证券、保险公司、电信运营商、网络公司及许多跨国公司已采用了此标准对自己的信息安全进行系统的管理，并且许多知名的跨国公司对其供方还提出了信息安全认证的要求。

1.5.3 信息安全法律法规

为保护本国的信息安全，维护国家利益，各国政府对信息安全非常重视，指定政府有关机构主管信息安全工作。从 20 世纪 80 年代开始，世界各国陆续加强了计算机安全的立法工作。这里比较有名的相关信息安全法律包括美国 1987 年的《计算机安全法案》、俄罗斯 1995 年的《联邦信息、信息化和信息保护法》、美国 2002 年的《联邦信息安全管理法》等。

有了一个完善的信息安全法律体系，有了相应的严格司法、执法的保障环境，有了广大机关、企事业单位及个人对法律规定的遵守及应尽义务的履行，才可能创造信息安全的环境，保障国家、经济建设和信息化事业的安全。

我国为了适应信息化的发展，国家及有关部门在宪法之下不断制定了一系列的信息安全法律法规，本文在此只简单列出几部比较重要的信息安全法律法规让读者了解，更多详细的内容，读者可参考有关的信息安全法律法规专业书籍。

1988 年，《中华人民共和国保守国家秘密法》。

1993 年，《中华人民共和国国家安全法》。

1994 年，《中华人民共和国计算机信息系统安全保护条例》。

1996 年，《中华人民共和国计算机信息网络国际联网管理暂行规定》。

1999 年，《商用密码管理条例》。

2000 年，《计算机病毒防治管理办法》。

2000 年，《全国人民代表大会常务委员会关于维护互联网安全的决定》。

2000 年，《计算机信息系统国际联网保密管理规定》。

2003 年，《国家信息化领导小组关于加强信息安全保障工作的意见》。

2004 年，《电子签名法》。

1.6 信息安全个人防护

在信息时代，个人作为信息系统的使用者，应该重视信息安全问题，从自身做起，保护个人及组织的数据和信息资产不受破坏。

1.6.1 形成良好的计算机操作规范

为了减少计算机因操作使用不当而造成的损坏以及因病毒原因造成网络瘫痪等问题，提高电脑的使用效率，现将有关计算机操作规范说明如下，具体的操作实践可参考后续章节的内容。

1. 关于日常使用维护

（1）不要长时间开机，特别是散热困难的夏天。注意每隔三四个小时，关机休息一段时间。长时间离开请关机。

（2）关机请采用程序关机，从“开始”菜单处关闭，不要硬性关机。

（3）不要在电脑前吃东西，喝水，以免将碎屑残渣和水弄到键盘鼠标里去。

（4）不要打开来历不明邮件中的附件和一些不明网页，以免中毒。

（5）不要随便更改 IP 地址。

（6）用其他移动存储设备前，一定注意先用刚升级更新过的杀毒软件杀毒。

（7）不要经常插拔电脑上的插头，包括键盘，鼠标，网线等，以免造成接触不良，影响使用。

（8）电脑运行时，不要随便搬动主机，以免损坏硬盘。

（9）共用机器注意协商合用，共同维护。

2. 自己的文件数据不要存放在系统盘上

所谓系统盘就是安装操作系统的那一个分区，一般就是指 C 盘。在日常使用中，请不要图方便，把自己的文档放在“我的文档”或在桌面上的一个文件夹中。因为一旦系统崩溃，你的这些文件很可能丢失，即使没有丢失，重装系统前也要先把你的那些文件复制到其他分区去，如果这时操作系统不能启动，就很难复制出来。所以，请在其他分区建一个文件夹存放自己的文件。

3. 保证操作系统是最新的

我们常用的微软系列操作系统——Win98、Win2000、WinXP都有很多漏洞，特别是现在最常用的系统Win2000和WinXP。有些人就利用这些漏洞制造计算机病毒，像“冲击波”、“震荡波”等，如果你不打上微软的最新操作系统补丁的话，即使你的杀毒软件是最新的，也不能避免中毒。保持系统最新的办法是经常升级，方法就是点击“程序”中的“Windows Update”，然后会打开一个网站，按上面的提示进行操作即可。如果微软的网站上不去，也可以在网上搜索最新的补丁打上。

4. 保持杀毒软件是最新的

杀毒软件建议至少一周更新升级一次病毒库，如果发现一种新病毒，则需要马上升级，否则就难免中毒被攻击。

5. 备份自己的重要文件

目前，最保险的存储介质是光盘。只有刻在光盘上的文件才能长期存放。闪存（即插即用的那种U盘）也不保险，向这种介质上复制文件时，在电脑上应留有备份。这种介质也不能长期保存文件。硬盘坏的可能性小一些，但也不是保险的，一旦硬盘坏了，里面数据很难找回，所以建议最好还是刻成光盘存放。

6. 避免IE浏览器被更改

现在有不少恶意网站，经常一不小心，自己电脑IE的主页被修改，一打开就弹出某个网站。用户可以在电脑上安装上网助手类似的功能软件，安装以后就可以利用该软件提供的修复功能和即时保护IE等功能了。

1.6.2 谨防“网络钓鱼”欺骗

用户在使用因特网进行信息浏览、收发邮件或网络交易时，需要提防网络上各种形式的欺骗。近些年，针对网络用户，出现了一类叫“网络钓鱼”的诈骗事件，让很多人受到经济损失。

“网络钓鱼”是通过建立假冒网站或发送含有欺诈信息的电子邮件，盗取网上银行、网上证券或其他电子商务用户的账户密码，来窃取用户资金。我们以“网络钓鱼”事件为例，向大家介绍如何防范该类安全事件的侵害。

1. 网络钓鱼的常见手段

（1）通过电子邮件，以虚假信息引诱用户中圈套

诈骗分子以垃圾邮件的形式大量发送欺诈性邮件，这些邮件多以中奖、顾问、对账等

内容引诱用户在邮件中填入金融账号和密码，或是以各种紧迫的理由要求收件人登录某网页提交用户名、密码、身份证号、信用卡号等信息，继而盗窃用户资金。

当用户点击链接时，实际链接的是钓鱼网站。当用户一旦输入了自己的账号密码，这些信息就会被黑客窃取。

（2）建立假冒网上银行、网上证券网站，骗取用户账号密码

犯罪分子模拟网上银行系统、网上证券交易平台的网站，建立与其极为相似的网站。引诱用户输入账号密码等信息得到账号和密码，然而通过真正的网上银行、网上证券系统或者伪造银行储蓄卡、证券交易卡盗窃资金；还有的利用跨站脚本，即利用合法网站服务器程序上的漏洞，在站点的某些网页中插入恶意 Html 代码，屏蔽一些可以用来辨别网站真假的重要信息，利用 Cookie 窃取用户信息。

（3）利用虚假的电子商务进行诈骗

此类犯罪活动往往是建立电子商务网站，或是在比较知名、大型的电子商务网站上发布虚假的商品销售信息，犯罪分子在收到受害人的购物汇款后就销声匿迹。

除少数不法分子自己建立电子商务网站外，大部分人采用在知名电子商务网站上，如“易趣”、“淘宝”、“阿里巴巴”等，发布虚假信息，以所谓“超低价”、“免税”、“走私货”、“慈善义卖”的名义出售各种产品，或以次充好，以走私货充行货，很多人在低价的诱惑下上当受骗。网上交易多是异地交易，通常需要汇款。不法分子一般要求消费者先付部分款，再以各种理由诱骗消费者付余款或者其他各种名目的款项，得到钱款或被识破时，就立即切断与消费者的联系。

（4）利用木马和黑客技术等手段窃取用户信息

木马制作者通过发送邮件或在网站中隐藏木马等方式大肆传播木马程序，当感染木马的用户进行网上交易时，木马程序即以键盘记录的方式获取用户账号和密码，并发送给指定邮箱。

（5）利用用户弱口令等漏洞破解、猜测用户账号和密码

不法分子利用部分用户贪图方便设置弱口令的漏洞，对银行卡密码进行破解。

2.“网络钓鱼”防范措施

对于以上不法分子通常采取的网络欺诈手法，我们应该采取哪些防范措施呢？

（1）针对电子邮件欺诈，广大网民如收到有如下特点的邮件就要提高警惕，不要轻易打开和听信。一是伪造发件人信息；二是邮件内容多为传递紧迫的信息；三是索取个人信息，要求用户提供密码、账号等信息。还有一类邮件是以超低价或海关查没品等为诱饵诱骗消费者。

（2）针对假冒网上银行、网上证券网站的情况，广大用户要注意以下几点：一是核对

网址，看是否与真正网址一致；二是选妥和保管好密码；三是做好交易记录，对网上银行、网上证券等平台办理的转账和支付等业务做好记录，定期查看“历史交易明细”和打印业务对账单，如发现异常交易或差错，立即与有关单位联系；四是保管好数字证书，避免在公用的计算机上使用网上交易系统；五是对异常动态提高警惕，如不小心在陌生的网址上输入了账户和密码，并遇到类似“系统维护”之类提示时，应立即拨打有关客服热线进行确认，如资料被盗，应立即修改相关交易密码或进行银行卡、证券交易卡挂失；六是通过正确的程序登录支付网关，通过正式公布的网站进入，不要通过搜索引擎找到的网址或其他不明网站的链接进入。

（3）针对虚假电子商务信息的情况，广大网民应掌握以下诈骗信息特点，不要上当。一是虚假购物、拍卖网站看上去都比较“正规”，有公司名称、地址、联系电话、联系人、电子邮箱等，有的还留有互联网信息服务备案编号和信用资质等；二是交易方式单一，消费者只能通过银行汇款的方式购买，且收款人均为个人，而非公司，订货方法一律采用先付款后发货的方式；三是诈取消费者款项的手法如出一辙，当消费者汇出第一笔款后，骗子会来电以各种理由要求汇款人再汇余款、风险金、押金或税款之类的费用，否则不会发货，也不退款，一些消费者迫于第一笔款已汇出，抱着侥幸心理继续再汇；四是在进行网络交易前，要对交易网站和交易对方的资质进行全面了解。

（4）其他网络安全防范措施。一是安装防火墙和防病毒软件，并经常升级；二是注意经常给系统打补丁，堵塞软件漏洞；三是禁止浏览器运行 JavaScript 和 ActiveX 代码；四是不要上一些不太了解的网站，不要执行从网上下载后未经杀毒处理的软件，不要随便接收 msn 或者 QQ 上传送过来的不明文件等；五是提高自我保护意识，注意妥善保管自己的私人信息，如本人证件号码、账号、密码等，不向他人透露；尽量避免在网吧等公共场所使用网上电子商务服务。

（5）加强口令的安全设置。有些用户为了便于记忆通常把口令设置得非常简单，这让犯罪分子便有机可乘了。用户不宜选身份证号码、出生日期、电话号码等作为密码，建议用字母、数字混合密码，尽量避免在不同系统使用同一密码。

1.6.3 个人隐私保护

信息时代的透明化需要一定的可以共享的个人信息。但这种个人信息要和个人隐私区别开来。个人愿意公开的，是个人信息；不愿意公开的，则是个人隐私。最近几年来，一连串涉及个人隐私的安全问题让大家开始考虑个人隐私的保护问题。

2006 年 6 月，国内一家网站论坛出现了近 600 位明星的私人电话号码，并且以迅雷不及掩耳之势被其他一些网站转载。众多网迷得此至宝，纷纷拿起电话，或问候、或言情、或骚扰、或引逗，一时间，中国众多明星们开始被各种各样莫名其妙的电话、短信骚扰。中国娱乐圈遭遇的首桩网络事件就这样发生了！

2007 年 8 月，一名知名跨国公司中国分公司女助理的裸照被泄露，成为各大网络社区关注的焦点，同时也引发了网民关于互联网时代个人隐私如何保护的大讨论。据悉，此次这位女助理裸照泄露之所以泄露，是因为存放其照片的网络日志密码被黑客破解并在网络上公开。

另外，在网上甚至马路地摊上，花费不多的钱就能买到大批用户的个人资料，如姓名、地址、电子邮件、电话号码，甚至是信用卡号码等。

所以，保护自己的个人隐私信息非常重要，也非常必要。

个人隐私保护问题同时还涉及法律法规及管理制度范畴，本文仅从间谍软件和网络浏览两方面介绍个人隐私信息保护的一些注意问题。

1. 免费软件的代价

网上有大量的软件资源，"用软件网上找"已经成为许多网友的习惯，但这些网站免费提供的软件当中，绝大多数是共享软件和免费软件，在这些软件当中有些作者会在软件之中放置一些广告，多数广告都会在我们的磁盘上偷偷安装一些小程序，我们称之为间谍程序，它们会帮助广告商收集用户的私人信息，例如用户点击广告的情况、下载过什么软件、喜欢用什么软件、上网习惯、邮件账号等，一有机会就会发送到远程的某台计算机上。

据广告商们说，这样做是为了更好地、更有针对性地投放广告，以增强广告效果，但所有的这一切都是在用户不知情的情况下做的，谁也不知道他们都收集了什么信息，也许这些信息当中确实有不该公开的。虽然所有的广告商都承诺对这些信息将全部保密，但这又有谁知道呢？所以对于个人用户，尽量减少在网站下载免费软件，如确实需要，建议在知名和专业的软件站点下载。下载之后，需要使用杀病毒软件和广告剔除软件对下载的软件进行扫描后安装使用。

2. 网上冲浪的烦恼

网络用户在 Internet 上浏览冲浪时，也能泄露自己的个人资料，很多网站都在通过网页收集私人信息，其主要方法目前有两个，一个是不安全的 Cookie，另一个是所谓的网络爬虫（Web Bug）。

Cookie 是 WWW 服务器所发送至你电脑内的小信息。有些网站设有 Cookie 功能，当我们要求浏览该站的网页时，该网页便会顺便夹带一个 Cookie 给我们，我们自己的电脑便会把这东西存在自己的硬盘中。下次你再进入同样的网页时，这个 Cookie 也顺便回传给该站。Cookie 技术的应用确实方便了冲浪者，但是一些别有用心网页设计的 Cookie 却非常不安全，它会告诉网站用户访问了哪些网站、点击过哪些广告、甚至是在网上购物时输入的信用卡号码，如果可能，它还会收集你的邮件地址、电话号码。当然，我们可以通过浏览器的设置来手工接收或拒绝Cookie，但实际操作起来非常麻烦，因为我们不知道哪些Cookie是正常的，哪些Cookie是有害的。

网络爬虫（Web Bug）又是什么呢？它只是网页上的一个图片，它植入网页或以HTML编写的电子邮件里，当用户浏览这些网页时，网络爬虫就会自动把用户的个人信息传给远端的服务器，当然，网络爬虫所做的可能还不止这些，关键的问题是，这一切都是在我们不知情的情况下做的，而且这个小图片一般都极小，也就一两个像素大小，人眼发现起来很难，我们总不能拿着放大镜上网吧，那还叫冲浪吗？所以说，网络爬虫的危害比不安全的Cookie还要大得多。

当前网上能够搜集个人资料的方法还有很多，我们的浏览器和操作系统也还存在很多的问题，本教程的后续章节将具体介绍相关内容，本章提出这个问题，希望个人用户能够把保护隐私这个问题重视起来，养成良好的计算机和网络使用习惯，在上网时应随时注意，不向网站和外人泄露自己的真实情况，不把重要的信息存放在电脑中，定期清除历史记录和Cookie，不随便使用网上下载的软件，减少个人隐私信息外泄。

1.7 小结

信息作为当今社会中的重要资源，影响着国家的政治、经济、军事、文化等领域的发展和社会稳定和谐。信息安全保障不仅依赖国家政策法规和产品技术，作为信息系统的普通用户也需提高相关的安全防范意识，熟悉掌握常用的计算机操作规范及安全技能，关注信息领域的重大安全事件，吸取经验教训，作好个人的安全防范。

习题1

一、判断题

1. 信息虽然对社会发展有着重要影响，但由于信息是无形的，信息网络很难成为国家的关键基础设施。（ ）
2. 随着科技的发展和进步，信息安全的问题会自然解决，不需要信息系统用户去考虑信息安全保障问题。（ ）
3. 信息与物质、能量同等并列，是人类社会赖以生存和发展的三大要素。（ ）
4. 通常的信息资产就是指计算机软件和程序，不包括各种计算机硬件设备。（ ）

5. 信息具备不可再生的特点，一旦被泄密或破坏就被消耗掉，不再具备价值了。(　　)

二、选择题

1．[单选]根据信息安全的发展过程来看，最早与信息安全相关的安全问题是哪个？(　　)

A．密码技术　　B．物理安全　　C．隐写术　　D．飞鸽传书

2．[单选]关于计算机安全，以下哪个标准属于最早提出的权威性安全评估标准？(　　)

A．ITSEC 标准　　B．TCSEC 标准　　C．BS7799 标准　　D．CC 标准

3. [单选]以下哪个标准是评估信息技术产品和系统安全性的世界性通用准则？(　　)

A．ITSEC 标准　　B．CC 标准　　C．BS7799 标准　　D．TCSEC 标准

4．信息安全的基本属性是哪些？(　　)

A．保密性　　B．动态性　　C．完整性

D．系统性　　E．可用性　　F．可控性

5．要真正为信息系统提供有效的安全保护，必须系统地进行安全保障体系的建设，在这个体系中，都包括哪些因素(　　)。

A．安全技术　　B．安全管理　　C．物理安全措施

D．辐射安全措施　　E．安全法规　　F．人员

三、简答题

1．请列举近一年发生的重大信息安全事件，并简要分析属于什么事件类型？

2．检查自己的电脑系统安装的防病毒软件，了解病毒库日期并决定是否升级。

CHAPTER

2

第2章 Windows XP 系统基本安全

引言

今天是第二周的课程，安博士还是像往常一样提前10分钟来到教室，呵呵，同学们也都大部分到齐了，安博士心里有些高兴，看来同学们对这个课程还是很认可的。

安博士将电脑从包里拿出来，启动着电脑，Windows XP 系统蓝天白云、碧绿的大草坪背景显示在桌面上。这时，一个同学风一样冲进教室，手里还拿着一杯奶茶，看到安博士已经在教室了，眼睛里掠过一丝惭愧，原来是班级里的小王同学。“安老师，对不起，我迟到了吗？”，小王看到教室已经坐满了人，而且老师也都在讲台了，有些疑惑，内心却在想，今天可还是比上课时间提前了几分钟来的，难道自己的表有问题，所以忍不住问了下。

“没有，现在准备开始了，赶快就座吧”，安博士看着小王坐好，然后转向大家说，“我们今天将开始讲述使用电脑中经常遇到的操作系统安全问题，涉及实验操作，将以目前用户接触较多的 Windows XP 为实例。”同学们听了，会心一笑，显然对要讲述的内容感觉没有难度，因为日常经常接触嘛。

安博士大概也预料到了这个状况，没有直接讲课，而是在投影上列出了一些 Windows XP 使用的典型问题，大家一看，呵，好多问题自己也碰到过，还真有些难度。看来 Windows XP 系统安全也有很多奥妙啊。安博士停顿了下，又继续打出了本章的学习目标。授课开始了！

本章目标

- 了解 Windows XP 系统默认安装会带来的安全隐患；
- 理解和掌握 Windows XP 系统的启动过程，能够独立解决启动中碰到的疑难问题；
- 理解和掌握 Windows XP 系统账户的安全策略；
- 对 Windows XP 系统进行性能优化；
- 掌握常见的系统安全措施。

2.1　什么是操作系统

操作系统（Operating System，简称 OS）是管理计算机系统的全部硬件、软件及数据资源的管理控制程序，大致包括 5 个方面的管理功能：进程管理、设备管理、文件管理、存储管理和作业管理。

操作系统的进程管理根据一定的策略将处理器交替地分配给系统内等待运行的程序。操作系统的设备管理负责分配和回收外部设备以及控制外部设备按用户程序的要求进行操作。操作系统的文件管理向用户提供创建文件、撤销文件、读写文件、打开和关闭文件等功能。操作系统的存储管理功能是管理内存资源，主要实现内存的分配与回收、存储保护以及内存扩充。操作系统的作业管理功能是为用户提供一个使用系统的良好环境，使用户能有效地组织自己的工作流程，并使整个系统高效地运行。

目前计算机常用的操作系统有 Windows、Linux 和 UNIX 等系统，一般的个人电脑用户使用的是 Microsoft 公司的 Windows 系统，本教程将以 Windows XP 版本为例介绍使用 Windows 操作系统的有关安全知识。

Windows XP 具有运行可靠、稳定而且速度快的特点，它不但运用更加成熟的技术，而且外观设计趋于清新明快，使用户有良好的视觉享受。

个人用户经常使用的 Windows XP 包括专业版（Professional Edition）和家庭版（Home Edition）。这两个版本大致相同，Windows XP 专业版包括 Windows XP 家庭版中的一切特性，除此之外还包括一些额外的适用于企业网络用户和高级用户的特性。

> **注**　Windows XP 家族除此之外包括了 Media Center Edition，Table PC Edition 以及 64-Bit Edition，它们都是在 Windows XP 专业版的基础上增加了一些专门为特定硬件设备设计的功能。

Windows XP 自发布至今，计算机应用涉及到的软硬件产品也发生了很大的变化，为了迎合新的应用，以及为了修补产品中被发现的功能缺陷和安全漏洞，微软对 Windows XP 进行了多次更新，而其中最主要的更新有两次，分别是 2002 年秋季发布的 Windows XP Service Pack 1 和 2004 年夏季发布的 Service Pack 2（简称 SP2）。如果不是特殊的应用需要（如软件测试等），用户应该使用安装了 SP2 的 Windows XP 系统，SP2 使得 Windows XP 更加安全，下面是 SP2 中一些重大改进的简介。

1．安全中心

该工具提供了三个重要安全组件（反病毒软件、网络防火墙、自动更新功能）的监控。如果这三个组件中的某个组件被禁用或者设置错误，系统提示区中会显示出一个警告图标。

2. Windows 防火墙

该功能加强了对系统中数据访问的过滤功能。

3. 无线网络

使无线网络的连接配置更加简便，同时加强了无线网络连接的安全保证。

本教程中的示例将建立在Windows XP SP2基础上，重点内容将围绕如何高效、安全地使用好Windows操作系统。

我们首先从系统的启动和登录来探讨Windows XP的奥秘。

2.2 系统启动与登录

2.2.1 系统启动过程

从计算机加电启动开始，到登录到桌面完成启动，一共经过了以下五个阶段：

1. 预引导（Pre-Boot）阶段；
2. 引导阶段；
3. 加载内核阶段；
4. 初始化内核阶段；
5. 登录。

每个启动阶段的介绍如下：

1. 预引导阶段

计算机电源开启之后，在计算机启动并且在Windows XP操作系统启动之前这段时间，称为预引导（Pre-Boot）阶段，在这个阶段里，计算机首先运行Power On Self Test（POST）检测系统的总内存以及其他硬件设备的现状。如果计算机系统的BIOS（基础输入/输出系统）是即插即用的，那么计算机硬件设备将经过检验并完成配置。计算机的基础输入/输出系统（BIOS）定位计算机的引导设备，然后MBR（Master Boot Record）主引导记录被加载并运行。在预引导阶段，从引导扇区加载并初始化NTLDR文件。

> **注** NTLDR存放于C盘根目录下，是一个具有隐藏、只读属性的系统文件，主要职责是解析Boot.ini文件。

2. 引导阶段

在引导阶段中，Windows XP将会依次经历初始引导加载器阶段、操作系统选择阶段、硬件检测阶段以及配置选择阶段这四个小的阶段。

首先，计算机要经过**初始引导加载器阶段**(Initial Boot Loader)，在这个阶段里，NTLDR 将计算机微处理器从实模式转换为 32 位平面内存模式。在实模式中，系统为 MS-DOS 保留 640K 内存，其余内存视为扩展内存，而在 32 位平面内存模式中，系统（Windows XP）视所有内存为可用内存。接着，NTLDR 启动内建的 mini-file system drivers，通过这个步骤，使 NTLDR 可以识别每一个用 NTFS 或者 FAT 文件系统格式化的分区，以便发现及加载 Windows XP 系统，到这里，初始引导加载器阶段就结束了。

接着是**操作系统选择阶段**，如果计算机安装了不止一个操作系统（也就是多系统），而且正确设置了 boot.ini 使系统提供操作系统选择，计算机会显示一个操作系统选单，这是 NTLDR 读取 boot.ini 的结果。

boot.ini 文件示例：

```
[boot loader]
timeout=30
default=multi(0)disk(0)rdisk(0)partition(1)\WINDOWS
[operating systems]
multi(0)disk(0)rdisk(0)partition(1)\WINDOWS="Microsoft Windows XP Profess
-ional" /fastdetect
multi(0)disk(0)rdisk(0)partition(2)\WINNT="Windows Windows 2000 Professional"
```

其中，multi(0)表示磁盘控制器，disk(0)rdisk(0)表示磁盘，partition(x)表示分区。NTLDR 就是从这里查找 Windows XP 系统文件的位置。如果在 boot.ini 中只有一个操作系统选项，或者把 timeout 值设为 0，则系统不出现操作系统选择菜单，直接引导到那个唯一的系统或者默认的系统。在选择启动 Windows XP 系统后，操作系统选择阶段结束，硬件检测阶段开始。

注　NTLDR 启动后，如果在系统根目录下发现有 Hiberfil.sys 文件且该文件有效，那么 NTLDR 将读取 Hiberfil.sys 文件里的信息，并让系统恢复到休眠以前的状态，这时并不处理 Boot.ini 文件。

在**硬件检测阶段**中，ntdetect.com 将收集计算机硬件信息列表并将列表返回到 ntldr，这样做的目的是便于以后将这些硬件信息加入到注册表 HKEY_LOCAL_MACHINE 下的 hardware 中。

硬件检测完成后，进入**配置选择阶段**。如果计算机含有多个硬件配置文件列表，可以通过按上下按钮来选择。如果只有一个硬件配置文件，计算机不显示此屏幕而直接使用默认的配置文件加载 Windows XP 系统。引导阶段结束。

3．加载内核阶段

在加载内核阶段，ntldr 加载称为 Windows XP 内核的 ntokrnl.exe。系统加载了 Windows XP 内核但是没有将它初始化。接着 ntldr 加载硬件抽象层（HAL，hal.dll），然后，系统继续加载 HKEY_LOCAL_MACHINE\system 键，ntldr 读取 select 键来决定哪一个 Control Set 将被加载。控制集中包含设备的驱动程序以及需要加载的服务。ntldr 加载 HKEY_LOCAL_MACHINE\system\service\...下 start 键值为 0 的最底层设备驱动。当作为 Control Set 的镜像的 Current Control Set 被加载时，ntldr 传递控制给内核，初始化内核阶段就开始了。

> **注** 如果在启动的时候按 F8 键，那么我们将会在启动菜单中看到多种选择启动模式，这时 ntldr 将根据用户的选择来使用启动参数加载 NT 内核，用户也可以在 Boot.ini 文件里设置启动参数。

4．初始化内核阶段

在初始化内核阶段开始的时候，彩色的 Windows XP 的 logo 以及进度条显示在屏幕中央，在这个阶段，系统完成了启动的 4 项任务。

内核使用在硬件检测时收集到的数据来创建了 KEY_LOCAL_MACHINE\ HARDWARE 键。

内核通过引用 HKEY_LOCAL_MACHINE\system\Current 的默认值复制 Control Set 来创建了 Clone Control Set。Clone Control Set 配置是计算机数据的备份，不包括启动中的改变，也不会被修改。

系统完成初始化以及加载设备驱动程序，内核初始化那些在加载内核阶段被加载的底层驱动程序，然后内核扫描 HKEY_LOCAL_MACHINE\system\CurrentControlSet\service\...下 start 键值为 1 的设备驱动程序。这些设备驱动程序在加载的时候便完成初始化，如果有错误发生，内核使用 ErrorControl 键值来决定如何处理，值为 3 时，错误情况为最严重，系统初次遇到错误会以 LastKnownGood Control Set 重新启动，如果使用 LastKnownGood Control Set 启动仍然产生错误，系统报告启动失败，错误信息将被显示，系统停止启动；值为 2 时错误情况为严重，系统启动失败并且以 LastKnownGood Control Set 重新启动，如果系统启动已经在使用 LastKnownGood 值，它会忽略错误并且继续启动；当值是 1 的时候错误为普通，系统会产生一个错误信息，但是仍然会忽略这个错误并且继续启动；当值是 0 的时候忽略，系统不会显示任何错误信息而继续运行。

Session Manager 启动了 Windows XP 高级子系统以及服务，Session Manager 启动控制所有输入、输出设备以及访问显示器屏幕的 Win32 子系统以及 Winlogon 进程，初始化内核完毕。

5. 登录

系统弹出登录对话框，提示用户登录。平时我们在使用 Windows 系统时，总要先进行登录。理解并掌握 Windows 系统的登录验证机制和原理对我们来说很重要，能增强对系统安全的认识，并能够有效预防、解决黑客和病毒的入侵。

Windows 系统有 4 种登录类型。

（1）交互式登录

是我们平常登录时最常见的类型，就是用户通过相应的用户账号（User Account）和密码在本机进行登录。“交互式登录”还包括“域账号登录”和“本地登录”。“本地登录”仅限于“本地账号登录”。通过终端服务和远程桌面登录主机，也可以看做“交互式登录”，其验证的原理是一样的。

Windows 的登录界面的欢迎信息是可以定制的，用以提示登录用户一些有用的信息，比如可以显示欢迎词，或者显示一些注意和警告事项。通过修改注册表可以达到此目的。

运行注册表编辑器，选择如下子项：

```
HKEY_LOCAL_MACHINE\SOFTWARE\Microsoft\Windows NT\CurrentVersion\Winlogon
```

编辑相应项值（如果不存在，则新建），如表 2-1 所示。

表 2-1　Windows 注册表内项值

项　　值	数据类型	数值数据示例
LegalNoticeCaption	字符串值	欢迎进入 Windows（自定义窗口标题）
LegalNoticeText	字符串值	祝你愉快！（定义欢迎窗口中的文字）

在交互式登录时，系统会首先检验登录的用户账号类型，是本地用户账号（Local User Account）还是域用户账号（Domain User Account），再采取相应的验证机制。因为不同的用户账号类型，其处理方法也不同。

采用本地用户账号登录，系统会通过存储在本机 SAM 数据库中的信息进行验证。用本地用户账号登录后，只能访问到具有访问权限的本地资源，如图 2-1 所示。

采用域用户账号登录，系统则通过存储在域控制器的活动目录中的数据进行验证。如果该用户账号有效，则登录后可以访问到整个域中具有访问权限的资源。

（2）网络登录

如果计算机加入到工作组或域，当要访问其他计算机的资源时，就需要“网络登录”了，如图 2-2 所示，当要登录名称为 kevin02 的主机时，输入该主机的用户名称和密码后进行验证。这里需要提醒的是，输入的用户账号必须是对方主机上的用户账号，而非自己主机上的用户账号。因为进行网络登录时，用户账号的有效性是由受访主机控制的。

图 2-1　交互式登录

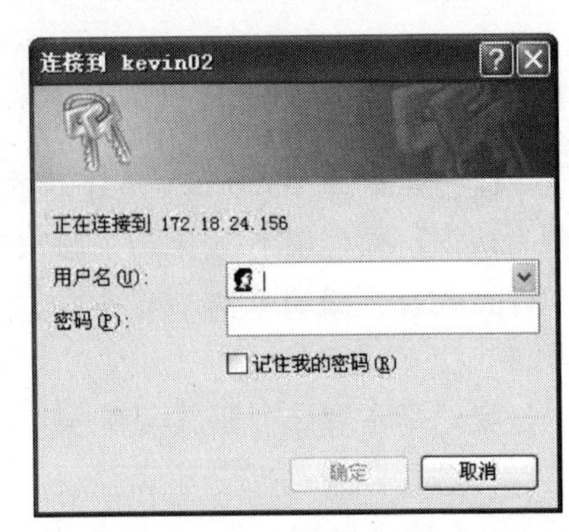

图 2-2　网络登录

（3）服务登录

服务登录是一种特殊的登录方式。平时系统启动服务和程序，都是先以某些用户账号进行登录后运行的，这些用户账号可以是域用户账号、本地用户账号或 System 账号，如图 2-3 所示。采用不同的用户账号登录，其对系统的访问、控制权限也不同，而且，用本地用户账号登录，只能访问到具有访问权限的本地资源，不能访问到其他计算机上的资源，这点和“交互式登录”类似。

图 2-3　进程列表

从任务管理器中可以看到，系统的进程所使用的账号是不同的。当系统启动时，一些基于 Win32 的服务会被预先登录到系统上，从而实现对系统的访问和控制。运行 Services.msc，可以设置这些服务。由于系统服务有着举足轻重的地位，一般都以 SYSTEM 账号登录，所以对系统有绝对的控制权限，因此很多病毒和木马也争着加入这个贵族体系中。除了 System，有些服务还以 Local Service 和 Network Service 这两个账号登录。而在系统初始化后，用户运行的一切程序都是以用户本身账号登录的。图 2-4 表述了 Local Service 账户登录的服务。

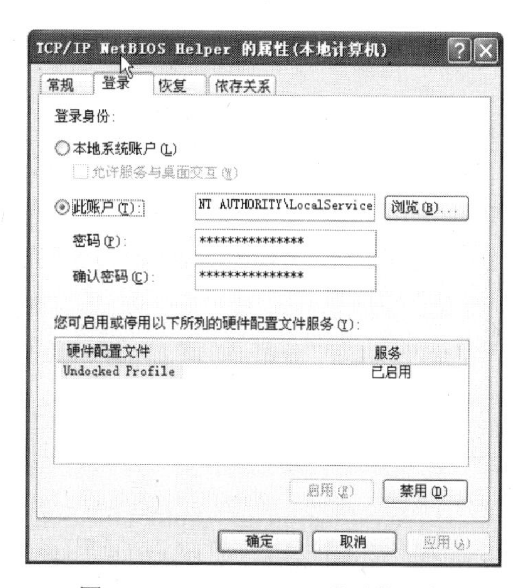

图 2-4　Local Service 登录的服务

从上面讲到的原理不难看出，平时使用计算机时要以 Users 组的用户登录，因为即使运行了病毒、木马程序，由于受到登录用户账号相应的权限限制，最多也只能破坏属于用户本身的资源，而对维护系统安全和稳定性的重要信息无破坏性。

（4）批处理登录

批处理登录一般用户很少用到，通常被执行批处理操作的程序所使用。在执行批处理登录时，所用账号要具有批处理工作的权利，否则不能进行登录。

2.2.2　交互式登录的系统组件

平常我们接触最多的是“交互式登录”，下面详细讲解“交互式登录”的原理。图 2-5 是 Windows XP 系统的登录安全子系统。

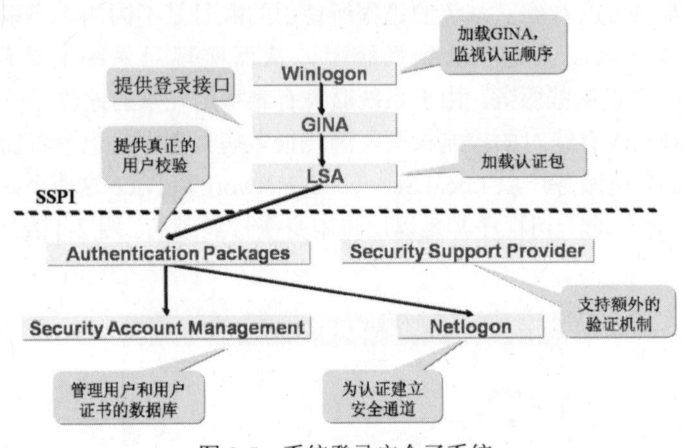

图 2-5 系统登录安全子系统

1. Winlogon.exe

Winlogon.exe 是“交互式登录”时最重要的组件，它是一个安全进程，负责如下工作：加载其他登录组件；提供同安全相关的用户操作图形界面，以便用户能进行登录或注销等相关操作。

2. GINA

GINA 的全称为“Graphical Identification and Authentication”——图形化识别和验证，是几个动态数据库文件被 Winlogon.exe 所调用，为其提供能够对用户身份进行识别和验证的函数，并把用户的账号和密码反馈给 Winlogon.exe。在登录过程中，“欢迎屏幕”和“登录对话框”就是 GINA 显示的。

一些主题设置软件可以指定 Winlogon.exe 加载商家自己开发的 GINA，从而提供不同的 Windows XP 的登录界面。由于这个可修改性，现在出现了盗取账号和密码的木马。

一种是针对“欢迎屏幕”登录方式的木马，它模拟了 Windows XP 的欢迎界面。当用户输入密码后，就被木马程序所获取，而用户却全然不知。所以建议大家不要以欢迎屏幕来登录，且要设置“安全登录”。

另一种是针对登录对话框的 GINA 木马，其原理是在登录时加载，以盗取用户的账号和密码，然后把这些信息保存到%systemroot%\system32 下的 WinEggDrop.dat 中。该木马会屏蔽系统以“欢迎屏幕”方式登录和“用户切换”功能，也会屏蔽“Ctrl-Alt-Delete”的安全登录提示。

3. LSA 服务

LSA 的全称为“Local Security Authority”——本地安全授权，是 Windows 系统中一个相当重要的服务，所有安全认证相关的处理都要通过这个服务。它从 Winlogon.exe 中获取用户的账号和密码，然后经过密钥机制处理，并和存储在账号数据库中的密钥进行对比，如果对比的结果匹配，LSA 就认为用户的身份有效，允许用户登录计算机。如果对比的结果不匹配，LSA 就认为用户的身份无效。这时用户就无法登录计算机。

4. Authentication packeages/ Security Support Provider 验证包/安全支持包

Windows 验证通过实现验证包/安全支持包所指明的功能来实现验证服务，这些功能供 LSA 使用。

5. SAM 数据库

SAM 的全称为“Security Account Manager”——安全账号管理器，是一个被保护的子系统，它通过存储在计算机注册表中的安全账号来管理用户和用户组的信息。我们可以把 SAM 看成一个账号数据库。对于没有加入到域的计算机来说，它存储在本地，而对于加入到域的计算机，它存储在域控制器上。

如果用户试图登录本机，那么系统会使用存储在本机上的 SAM 数据库中的账号信息同用户提供的信息进行比较；如果用户试图登录到域，那么系统会使用存储在域控制器中上的 SAM 数据库中的账号信息同用户提供的信息进行比较。

6. Net Logon 服务

Net Logon 服务主要和 NTLM（NT LAN Manager，Windows NT 4.0 的默认验证协议）协同使用，用户验证 Windows NT 域控制器上的 SAM 数据库上的信息同用户提供的信息是否匹配。NTLM 协议主要用于实现同 Windows NT 的兼容性而保留的。

7. Winlogon 的作用

如果用户设置了“安全登录”，在 Winlogon 初始化时，会在系统中注册一个 SAS（Secure Attention Sequence——安全警告序列）。SAS 是一组组合键，默认情况下为 Ctrl-Alt-Delete。它的作用是确保用户交互式登录时输入的信息被系统所接受，而不会被其他程序所获取。所以说，使用“安全登录”进行登录，可以确保用户的账号和密码不会被黑客盗取。要启用“安全登录”的功能，可以运行“Control userpasswords2”命令，打开“用户账户”对话框，选择“高级”选项卡（如图 2-6 所示）。选中“要求用户按 Ctrl-Alt-Delete”选项后确定即可。以后，在每次登录对话框出现前都有一个提示，要求用户按 Ctrl-Alt-Delete 组合键，目的是为了在登录时出现 Windows XP 的 GINA 登录对话框，因为只有系统本身的 GINA

才能截获这个组合键信息。而如前面讲到的 GINA 木马，会屏蔽掉“安全登录”的提示，所以如果“安全登录”的提示无故被屏蔽也是发现木马的一个前兆。“安全登录”功能早在 Windows 2000 时就被应用于保护系统安全性。

图 2-6 用户账户

在 Winlogon 注册了 SAS 后，就调用 GINA 生成 3 个桌面系统，在用户需要的时候使用，它们分别为：

（1）Winlogon 桌面

用户在进入登录界面时，就进入了 Winlogon 桌面。而我们看到的登录对话框，只是 GINA 负责显示的。如果用户取消以“欢迎屏幕”方式登录，在进入 Windows XP 中任何时候按下“Ctrl-Alt-Delete”，都会激活 Winlogon 桌面（(注意，Winlogon 桌面并不等同对话框，对话框只是 Winlogon 调用其他程序来显示的）。

（2）用户桌面

用户桌面就是我们日常操作的桌面，它是系统最主要的桌面系统。用户需要提供正确的账号和密码，成功登录后才能显示“用户桌面”。而且不同的用户 Winlogon 会根据注册表中的信息和用户配置文件来初始化用户桌面。

（3）屏幕保护桌面

屏幕保护桌面就是屏幕保护，包括“系统屏幕保护”和“用户屏幕保护”。在启用了“系统屏幕保护”的前提下，用户未进行登录并且长时间无操作，系统就会进入“系统屏幕保护”；而对于“用户屏幕保护”来说，用户要登录后才能访问，不同的用户可以设置不同的“用户屏幕保护”。

8. GINA 的作用

在“交互式登录”过程中，Winlogon 调用了 GINA 组文件，把用户提供的账号和密码传达给 GINA，由 GINA 负责对账号和密码的有效性进行验证，然后把验证结果反馈给 Winlogon 程序。在与 Winlogon.exe 对话时，GINA 会首先确定 Winlogon.exe 的当前状态，再根据不同状态来执行不同的验证工作。通常 Winlogon.exe 有三种状态：

（1）已登录状态

用户在成功登录后，就进入了“已登录状态”。在此状态下，用户可以执行有控制权限的任何操作。

（2）已注销状态

用户在已登录状态下，选择“注销”命令后，就进入了“已注销状态”，并显示 Winlogon 桌面，而由 GINA 负责显示登录对话框或欢迎屏幕。

（3）已锁定状态

当用户按下“Win+L”键锁定计算机后，就进入了“已锁定状态”。在此状态下，GINA 负责显示可供用户登录的对话框。此时用户有两种选择，一种是输入当前用户的密码返回“已登录状态”，另一种是输入管理员账号和密码，返回“已注销状态”，但原用户状态和未保存数据丢失。

9. 登录到本机的过程

（1）用户首先按 Ctrl+Alt+Del 组合键。

（2）Winlogon 检测到用户按下 SAS 键，就调用 GINA，由 GINA 显示登录对话框，以便用户输入账号和密码。

（3）用户输入账号和密码，确定后，GINA 把信息发送给 LSA 进行验证。

（4）在用户登录到本机的情况下，LSA 会调用验证程序包，把用户信息处理后生成密钥，同 SAM 数据库中存储的密钥进行对比。

（5）如果对比后发现用户有效，SAM 会把用户的 SID（Security Identifier——安全标识）、用户所属用户组的 SID 和其他一些相关信息发送给 LSA。

（6）LSA 把收到的 SID 信息创建安全访问令牌，然后把令牌的句柄和登录信息发送给 Winlogon.exe。

（7）Winlogon.exe 对用户登录稍作处理后，完成整个登录过程。

10. 登录到域的过程

登录到域的验证过程，对于不同的验证协议也有不同的验证方法。如果域控制器是 Windows NT 4.0，那么使用的是 NTLM 验证协议，其验证过程和前面的“登录到本机的过程”差不多，区别就在于验证账号的工作不是在本地 SAM 数据库中进行，而是在域控制器中进行；而对于 Windows 2000 和 Windows 2003 域控制器来说，使用的一般为更安全可靠的 Kerberos V5 协议。通过这种协议登录到域，要向域控制器证明自己的域账号有效，用户需先申请允许请求该域的 TGS（Ticket-Granting Service——票据授予服务）。获准之后，用户就会为所要登录的计算机申请一个会话票据，最后还需申请允许进入那台计算机的本地系统服务。其过程如下：

（1）用户首先按 Ctrl+Alt+Del 组合键。

（2）Winlogon 检测到用户按下 SAS 键，就调用 GINA，由 GINA 显示登录对话框，以便用户输入账号和密码。

（3）用户选择所要登录的域和填写账号与密码，确定后，GINA 把用户输入的信息发送给 LSA 进行验证。

（4）在用户登录到本机的情况下，LSA 把请求发送给 Kerberos 验证程序包。通过散列算法，根据用户信息生成一个密钥，并把密钥存储在证书缓存区中。

（5）Kerberos 验证程序向 KDC（Key Distribution Center——密钥分配中心）发送一个包含用户身份信息和验证预处理数据的验证服务请求，其中包含用户证书和散列算法加密时间的标记。

（6）KDC 接收到数据后，利用自己的密钥对请求中的时间标记进行解密，通过解密的时间标记是否正确，就可以判断用户是否有效。

（7）如果用户有效，KDC 把向用户发送一个 TGT（Ticket-Granting Ticket——票据授予票据）。该 TGT（AS_REP）把用户的密钥进行解密，其中包含会话密钥、该会话密钥指向的用户名称、该票据的最大生命期以及其他一些可能需要的数据和设置等。用户所申请的票据在 KDC 的密钥中被加密，并附着在 AS_REP 中。在 TGT 的授权数据部分包含用户账号的 SID 以及该用户所属的全局组和通用组的 SID。注意，返回到 LSA 的 SID 包含用户的访问令牌。票据的最大生命期是由域策略决定的。如果票据在活动的会话中超过期限，用户就必须申请新的票据。

（8）当用户试图访问资源时，客户系统使用 TGT 从域控制器上的 Kerberos TGS 请求服务票据（TGS_REQ）。然后 TGS 把服务票据（TGS_REP）发送给客户。该服务票据是使用服务器的密钥进行加密的。同时，SID 被 Kerberos 服务从 TGT 复制到所有的 Kerberos 服务包含的子序列服务票据中。

（9）客户把票据直接提交到需要访问的网络服务上，通过服务票据就能证明用户的标识、针对该服务的权限以及服务对应用户的标识。

11．设置自动登录

为了安全起见，平时我们进入 Windows XP 时，都要输入账号和密码。而一般我们都是使用一个固定的账号登录的。面对每次烦琐的输入密码，有些用户干脆设置为空密码或者类似“123”等弱口令，而这些账号也多数为管理员账号。殊不知黑客用一般的扫描工具很容易就能扫描到一段 IP 段中所有弱口令的计算机。

所以，还是建议大家要把密码尽量设置得复杂些。如果怕麻烦，可以设置自动登录，不过自动登录也是很不安全的。因为自动登录意味着能直接接触计算机的人都能进入系统；另一方面，账号和密码是明文保存在注册表中的，所以任何人只要具有访问注册表的权限，都可以通过网络查看。因此如果要设置登录，最好不要设置为管理员账号，可以设置为 Users 组的用户账号。设置自动登录的方法是：运行“Control userpasswords2”，在“用户账户”窗口中取消“要使用本机，用户必须输入用户名和密码”选项，确定后会出现一个对话框，输入要自动登录的账号和密码即可。注意，这里不对密码进行验证，用户要确保密码和账号的正确性。

通过修改注册表来完成账号自动登录，打开注册表编辑器，找到 HKEY_LOCAL_MACHINE \ SOFTWARE \ Microsoft \ Windows NT \ CurrentVersion \ Winlogon，在右边窗口中新建两个字符串值“DefaultUserName”和“DefaultPassword”，分别赋值为想自动登录的用户名和密码，DefaultUserName 一般已有，然后再新建一个名为“AutoAdminLogon”的字符串并赋值为 1。这样启动时 Windows 就会自动输入用户名和密码，实现自动登录。

12．启动密码保护

Windows XP 还有一个更安全的“启动密码”，这个密码显示在用户密码前，而且还可以生成钥匙盘，如果设置它，Windows XP 就更加安全了，下面我们就来制作这个“启动密码”。

（1）设置启动密码

依次选择“开始→运行”，在“运行”对话框中输入“Syskey”命令，接着弹出“保证 Windows XP 账户数据库安全”界面，单击“更新”按钮。在“启动密码”界面中点选“密码启动”单选框，接着输入系统启动时的密码并再次确认，最后单击“确定”按钮即可。

如果需要取消这个系统启动密码，则在“启动密码”界面中点选“系统产生的密码”下面的“在本机上保存启动密码”选项即可，确定后系统密码就会保存到硬盘上，在下次启动电脑时就不会再出现启动密码的窗口了。

“启动密码”就是在系统启动时显示的，在重新启动系统后，首先出现的就是提示输入“启动密码”，输入了正确的密码后就会出现 Windows XP 的登录界面，输入用户名和密码后算是完全登录系统了，现在系统就有了二重密码保护。

（2）制作“钥匙盘”

“钥匙盘”就相当于一把钥匙，在启动的时候只有这个钥匙盘才能打开启动密码，现在很多软件都使用这个方法来加密软件。制作“钥匙盘”很简单，在“运行”对话框中输入“Syskey”命令，在“保证 Windows XP 账户数据库安全”界面单击“更新”按钮，然后在“启动密码”界面中选中“系统产生的密码”下面的“在软盘上保存启动密码”选项。单击“确定”按钮后会提示输入密码，然后就需要在软驱中插入一张盘来制作“钥匙盘”，插入后单击“确定”按钮稍等片刻就好了。当重新启动计算机后，系统会提示插入“钥匙盘”，如果没有这张盘就不能启动电脑。如果需要取消或者更改启动密码时，要插入这张“钥匙盘”才能更改。

2.2.3 启动的安全模式

当大家碰到很棘手的系统问题的话，选择使用安全模式能够解决其中的很多问题。下面介绍 Windows XP 安全模式的几种作用。

修复连接状态中断：某些情况下，禁用管理员账户可能造成维护上的困难，例如在域环境中。当用于建立连接的安全信道由于某种原因失败时，如果没有其他的本地管理员账户，则必须以安全模式重启计算机来修复造成连接状态中断的问题。

检测不兼容的硬件：WinXP 采用数字签名式的驱动程序模式，对各种硬件的检测比以往严格，所以一些设备可能在正常状态下不能驱动使用。

卸载不正确的驱动：如果驱动程序不适用硬件，可通过 WinXP 的驱动还原来卸载；但是显卡和硬盘 IDE 驱动如果装错了，有可能一进入 GUI 界面就死机，一些主板的 ULTRADMA 补丁也是如此。在 Windows XP 的安全模式中，Windows 将会使用默认设置（VGA 监视器、Microsoft 鼠标驱动程序、无网络连接、启动 Windows 所需的最少设备驱动程序）且安全模式用最少的服务启动。这样，错误的 IDE 和显卡驱动会不加载，此时可删除引起故障的软件或硬件，并用驱动还原来恢复系统。

要进入安全模式，只要在启动时按 F8，就会出现选项菜单，再用键盘上的上下光标键进行选择即可进入不同的启动模式。选项菜单包括了以下几项。

1. 安全模式

只使用基本文件和驱动程序，如鼠标（USB 串行鼠标除外）、监视器、键盘、硬盘、基本视频、默认系统服务等，但无网络连接。如果采用安全模式也不能成功启动计算机，则可能需要使用恢复控制台功能来修复系统。

2．带网络连接的安全模式

在普通安全模式的基础上增加了网络连接。但有些网络程序可能无法正常运行，如 MSN 等，还有很多自启动的应用程序不会自动加载，如防火墙、杀毒软件等。所以在这种模式下一定不要忘记手动加载，否则恶意程序等可能会在修复电脑的过程中入侵。

3．带命令行提示符的安全模式

只使用基本的文件和驱动程序来启动，在登录之后，屏幕上显示命令提示符，而非 Windows 图形界面。

说明：在这种模式下，如果你不小心关闭了命令提示符窗口，屏幕会全黑。可按下组合键 Ctrl+Alt+Del，调出“任务管理器”，单击“新任务”，再在弹出对话框的“运行”后输入“C:\WINDOWS\explorer.exe”，可马上启动 Windows XP 的图形界面，与上述三种安全模式下的界面完全相同。如果输入“c:\windows\system32\cmd”也能再次打开命令提示符窗口。事实上，在其他的安全模式甚至正常启动时也可通过这种方法来启动命令提示符窗口。

4．启用启动日志

以普通的安全模式启动，同时将由系统加载（或没有加载）的所有驱动程序和服务记录到一个文本文件中。该文件称为 ntbtlog.txt，它位于%windir%（默认为 c:\windows\）目录中。启动日志对于确定系统启动问题的准确原因很有用。

5．启用 VGA 模式

利用基本 VGA 驱动程序启动。当安装了使 Windows 不能正常启动的新视频卡驱动程序时，这种模式十分有用。事实上，不管以哪种形式的安全模式启动，它总是使用基本的视频驱动程序。因此，在这些模式下，屏幕的分辨率为 640×480 且不能改动，但可重新安装驱动程序。

6．最后一次正确的配置

使用 Windows 上一次关闭时所保存的注册表信息和驱动程序来启动。最后一次成功启动以来所作的任何更改将丢失。因此一般只在配置不对（主要是软件配置）的情况下，才使用最后一次正确的配置。但是它不能解决由于驱动程序或文件被损坏或丢失所导致的问题。

7．目录服务恢复模式

这是针对服务器操作系统的，并只用于恢复域控制器上的 SYSVOL 目录和 Active Directory 目录服务。

8. 调试模式

启动时通过串行电缆将调试信息发送到另一台计算机。如果正在或已经使用远程安装服务在计算机上安装 Windows，则可以看到与使用远程安装服务还原或恢复系统相关的附加选项。

最后，介绍一下禁用安全模式，限制受限用户修改注册表。

通过修改注册表，使用户无法进入 Windows XP 带有命令行的安全模式，避免他人在安全模式下利用 net user 命令修改其他用户的密码，同时限制受限用户访问并修改注册表，避免他人修改注册表启动安全模式。

使用管理员级别账户登录 Windows XP，在“运行”窗口中输入“regedit”，打开注册表编辑器，找到 HKEY_LOCAL_MACHINE\SYSTEM\CurrentControlSet\Control\SafeBoot 键值，将 SafeBoot 下的“Minimal”及“Network”项改名为“Minimal1”及“Network1”或其他与原键值不同的名称，修改完成后，其他人在启动时按 F8 键进入任何一种安全模式，系统都会自动重启。

在注册表编辑器中，选中 HKEY_LOCAL _MACHINE，单击右键，选择菜单“权限”，打开“HKEY_ LOCAL_MACHINE 的权限”窗口，选中“Users”，勾去“Users 的权限”下的“读取”项。这样就可以防止普通用户修改注册表使安全模式恢复正常。

2.2.4 启动的隐藏之处

Windows 启动时通常会有一大堆程序自动启动。不要以为管好了“开始→程序→启动”菜单就万事大吉。实际上，在 Windows XP/2000 中，让 Windows 自动启动程序的办法很多，下面，我们一起了解关于启动相关的 2 个文件夹和 8 个注册键。

1. 当前用户专有的启动文件夹

这是许多应用软件自动启动的常用位置，Windows 自动启动放入该文件夹的所有快捷方式。用户启动文件夹一般在 c：\Documents and Settings\<用户名字>\「开始」菜单\程序\启动，其中“<用户名字>”是当前登录的用户账户名称。

2. 对所有用户有效的启动文件夹

这是寻找自动启动程序的第二个重要位置，不管用户用什么身份登录系统，放入该文件夹的快捷方式总是自动启动——这是它与用户专有的启动文件夹的区别所在。该文件夹一般在 c：\Documents and Settings\All Users\「开始」菜单\程序\启动。

3．Load 注册键

位置：HKEY_CURRENT_USER\Software\Microsoft\WindowsNT\CurrentVersion\Windows\load。

4．Userinit 注册键

位置：HKEY_LOCAL_MACHINE\SOFTWARE\Microsoft\WindowsNT\CurrentVersion\Winlogon\Userinit。

这里也能够使系统启动时自动初始化程序。通常该注册键下面有一个 userinit.exe，但这个键允许指定用逗号分隔的多个程序，例如“userinit.exe,OSA.exe”（不含引号）。

5．Explorer\Run 注册键

和 Load 键不同，Explorer\Run 键在 HKEY_CURRENT_USER 和 HKEY_LOCAL_MACHINE 下都有，位置是：

HKEY_CURRENT_USER\Software\Microsoft\Windows\CurrentVersion\Policies\Explorer\Run

和 HKEY_LOCAL_MACHINE\SOFTWARE\Microsoft\Windows \CurrentVersion \Policies\Explorer\Run。

6．RunServicesOnce 注册键

RunServicesOnce 用来启动服务程序，启动时间在用户登录之前，先于其他通过注册键启动的程序。注册键位置：

HKEY_CURRENT_USER\Software\Microsoft\Windows \CurrentVersion \RunServicesOnce

和 HKEY_LOCAL_MACHINE\SOFTWARE\Microsoft \Windows\CurrentVersion\RunServicesOnce。

7．RunServices 注册键

RunServices 注册键指定的程序紧接 RunServicesOnce 指定的程序之后运行，但两者都在用户登录之前。RunServices 的位置是：

HKEY_CURRENT_USER\Software \Microsoft \Windows\CurrentVersion\RunServices 和 HKEY_LOCAL_MACHINE\SOFTWARE \Microsoft \Windows \CurrentVersion\RunServices。

8．RunOnce\Setup 注册键

RunOnce\Setup 指定了用户登录之后运行的程序，它的位置是：HKEY_CURRENT_USER\Software\Microsoft\Windows\CurrentVersion\RunOnce\Setup 和 HKEY_LOCAL_MACHINE\SOFTWARE\Microsoft\Windows\CurrentVersion\RunOnce\Setup。

9. RunOnce 注册键

RunOnce 指定自动运行程序，位置在

HKEY_LOCAL_MACHINE\SOFTWARE\Microsoft \Windows\CurrentVersion\RunOnce
和 HKEY_CURRENT_USER\Software\Microsoft \Windows \CurrentVersion\RunOnce

HKEY_LOCAL_MACHINE 下面的 RunOnce 键会在用户登录之后立即运行程序，运行在其他 Run 键指定的程序之前。HKEY_CURRENT_USER 下面的 RunOnce 键在操作系统处理其他 Run 键以及“启动”文件夹的内容之后运行。如果是 XP，还需要检查一下 HKEY_LOCAL_MACHINE\SOFTWARE\Microsoft\Windows \CurrentVersion \RunOnceEx。

10. Run 注册键

Run 指定自动运行程序，位置在

HKEY_CURRENT_USER\Software\Microsoft\Windows \CurrentVersion\Run
和 HKEY_LOCAL_MACHINE\SOFTWARE\Microsoft\Windows \CurrentVersion \Run

HKEY_CURRENT_USER 下面的 Run 键紧接 HKEY_LOCAL_MACHINE 下面的 Run 键运行，但两者都在处理“启动”文件夹之前。

2.3 账户与特权

对于 Windows XP 这样的多用户系统，良好的用户账户管理可以控制多用户不能随意进入系统的一些核心位置或对安全管理措施进行操作，这样可以起到保护整个系统和个人配置文件的安全，同样也会在使用公用电脑中的保护隐私、加强系统安全、防止用户误操作导致的一些不良后果等方面起到很好的保护作用。

2.3.1 账户与口令安全

Windows XP 有两类默认账号：Guest 和 Administrator。

黑客入侵的常用手段之一就是试图获得 Administrator 账户的密码。每一台计算机至少需要一个账户拥有 Administrator（管理员）权限，但不一定非用“Administrator”这个名称不可。所以，Windows XP 中，最好创建另一个拥有全部权限的账户，然后停用 Administrator 账户，并为账户设置足够复杂的密码。

Guest 账户即所谓的来宾账户，它可以访问计算机，但受到限制。不幸的是，Guest 也为黑客入侵打开了方便之门。如果不需要用到 Guest 账户，最好禁用它。

设置用户账户和管理权限方法如下：

首先应以“计算机管理员”身份登录，然后再进入“开始/控制面板”(“控制面板”有几种展现方式，出现的方式会因设置的不同而略有不同)。在控制面板窗口中单击“用户账户”图标，选择“创建一个新账户”，在出现的图中根据提示输入账户名。在紧接着出现的图中，设置新建的账户类型为“计算机管理员”，不选择“受限用户”是因为在用户权限方面，计算机管理员有着可以对整个操作系统进行调整的权限，包括程序安装、文件的管理，创建、删除、更改一些用户账户、密码、管理系统、安全日志等，安全级别允许计算机管理员存取系统的任何资源，没有任何权限限制。“受限”用户只能修改自己的用户属性和桌面，查看建立或“共享文档”中的内容，而且还会因权限不够而不能运行某些程序。

单击“创建账户”按钮完成账户创建工作，我们还可以为新创建的账户设置密码。

创建密码保护方法：单击新建立的账户名，在出现的账户管理对话框，选择“创建密码”，进入创建密码窗口，输入密码并确认就可以为新创建的账户建立密码了。

1．加固系统账户

（1）禁止枚举账号

某些具有黑客行为的蠕虫病毒可以通过扫描 Windows XP 系统的指定端口，然后通过共享会话猜测管理员系统口令。因此，我们需要通过在“本地安全策略”中设置禁止枚举账号，从而抵御此类入侵行为，操作步骤如下：

在“本地安全策略”左侧列表的“安全设置”目录树中，逐层展开“本地策略→安全选项”。查看右侧的相关策略列表，在此找到“网络访问：不允许 SAM 账户和共享的匿名枚举”，用鼠标右键单击，在弹出菜单中选择“属性”，而后会弹出一个对话框，在此激活“已启用”选项，最后单击“应用”按钮使设置生效，如图 2-7 所示。

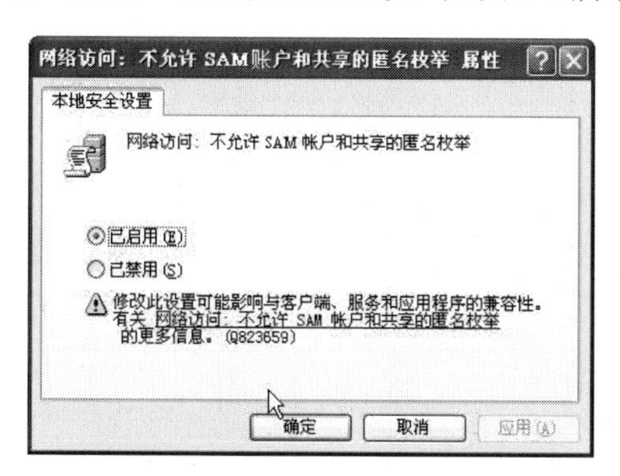

图 2-7　网络访问：禁止枚举账号

（2）账户管理

为了防止入侵者利用漏洞登录机器，我们要在此设置重命名系统管理员账户名称及禁用来宾账户。设置方法为：在“本地策略→安全选项”分支中，找到“账户：来宾账户状态”策略，单击右键弹出菜单中选择“属性”，而后在弹出的属性对话框中设置其状态为“已停用”，最后单击“确定”按钮退出，如图2-8所示。

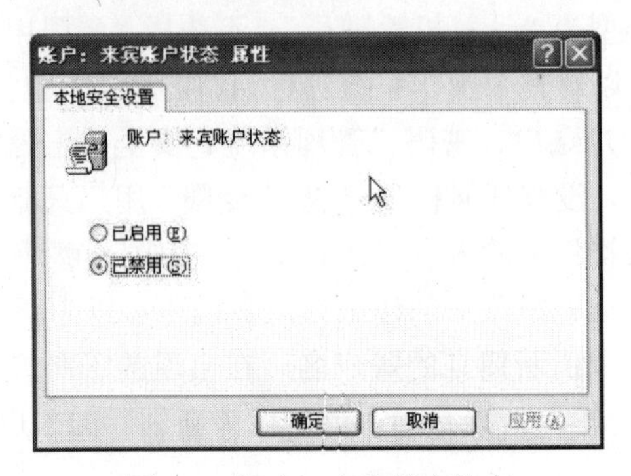

图2-8 账户：来宾账户状态

2. 加强密码安全

在“安全设置”中，先定位于“账户策略→密码策略”，在其右侧设置视图中，可酌情进行相应的设置，以使我们的系统密码相对安全，不易破解。如防破解的一个重要手段就是定期更新密码，大家可据此进行如下设置：鼠标右键单击“密码最长存留期”，在弹出菜单中选择“属性”，在弹出的对话框中，大家可自定义一个密码设置后能够使用的时间长短（限定于1~999之间），如图2-9所示。

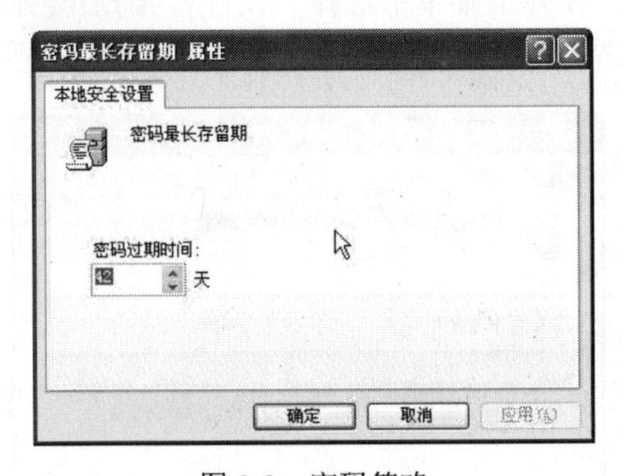

图2-9 密码策略

此外，通过“本地安全设置”，还可以进行通过设置“审核对象访问”，跟踪用于访问文件或其他对象的用户账户、登录尝试、系统关闭或重新启动以及类似的事件。诸如此类的安全设置，不一而论。大家在实际应用中会逐渐发觉“本地安全设置”的确是一个不可或缺的系统安全工具。

2.3.2 账号安全策略

检查用户账号，停止不需要的账号，建议更改默认的账号名。

1．禁用 Guest 账号

在计算机管理的用户里面把 Guest 账号禁用。为了保险起见，最好给 Guest 加一个复杂的密码。

2．限制不必要的用户

去掉所有的 Duplicate User 用户、测试用户、共享用户等。用户组策略设置相应权限，并且经常检查系统的用户，删除已经不再使用的用户。

3．创建两个管理员账号

创建一个一般权限用户用来收信以及处理一些日常事物，另一个拥有 Administrator 权限的用户只在需要的时候使用。

4．把系统 Administrator 账号改名

Windows XP 的 Administrator 用户是不能被停用的，这意味着别人可以一遍又一遍地尝试这个用户的密码。尽量把它伪装成普通用户，比如改成 Guesycludx。

5．创建一个陷阱用户

创建一个名为"Administrator"的本地用户，把它的权限设置成最低，什么事也干不了的那种，并且加上一个超过 10 位的超级复杂密码。

6．把共享文件的权限从 Everyone 组改成授权用户

不要把共享文件的用户设置成"Everyone"组，包括打印共享，默认的属性就是"Everyone"组的。

7．不让系统显示上次登录的用户名

打开注册表编辑器并找到注册表项 HKLM/Software/Microsoft/Windows NT/CurrentVersion/Winlogon/Dont-Display LastUserName，把键值改成 1。

8．系统账号/共享列表

Windows XP 的默认安装允许任何用户通过空用户得到系统所有账号/共享列表，这个本来是为了方便局域网用户共享文件的，但是一个远程用户也可以得到用户列表并使用暴力法破解用户密码。可以通过更改注册表 Local_Machine\System\Current

ControlSet\Control\LSA-RestrictAnonymous = 1，来禁止 139 空连接，另外在 Windows XP 的本地安全策略中（如果是域服务器就是在域服务器安全和域安全策略中）就有这样的选项 RestrictAnonymous（匿名连接的额外限制）。

9. 让指定的用户只能在特定时间登录

做家长的可能会希望限制孩子使用电脑的时间。只要按照以下方法，就能轻松实现。不过这要求你有 Administrator 权限。

首先进入“命令行提示符”，以 Guest 这个账户为例。如果需要设置这个账户从周一到周五的早上 9 点到晚上 5 点才能登录。可以用下面这个命令：

```
net user Guest /time:M-F,08:00-17:00,
或者net user Guest /time:M-F,9am-5pm
```

回车后就会生效。

如果需要依次指定每天的时间，那么也只需要按照下面这个格式：

```
net user Guest /time:M,4am-5pm;T,1pm-3pm;W-F,8:00-17:00。
```

而 net user Guest /time:all 这个命令则可以允许该用户随时登录。

10. 限制自动登录的次数

这个设置用于限制自动登录的次数，一旦达到限制的数字，自动登录功能会禁用，系统会显示标准的认证窗口。打开“注册表编辑器”，找到 HKEY_LOCAL_MACHINE\Software\Microsoft\Windows NT\CurrentVersion\Winlogon，在右侧窗格创建名为 AutoLogonCount 的字符串值，将其值设置为自动登录的次数。这样每当系统启动一次，自动登录的次数将会减少一次，直到为零，然后不允许自动登录。AutoLogonCount 和 DefaultPassword 会从注册表删除，AutoAdminLogon 为零。

2.3.3 合理管理用户密码

由于 Windows XP 在安装过程时首先以 Administrator 账户默认登录，有不少朋友没有注意到为它设置密码，而是根据要求创建一个个人的账户，以后进入系统后即使用此账户登录，而且在 Windows XP 的登录界面中也只出现这个创建的用户账户，而不出现 Administrator 账户，实际这个账户依然存在，而且密码为空。

知道了这个原理，你可以直接正常启动，在登录界面出现后，按 Ctrl+Alt 键，再按 Del 键两次，即可出现经典登录画面，此时在用户名处填入 Administrator，密码为空即可进入，接下来，就可以进入“控制面板”的“用户和密码”，修改你想要修改的用户的密码即可。

1．密码过期前显示信息提示

预设的情况下，Windows XP 会在密码过期前 14 天显示信息提示使用者。如果要更改天数，可打开“注册表编辑器”，找到 HKEY_LOCAL_MACHINE\SOFTWARE\Microsoft\Windows NT\CurrentVersion\Winlogon，双击右侧窗格中的“PasswordExpiryWarning”双字节值，根据你自己的需要设置提前提示的天数。

2．从待机状态恢复时不输入密码

打开“控制面板→电源”选项，点击“高级”选项卡，然后将“在计算机从待机状态恢复时，提示输入密码”前的对勾取消。

3．别让密码过期的另一方法

Windows XP 在密码过期前 14 天就会提醒你更换密码。除了可以通过修改注册表来取消提醒外，我们还可以在“运行”命令里输入：lusrmgr.msc，回车，在弹出的“Local Users and Groups”对话框中，选择“用户”文件夹，在右边窗口中找到你所使用的用户名，例如：Format，双击后，会弹出“Format 属性”对话框，只需选中“密码永不过期”复选框即可。

4．退出带密码的屏保时出现登录界面

Windows XP 中如果设置了屏幕保护和密码保护，退出屏幕保护时为锁定计算机，显示的是欢迎界面。如何才能在退出屏保时为登录界面呢？

在桌面单击右键，选择“属性”，在“屏幕保护程序”选项卡中的“屏幕保护程序”下，单击“屏幕保护程序”。选中“在恢复时使用密码保护”复选框，如图 2-10 所示。

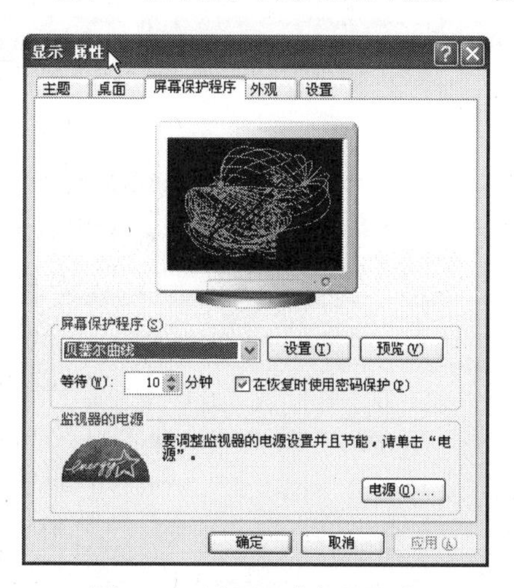

图 2-10　设置屏幕保护程序

如果希望在开机时也显示登录界面，需要进一步操作，在“控制面板”中双击“用户

账号”，打开“用户账号”窗口，单击“更改用户登录或注销方式”，取消“使用欢迎屏幕”前面的勾选。这样，以后无论是登录还是从屏幕保护返回，都直接进入登录界面而不是欢迎界面。

2.4 默认安装服务的问题

系统安装好后，默认会启动很多服务。但是用户平时使用到的服务组件是有限的，而那些很少用到的组件不但占用了不少系统资源，会引起系统不稳定外，还会为黑客的远程入侵提供了多种途径，为此我们应该尽量把那些暂不需要的服务组件关闭或禁止，只保留必需的服务。

2.4.1 查看正在启用的服务项目

以 Windows XP 为例，首先你要使用系统管理员账户或以拥有 Administrator 权限的用户身份登录，然后在“运行”中输入“cmd.exe”打开命令行窗口，再输入“net start”回车后，就会显示出系统正在运行的服务。为了更详细地查看各项服务的信息，我们可以在“开始→控制面板→管理工具”中双击“服务”，或者直接在“运行”中输入“Services.msc”打开服务设置窗口。

服务分为三种启动类型如图 2-11 所示。

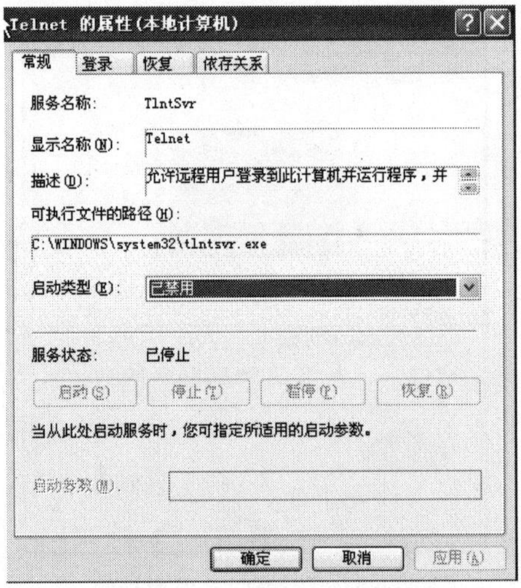

图 2-11 启动类型选择

1. 自动

如果一些无用服务被设置为自动，它就会随机器一起启动，这样会延长系统启动时间。通常与系统有紧密关联的服务才必须设置为自动。

2. 手动

只有在需要它的时候，才会被启动。

3. 已禁用

表示这种服务将不再启动，即使是在需要它时，也不会被启动，除非修改为上面两种类型。

如果我们要关闭正在运行的服务，只要选中它，然后在右键菜单中选择“停止”即可。但是下次启动机器时，它还可能自动或手动运行。

如果服务项目确实无用，可以选择禁止服务。在右键菜单中选择“属性”，然后在“常规→启动类型”列表中选择“已禁用”，这项服务就会被彻底禁用。

如果以后需要重新起用它，只要在此选择“自动”或“手动”即可；也可以通过命令行“net start 服务名”来启动，比如“net start Clipbook”。

2.4.2 必须禁止的服务

1. NetMeeting Remote Desktop Sharing

允许受权的用户通过 NetMeeting 在网络上互相访问对方。这项服务对大多数个人用户并没有多大用处，况且服务的开启还会带来安全问题，因为上网时该服务会把用户名以明文形式发送到连接它的客户端，黑客的嗅探程序很容易就能探测到这些账户信息。

2. Messenger

俗称信使服务，电脑用户在局域网内可以利用它进行资料交换（传输客户端和服务器之间的 Net Send 和 Alerter 服务消息，此服务与 Windows Messenger 无关。如果服务停止，Alerter 消息不会被传输）。这是一个危险而讨厌的服务，Messenger 服务基本上是用在企业的网络管理上，但是垃圾邮件和垃圾广告厂商也经常利用该服务发布弹出式广告，标题为“信使服务”，而且这项服务有漏洞，MSBlast 和 Slammer 病毒就是用它来进行快速传播的。

3. Terminal Services

允许多位用户连接并控制一台机器，并且在远程计算机上显示桌面和应用程序。如果你不使用 Windows XP 的远程控制功能，可以禁止它。

4. Remote Registry

使远程用户能修改此计算机上的注册表设置。注册表是系统的核心内容，一般用户都不建议自行更改，更何况要让别人远程修改，所以这项服务是极其危险的。

5. Fast User Switching Compatibility

在多用户下为需要协助的应用程序提供管理。Windows XP 允许在一台电脑上进行多用户之间的快速切换，但是这项功能有个漏洞，当你点击“开始→注销→快速切换”，在传统登录方式下重复输入一个用户名进行登录时，系统会认为是暴力破解，而锁定所有非管理员账户。如果不经常使用，可以禁止该服务。或者在“控制面板→用户账户→更改用户登录或注销方式”中取消“使用快速用户切换”。

6. Telnet

允许远程用户登录到此计算机并运行程序，并支持多种 TCP/IP Telnet 客户，包括基于 UNIX 和 Windows 的计算机。这是又一个危险的服务。如果启动，远程用户就可以登录、访问本地的程序，甚至可以用它来修改 ADSL Modem 等的网络设置。

7. Performance Logs And Alerts

收集本地或远程计算机基于预先配置的日程参数的性能数据，然后将此数据写入日志或触发警报。为了防止被远程计算机搜索数据，坚决禁止它。

8. Remote Desktop Help Session Manager

如果此服务被终止，远程协助将不可用。

9. TCP/IP NetBIOS Helper

NetBIOS 在 Win 9X 下就经常有人用它来进行攻击，对于不需要文件和打印共享的用户，此项也可以禁用。

2.4.3 可以禁止的服务

以上九项服务是对安全威胁较大的服务，普通用户一定要禁用它。另外还有一些普通用户可以按需求禁止的服务。

1. Alerter

通知所选用户和计算机有关系统管理级警报。如果你未连上局域网且不需要管理警报，则可将其禁止。

2. Indexing Service

本地和远程计算机上文件的索引内容和属性，提供文件快速访问。这项服务对个人用户没有多大用处。

3. Application Layer Gateway Service

为 Internet 连接共享和 Internet 连接防火墙提供第三方协议插件的支持。如果你没有启用 Internet 连接共享或 Windows XP 的内置防火墙，可以禁止该服务。

4. Uninterruptible Power Supply

管理连接到计算机的不间断电源，没有安装 UPS 的用户可以禁用。

5. Print Spooler

将文件加载到内存中以便稍后打印。如果没装打印机，可以禁用。

6. Smart Card

管理计算机对智能卡的读取访问。基本上用不上，可以禁用。

7. Ssdp Discovery Service

启动家庭网络上的 upnp 设备自动发现。具有 upnp 的设备还不多，对于我们来说这个服务是没有用的。

8. Automatic Updates

自动从 Windows Update 网络更新补丁。利用 Windows Update 功能进行升级，速度太慢，建议大家通过多线程下载工具下载补丁到本地硬盘后，再进行升级。

9. Clipbook

启用“剪贴板查看器”储存信息并与远程计算机共享。如果不想与远程计算机进行信息共享，就可以禁止。

10. Imapi Cd-burning Com Service

用 Imapi 管理 CD 录制，虽然 Windows XP 中内置了此功能，但是我们大多会选择专业刻录软件，另外如果没有安装刻录机的话，也可以禁止该服务。

11. Workstation

创建和维护到远程服务的客户端网络连接。如果服务停止，这些连接都将不可用。

12. Error Reporting Service

服务和应用程序在非标准环境下运行时，允许错误报告。如果你不是专业人员，这个错误报告对你来说根本没用。

再就是如下几种服务对普通用户而言也没有什么作用，大家可以自己决定取舍，如：Routing and Remote Access、Net Logon、Network DDE 和 Network DDE DSDM。

还有一种需要重点关注的 IPC 默认共享。Windows XP 在默认安装后允许任何用户通过空用户连接（IPC $）得到系统所有账号和共享列表，这本来是为了方便局域网用户共享资源和文件的，但是任何一个远程用户都可以利用这个空的连接得到你的用户列表。黑客就利用这项功能，查找系统的用户列表，并使用一些字典工具，对系统进行攻击。这就是网上流行的 IPC $ 攻击。

要防范 IPC 攻击就应该从系统的默认配置下手，可以通过修改注册表弥补漏洞。

第一步：将以下项设置为“1”，就能禁止空用户连接。

HKEY_LOCAL _MACHINE\SYSTEM\CurrentControlSet\Control\LSA 的 RestrictAnonymous

第二步：打开注册表的项（如下所示）。

HKEY_LOCAL_MACHINE\SYSTEM\CurrentControlSet \Services\ LanmanServer\Parameters。

对于服务器，添加键值“AutoShareServer”，类型为“REG_DWORD”，值为“0”。

对于客户机，添加键值“AutoShareWks”，类型为“REG_DWORD”，值为“0”。

2.5 系统优化与维护

2.5.1 开机优化

很多情况下就是因为这些设置不当，拖慢了系统启动速度；为此，我们只要将这些不当的功能屏蔽掉，就一定能够为系统提速。

1. 加快关机速度

在 Windows XP 关机时，系统发送消息到运行程序和远程服务器，通知它们系统要关闭，并等待接到回应后系统才开始关机。加快开机速度，可以先设置自动结束任务，找到 HKEY_CURRENT_USER\Control Panel\Desktop，把 AutoEndTasks 的键值设置为 1；然后再将“HungAppTimeout”的键值改为“4000（或更少），默认为 50000。

最后找到 HKEY_LOCAL_MACHINE\System\CurrentControlSet\Control，将 WaitToKill

ServiceTimeout 设置为“4000”；通过这样设置关机速度明显快了不少。

2. 提高宽带速度

专业版的 Windows XP 默认保留了 20%的带宽，其实这对于我们个人用户来说是没有什么作用的，与其让它闲着还不如充分地利用起来。

在“开始→运行”中输入 gpedit.msc，打开组策略编辑器。找到“计算机配置→管理模板→网络→QoS 数据包计划程序”，选择右边的“限制可保留带宽”，选择“属性”打开“限制可保留带宽　属性”对话框，选择“启用”，并将原来的“20”改为“0”，这样就释放了保留的带宽，如图 2-12 所示。

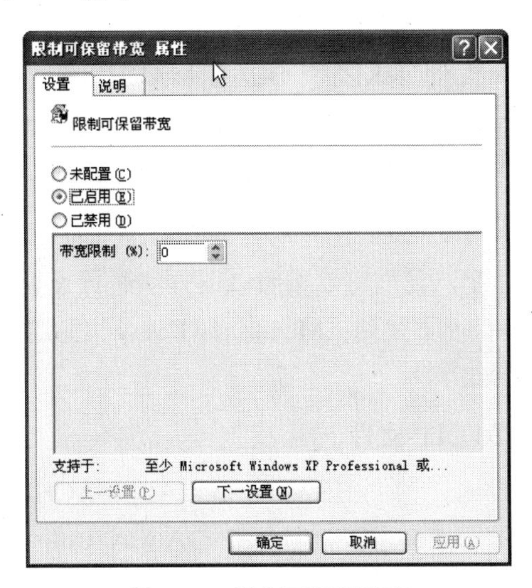

图 2-12　限制可保留带宽

3. 优化网上邻居

Windows XP 网上邻居在使用时系统会搜索自己的共享目录和可作为网络共享的打印机以及计划任务中和网络相关的计划任务，然后才显示出来，这样速度显然会慢很多。如果不使用这些功能，可以将其删除。

在注册表编辑器中找到 HKEY_LOCAL_MACHINE \sofeware\Microsoft\Windows\Current Version\Explore\ RemoteComputer\NameSpace，删除其下的（打印机）和{D6277990-4C6A-11CF8D87- 00AA0060F5BF}（计划任务），重新启动电脑，再次访问网上邻居，系统会快很多。

如果我们的计算机并没有处于单位局域网网络中，那么已经被启用的网络共享功能其实一点用处都没有，它的存在反而会拖累系统的启动速度；要想尽可能地提高系统启动速度，我们完全可以将本地系统已经启用的网络共享功能屏蔽，具体的屏蔽操作步骤如下：

首先在 Windows 系统“开始”菜单中依次执行“设置”→“控制面板”→“网络连接”命令，打开本地计算机的网络连接列表窗口，找到其中的“本地连接”图标，并用鼠标右键单击该图标，从其后出现的快捷菜单中执行“属性”命令，打开本地连接属性设置窗口。

其次在该窗口的“常规”标签页面中，找到“此连接使用下列项目”列表框中的“Microsoft 网络的文件和打印机共享”选项，并将该选项前面方框中的勾号取消，最后单击“确定”按钮关闭属性设置窗口，这样系统在下次启动时就不会花费时间去检查网络共享方面的内容了。

4. 加快启动速度

在注册表编辑器中，找到 HKEY_LOCAL_MACHINE \SYSTEM\CurrentControlSet \Control \Session Manager\ Memory Management\PrefetchParameters，再找到 EnablePrefetcher 主键，把它的默认值由 3 改为 1，这样滚动条滚动的时间就会减少。

5. 加快菜单显示速度

为了加快菜单的显示速度，我们可以按照以下方法进行设置：可以在 HKEY_CURRENT_USER\Control Panel\Desktop 下找到“MenuShowDelay”主键，把它的值改为“0”就可以达到加快菜单显示速度的效果。

6. 清除内存中不使用的 DLL 文件

找到在注册表中的 HKKEY_LOCAL_MACHINE\SOFTWARE\Microsoft\Windows\CurrentVersion，在 Explorer 增加一个主键 AlwaysUnloadDLL，默认值设为 1。注：如默认值设定为 0 则代表停用此功能。

7. 减少启动时加载项目

许多应用程序在安装时都会添加至系统启动组，每次启动系统都会自动运行，这不仅延长了启动时间，而且启动完成后系统资源已经被消耗掉！

选择“开始”菜单→“运行”，输入 msconfig，运行“系统配置实用程序”，在“启动”项中列出了系统启动时加载的项目及来源，仔细查看是否需要它自动加载，否则清除项目前的复选框，加载的项目愈少，启动的速度自然愈快。此项需要重新启动方能生效。

8. 关掉一些伴随着 Windows 启动的程序及常驻程序

选择“开始”菜单→“运行”，输入 msconfig 进入“系统配置应用程序”，在“启动”栏关掉不必要的程序，将方框中的勾取消，关掉不必要的程序，不确定的程序不可以乱关，以免造成 Windows 错误。完成后按“应用”，重开机即可。如图 2-13 所示是设置系统配置实用程序。

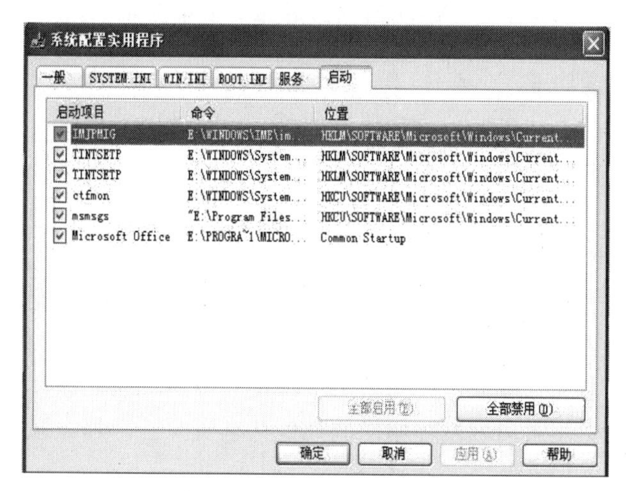

图 2-13　系统启动配置

9. 屏蔽完全控制功能

计算机系统每次启动时都会自动对本地硬盘中的相关共享文件夹进行搜索和扫描，而共享文件夹的访问属性设置不同的话，那么系统扫描该目标共享文件夹的时间也会不相同。例如，要是某一共享文件夹被设置为“只读”权限时，系统扫描该共享文件夹的时间可能只需要 1 毫秒，而当将共享文件夹的访问权限设置为“完全控制”时，系统扫描该共享文件夹的时间可能就需要 1.5 毫秒，由此可见，当开通共享文件夹的“完全控制”功能时，系统的启动速度也会受到一定程度的影响。为此，当我们不希望自己的共享资源让别人随意编辑修改时，只需要简单地将共享文件夹的属性设置为“只读”就可以了，而不要想当然地将它设置成“完全共享”，毕竟在这种访问属性下，共享文件夹的安全不但得不到保证，而且还会影响系统的启动速度。要将目标共享文件夹的“完全控制”功能屏蔽，可以按照如下步骤进行操作。

首先打开系统的资源管理器窗口，并在该窗口中找到目标共享文件夹，然后用鼠标右键单击对应文件夹图标，从其后出现的快捷菜单中选择“共享和安全”命令选项，打开目标共享文件夹的属性设置窗口。

其次单击该属性设置窗口中的“安全”标签，打开标签设置页面，在该页面的“组或用户名称”列表框中，选中自己经常登录系统的那个特定用户账号，例如这里笔者选择的是“owner”账号。接下来在对应“owner 的权限”列表框中，选中“完全控制”项目，并在对应该选项的“允许”方框中取消选中状态，这样我们就能将目标共享文件夹的“完全控制”功能屏蔽，之后根据实际访问需要，开通目标共享文件夹的“读取”权限或“写入”权限，最后单击“确定”按钮，系统的启动速度就能更进一步加快了。

10. 屏蔽自动搜索功能

当启动安装有 Windows XP 系统的计算机时，该计算机一般会自动搜索局域网环境中的所有共享资源，很显然这种“行为”也会影响计算机系统的快速启动。为了提高系统启动速度，我们可以按照如下方法将本地系统自动搜索共享资源的功能屏蔽。

首先打开本地系统的资源管理器窗口，单击该窗口菜单栏中的“工具”选项，从其后出现的下拉列表中单击“文件夹选项”，进入到系统的文件夹选项设置界面，单击其中的“查看”标签，打开选项设置窗口；找到该窗口中的“自动搜索网络文件夹和打印机”选项，并将该选项前面方框中的勾号取消，再单击“确定”按钮，这样该计算机系统下次启动时就不会耗费时间去自动搜索局域网环境中的其他共享资源了，那么系统启动速度应该就会明显提升许多，如图 2-14 所示。

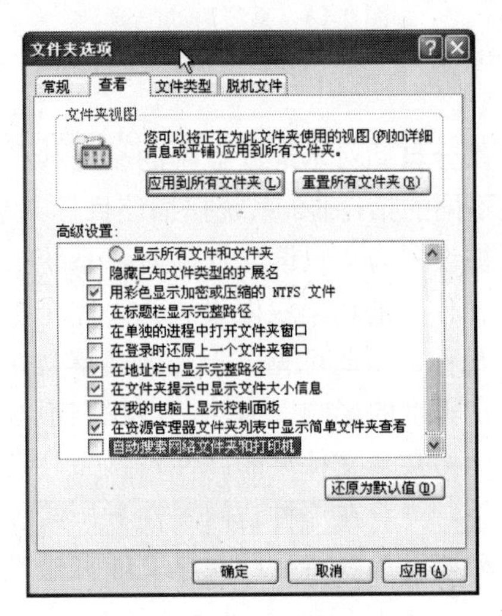

图 2-14　取消自动搜索功能

11. 屏蔽网络映射功能

为了方便每次开机后就能快速访问到对方计算机中的共享文件夹，许多人往往会通过网络映射功能将对方的共享文件夹映射成本地计算机中的一个磁盘分区。这种方式虽然给共享访问带来了很大方便，但是它给系统的启动带来了不小的影响，毕竟系统在每次启动时都需要耗费时间去搜索、扫描、连接对方共享文件夹，实际上我们并不是每次开机时都需要访问对方共享文件夹，很明显随意开通共享文件夹的网络映射功能，会严重拖慢计算机系统的启动速度。为了让系统启动速度不受影响，我们可以按照如下操作步骤将本地计算机中暂时不用的网络映射连接断开。

首先用鼠标双击系统桌面中的“我的电脑”图标，在其后弹出的窗口中单击菜单栏中的“工具”项目，从随后出现的下拉菜单中执行“断开网络驱动器”命令，之后选中其中一个暂时不用的网络驱动器分区盘符，再单击“确定”按钮就可以了。

当然，我们也可以直接使用“net use”命令实现断开网络映射连接的目的，在使用这种方法屏蔽网络映射功能时，只需要先打开系统的运行对话框，并在其中执行“cmd”字符串命令，将系统界面切换到 MS-DOS 命令行状态；接着在 DOS 提示符下执行“net use x： /del”字符串命令，就能将网络磁盘分区为“X”的网络映射连接断开了，要想快速地将本地计算机中所有的网络映射连接断开的话，只需要执行“net use * /del”字符串命令就可以了。

2.5.2　硬件优化

1．内存性能优化

Windows XP 中有几个选项可以优化内存性能，注册表的位置：

```
HKEY_LOCAL_MACHINE\ SYSTEM\CurrentControlSet\Control\Session Manager\Memory
Management
```

（1）禁用内存页面调度（Paging Executive）

在正常情况下，XP 会把内存中的片断写入硬盘，我们可以阻止它这样做，让数据保留在内存中，从而提升系统性能。要注意的是，拥有 256M 以上内存的用户才好使用这个设置。这个设置的名字正如它的功能一样，叫“DisablePagingExecutive”。把它的值由 0 改为 1 就可以禁止内存页面调度了。

（2）提升系统缓存

把 LargeSystemCache 键值从 0 改为 1，Windows XP 就会把除了 4M 之外的系统内存全部分配到文件系统缓存中，这意味着 XP 的内核能够在内存中运行，大大提高系统速度。剩下的 4M 内存是用来做磁盘缓存的，在一定条件下需要的时候，XP 还会分配更多一些。一般来说，这项优化会使系统性能得到相当的提升，但也有可能会使某些应用程序性能降低。正如前面所说的，必须有 256M 以上的内存，才好激活 LargeSystemCache，否则不要修改。

（3）输入/输出性能

这个优化只对 server 用户才有实在意义。它能够提升系统进行大容量文件传输时的性能。在默认情况下，这个键值在注册表中是不存在的，必须自己建一个 DWORD（双字节值）键值，命名为 IOPageLockLimit。多数人在使用这项优化时都发现 8 到 16M 字节之间性能最好，具体设什么值，可以试试看哪个值可以获得最佳性能。记住这个值是用字节来计算的，因此，譬如你要分配12M的话，就是12×1024×1024，也就是12582912。跟前面的内存优化一样，只有当你的内存大于256M的时候才好更改这里的值。

2．打开DMA

到装置管理员里选择IDE ATA/ATAPI controllers ，到Primary/Secondary IDE Channel里面的进阶设定，将所有的转送模式都设定为使用DMA（如果可用的话），系统就会自动打开DMA支持（在BIOS里也应该要先设为支持DMA）。

3．XP里关闭光驱自启动（Autorun）功能

打开我的电脑，在“移动存储设备”下，右键单击CD-ROM驱动器，然后单击“属性”，可以看到“自动播放”选项卡，如图2-15所示。

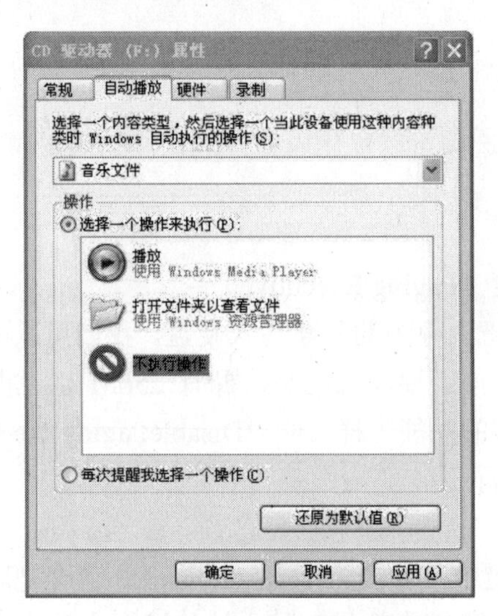

图2-15　DVD驱动器属性

4．设置CPU

Windows XP无法自动检测处理器的二级缓存容量，需要我们自己在注册表中手动设置，首先打开注册表（运行中输入“Regedit”），打开HKEY_LOCAL_MACHINE\SYSTEM\CurrentControlSet\Control\Session Manager\Memory Management，选择“SecondLevelDataCache”，根据自己所用的处理器设置即可，例如PIII Coppermine/P4 Willamette是“256”，Athlon XP是“384”，P4 Northwood是“512”。

5. XP 安装驱动程序签名选项

用户在安装程序时，往往会出现一个窗口，说这个程序没有经过微软的验证，我们可以在“控制面板/系统/硬件/设备管理器/驱动程序签名”中设置，在选项“您希望 Windows 采取什么操作？”中，可选择“忽略”、“警告”或“阻止”，一般建议用户选择“警告”操作，可以由用户根据警告信息，再决定是否安装该驱动程序，如图 2-16 所示。

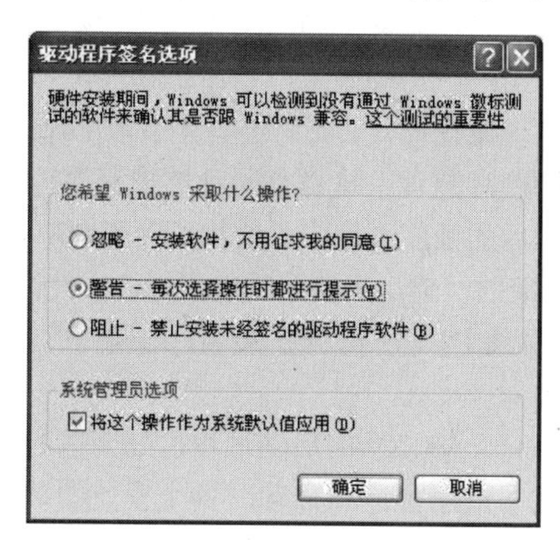

图 2-16　驱动程序签名选项

6. 为 IRQ 中断请求排优先次序

计算机的每一个主要部件都设了个 IRQ 中断号。这里就是要通过修改每个 IRQ 请求的优先次序达到优化目的。这里主要的优化对象是系统/CMOS 实时钟，它通过主板来提升性能。首先，要确定你想要哪个组件获得更高的性能，然后找到这个硬件正在使用的 IRQ 中断号。怎么找呢？打开控制面板里的系统属性(也可以按键盘上的 Windows+Break 热键组合打开它)。选中“硬件”选项卡，然后单击“设备管理器”按钮。右键单击要查 IRQ 号的组件，选择“属性”，然后单击“资源”选项卡。这里可以看到设备正在使用的 IRQ 中断号（如果没有 IRQ 中断号，选择另一个设备）。把中断号记下来，然后运行注册表编辑器 regedit，找到注册表中的 HKEY_LOCAL_MACHINESystemCurrentControlSet ControlPriorityControl 位置。我们要在这里建立一个名为 IRQ#Priority（其中“#”是具体的 IRQ 中断号）的 DWORD 双字节值，然后把它的值设为 1。要把这个优化设置撤销，只要把刚才建立的注册表键值删掉就可以了。

2.5.3　磁盘碎片整理

磁盘（尤其是硬盘）经过长时间的使用后，难免会出现很多零散的空间和磁盘碎片，一个文件可能会被分别存放在不同的磁盘空间中，这样在访问该文件时系统就需要到不同的磁盘空间中去寻找该文件的不同部分，从而影响了运行的速度。同时由于磁盘中的可用空间也是零散的，创建新文件或文件夹的速度也会降低。使用磁盘碎片整理程序可以重新安排文件在磁盘中的存储位置，将文件的存储位置整理到一起，同时合并可用空间，实现提高运行速度的目的。

默认情况下，Windows XP 每隔 3 天就会执行一次局部碎片整理，并根据当天的使用情况调整文件在磁盘上的物理位置，所移动的文件将被写入 Layout.ini 文件，这是 Windows XP 认为应该按照这一顺序来安排文件在磁盘上的物理位置，该文件的路径在 C:WindowsPrefetch。

系统在空闲时会自动整理磁盘碎片，此时会首先读取 Layout.ini 文件中的内容，并针对其中涉及的文件进行局部的碎片整理，这也是磁盘整理程序转移文件位置的依据。

在 Windows XP 及其以后的操作系统中，增加了预读取功能（也可以理解为“预先装载”），该功能可以提高系统的性能，加快系统的启动、文件读取的速度，这些预读文件保存在%systemroot%Prefetch 目录中，以*.pf 为扩展名，这些*.pf 文件包括了载入文件的详细信息和载入顺序。

每一个应用程序包括 Windows XP 的启动过程，都会在 PrefetCh 目录下留下相应的预读取文件，预读取文件描述了应用程序或启动时各个模块的装载顺序，其命名方式是以应用程序的可执行文件的名字为基础，加上一个“-”和描述执行文件完整路径的十六进制值，再加上文件扩展名.pf，例如 QQ.EX-0065A2A1.pf。

每当用户启动一个程序，会自动在 Prefetch 目录中对应的*.pf 文件中留下一条记录。不过，Windows XP 启动的预读取文件总是同一个名称，即 NTOSBOOT-B00DFAAD.PF，其中包含着启动时载入文件的记录。

当下一次启动系统或运行某个程序时，Windows 会参考相应的*.pf 文件，将其中记录的所有文件载入内存，而不是像以往一项一项依指令逐个载入文件。另外，Windows 会利用启动程序或程序的*.pf 文件制订一个最优化的磁盘分配方案，这个方案的相关信息存储在 Lyaout.ini 文件中。

事实上，即使将 C:WindowsPrefetch 目录下的文件全部删除，重新启动系统后仍旧会自动创建 Layout.ini 文件，届时 3 天 1 次的局部碎片自动整理功能会被重新激活。运行磁盘碎片整理程序如图 2-17 所示。

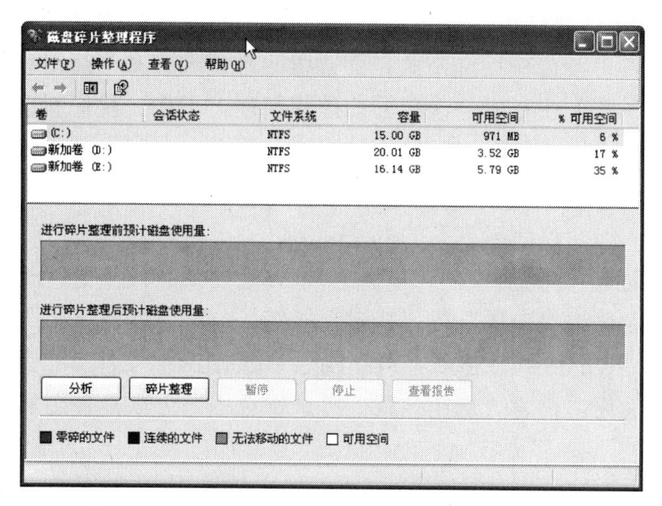

图 2-17　磁盘碎片整理

1．单击“开始”按钮，选择“所有程序”→“附件”→“系统工具”→“磁盘碎片整理程序”命令，打开“磁盘碎片整理程序”之一对话框。

2．在该对话框中显示了磁盘的一些状态和系统信息。选择一个磁盘，单击“分析”按钮，系统既可分析该磁盘是否需要进行磁盘整理，并弹出是否需要进行磁盘碎片整理的“磁盘碎片整理程序”之二对话框。

3．在该对话框中单击“查看报告”按钮，可弹出“分析报告”对话框。

4．该对话框中显示了该磁盘的卷标信息及最零碎的文件信息。单击“碎片整理”按钮，即可开始磁盘碎片整理程序，系统会以不同的颜色条来显示文件的零碎程度及碎片整理的进度。

5．整理完毕后，会弹出“磁盘整理程序”之三对话框，提示用户磁盘整理程序已完成。

6．单击“确定”按钮即可结束“磁盘碎片整理程序”。

如果你定期地对硬盘进行磁盘碎片整理，并且整理完成后查看了碎片整理报告，可能会注意到，在这个报告中，有些文件是不能被整理的，这样就会硬盘上留下大量的碎片。而其中就会有 Hiberfil.sys 文件。

那么这个 Hiberfil.sys 文件到底是做什么用的呢？当我们在 Windows XP 启用了休眠功能时，每次系统在进入休眠状态之前，Windows XP 就会将内存中的所有内容写到 Hiberfil.sys 文件中，而当系统从休眠状态恢复正常时，Windows XP 并不会将这个文件删除，而是原封不动地放在硬盘上，其实已经不再需要它，这个文件于是白白地占用一部分空间不说，还成了磁盘碎片整理的绊脚石。如果长时间不去处理这个文件，Hiberfil.sys 文件产生的磁盘碎片便无法进行整理。

Hiberfil.sys 文件可能会变得非常大，而磁盘碎片整理工具不能对它进行整理，因此，它的存在就会使得系统无法完成一次全面的碎片整理。于是，我们就会考虑，能不能将它删除之后再进行磁盘碎片整理呢？

Hiberfil.sys 文件一般位于 XP 系统所在分区的根目录，是一个隐藏的系统文件。虽然可以手动将它删除，但建议使用下面的方法。

先打开“控制面板”，然后双击“电源选项”，选择“休眠”选项卡，取消选择“启用休眠”复选框，然后单击“应用”或“确定”按钮。

经过以上操作，Windows XP 就会自动删除 Hiberfil.sys 文件。接下来我们就可以进行碎片整理，整理完成后，再将“启用休眠”复选框选中即可恢复使用休眠功能。

2.5.4 虚拟内存

虚拟内存在Windows XP中是非常不起眼的，Windows XP安装时会自动对其进行设置，用户甚至根本不必理会这个文件。但是虚拟内存作为物理内存的补充和延伸，对 Windows XP 的稳定运行起着举足轻重的作用，如果设置不好，会影响计算机的整体性能。

虚拟内存是 Windows XP 为作为内存使用的一部分硬盘空间。即便物理内存很大，虚拟内存也是必不可少的。虚拟内存在硬盘上其实就是一个文件，文件名是 PageFile.Sys，通常状态下是看不到的。必须关闭资源管理器对系统文件的保护功能才能看到这个文件。虚拟内存有时候也被称为是“页面文件”就是从这个文件的文件名中来的。虚拟内存文件（也就是常说的页面文件）存放在硬盘上，提高硬盘性能也可以在一定程度上提高内存的性能。

1. 启用磁盘写入缓存

在“我的电脑”上单击鼠标右键选择“属性→硬件”，打开设备管理器找到当前正在使用的硬盘，单击鼠标右键选择“属性”。在硬盘属性的“策略”页中，应该会看到两个选项：“为快速删除而优化”（所有的东西都直接写入硬盘驱动器）和“为提高性能而优化”（写入到缓存）。第一个选项可以允许快速地断开设备与电脑的连接，例如一个 USB 闪存，你不用单击任务栏里面的“安全删除硬件”图标就可以直接把这些设备和电脑断开，如图 2-18 所示。激活硬盘的写入缓存，从而提高硬盘的读写速度。不过要注意一点，这个功能打开后，如果计算机突然断电可能会导致无法挽回的数据丢失。因此最好在有 UPS 的情况下再打开这个功能。当然，如果你平常使用计算机时不要进行什么重要的数据处理工作，没有 UPS 也无所谓，这个功能不会对系统造成太大的损失。

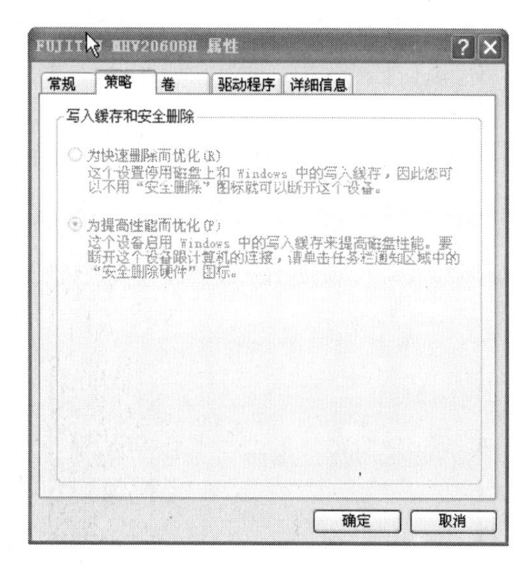

图 2-18 磁盘写入缓存

如果两个选项都处于灰色无法选择的状态，那么说明你的磁盘驱动器默认已经把“写入缓存”选项打开了。

2. 打开 Ultra DMA

在设备管理器中选择 IDE ATA/ATAPI 控制器中的“基本/次要 IDE 控制器”，单击鼠标右键选择“属性”，打开“高级设置”页。这里最重要的设置项目就是“传输模式”，一般应当选择“DMA（若可用）”。

3. 配置恢复选项

Windows XP 运行过程中碰到致命错误时会将内存的快照保存为一个文件，以便进行系统调试时使用，对于大多数普通用户而言，这个文件是没有什么用处的，反而会影响虚拟内存的性能，所以应当将其关闭。

在“我的电脑”上单击鼠标右键，选择“属性→高级”，在“性能”下面单击“设置”按钮，在“性能选项”中选择“高级”页。这里有一个“内存使用”选项，如果将其设置为“系统缓存”（如图 2-19 所示），Windows XP 将使用约 4MB 的物理内存作为读写硬盘的缓存，这样就可以大大提高物理内存和虚拟内存之间的数据交换速度。默认情况下，这个选项是关闭的。如果计算机的物理内存比较充足，比如 256M 或者更多，最好打开这个选项。但是如果物理内存比较紧张，还是应当保留默认的选项。

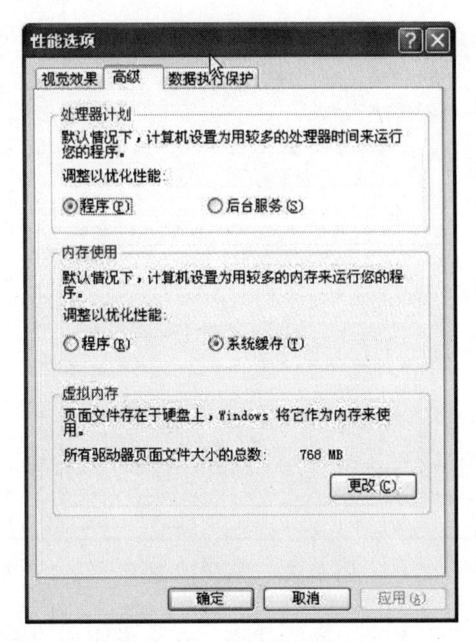

图 2-19　内存使用选项

对于不同的计算机而言，页面文件的大小是各不相同的。关于页面文件大小的设置，有两个流传甚广的“公式”，“物理内存 X2.5”或者“物理内存 X1.5”。这两种计算方法固然简便，但是并不适用于所有的计算机。设置页面文件大小最准确的方法是看看计算机在平常运行中实际使用的页面文件大小。

Windows XP 运行时需要大量访问页面文件，如果页面文件出现碎片，系统性能将会受到严重影响，而且会缩短硬盘的使用寿命。所以很有必要对页面文件定期进行碎片整理。

不过别忘了，页面文件是系统关键文件，Windows XP 运行时无法对其进行访问。所以对它进行碎片整理并不是一件容易的事情。有两种方案可以选择，一是安装 Windows 双系统，然后启动另外一个 Windows 对 Windows XP 所在的分区进行碎片整理。二是使用专门的工具软件，比如 System File Defragmenter，体积只有 41KB。

启动 System File Defragmenter 后可以看到窗口上方列出了可以进行整理的系统文件，其中就包括页面文件。在窗口下方选择“下次启动后进行碎片整理”（Defragment at Next Boot）或者“每次启动都进行碎片整理”（Defragment Every Boot），建议选择后一个选项。

2.5.5　Windows 系统优化工具

在前面介绍了系统优化的理论知识和手动操作方式。为方便一般的计算机用户能够简单地完成系统优化工作，本小节向大家介绍一款优秀的工具软件：Windows 优化大师。Windows 优化大师可以显示当前计算机的系统信息，进行系统检测、系统优化、系统清理和系统维护操作。其主界面如图 2-20 所示。

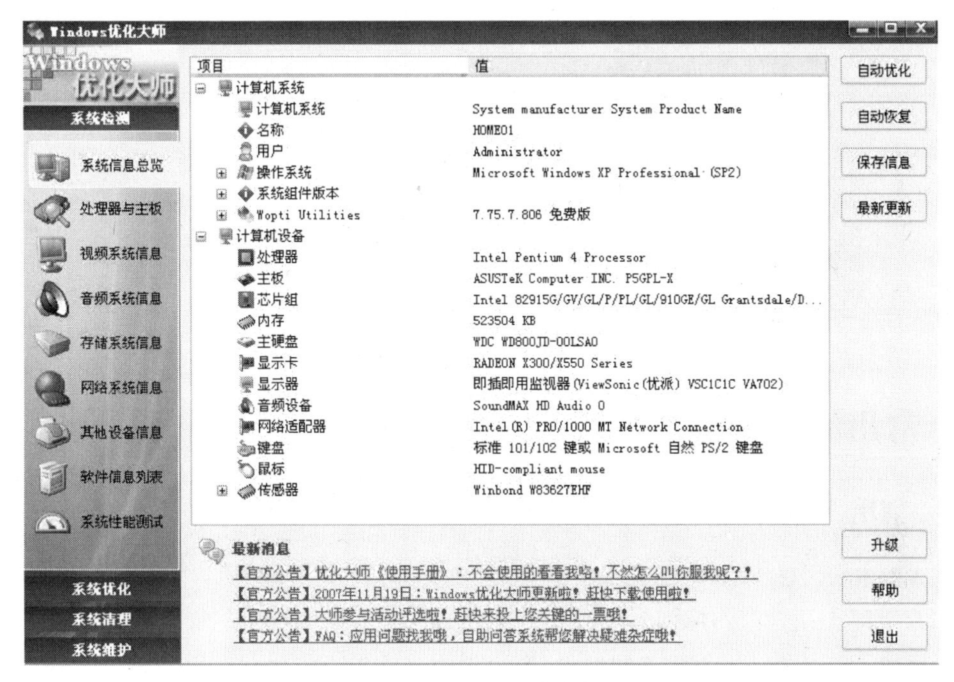

图 2-20　Windows 优化大师界面

下面以“开机速度优化”为例，介绍一下具体的使用方法。

1．选择“系统优化”中的“开机速度优化”，如图 2-21 所示。

2．对影响开机速度的各个因素进行调整。

（1）启动信息停留时间，可以拖动滑块进行改变。

（2）预读方式。

（3）异常时启动磁盘错误检查等待时间。

（4）勾选开机时自动运行的项目。

3．以上各因素调整或选择后，单击“优化”按钮，优化大师将执行，以优化开机速度。

图 2-21　开机速度优化

2.6　常用的安全措施

2.6.1　禁用“开始”菜单命令

在 Windows 2000/XP 中都集成了组策略的功能，通过组策略可以设置各种软件、计算机和用户策略在某种方面增强系统的安全性。运行“开始→运行”命令，在“运行”对话框的“打开”栏中输入“gpedit.msc”，然后单击“确定”按钮即可启动 Windows XP 组策略编辑器。

在“本地计算机策略”中，逐级展开“用户配置→管理模板→任务栏和开始菜单”分支，在右侧窗口中提供了“任务栏”和“开始菜单”的有关策略。

在禁用“开始”菜单命令的时候，在右侧窗口中，提供了删除“开始”菜单中的公用程序组、“我的文档”图标、“文档”菜单、“网上邻居”图标等策略。清理“开始”菜单的时候只要将不需要的菜单项所对应的策略启用即可，比如以删除“我的文档”图标为例，具体操作步骤，如图 2-22 所示。

1. 在策略列表窗口中用鼠标双击“从「开始」菜单中删除‘我的文档’图标”选项。
2. 在弹出窗口的“设置”标签中，选择“已启用”单选按钮，然后单击“确定”即可。

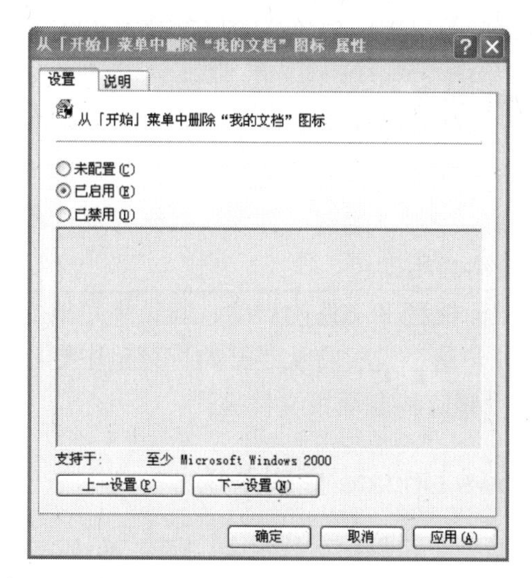

图 2-22　从「开始」菜单中删除“我的文档”图标

2.6.2　桌面相关选项的禁用

Windows XP 的桌面就像你的办公桌一样，有时需要进行整理和清洁。有了组策略编辑器之后，这项工作将变得易如反掌，只要在“本地计算机策略”中展开“用户配置→管理模板→桌面”分支，即可在右侧窗口中显示相应的策略选项。

1. 隐藏桌面的系统图标

倘若隐藏桌面上的系统图标，传统的方法是通过采用修改注册表的方式来实现，这势必造成一定的风险性，采用组策略编辑器，即可方便快捷地达到此目的。

若要隐藏桌面上的“网上邻居”和“Internet Explorer”图标，只要在右侧窗口中将“隐藏桌面上网上邻居图标”和“隐藏桌面上的 Internet Explorer 图标”两个策略选项启用即可。如果隐藏桌面上的所有图标，只要将“隐藏和禁用桌面上的所有项目”启用即可。

当启用了“删除桌面上的我的文档图标”和“删除桌面上的我的电脑图标”两个选项以后，“我的电脑”和“我的文档”图标将从你的电脑桌面上消失了。如果在桌面上你不再喜欢“回收站”这个图标，那么也可以把它删除，具体方法是将“从桌面删除回收站”策略项启用。

2. 禁止对桌面的某些更改

如果你不希望别人随意改变计算机桌面的设置，请在右侧窗口中将“退出时不保存设置”这个策略选项启用。当你启用这个设置以后，其他用户可以对桌面做某些更改，但有些更改，诸如图标和打开窗口的位置、任务栏的位置及大小在用户注销后都无法保存。

2.6.3 禁止访问“控制面板”

如果你不希望其他用户访问计算机的控制面板，你只要运行组策略编辑器，并在左侧窗口中展开“本地计算机策略→用户配置→管理模板→控制面板”分支，然后将右侧窗口的“禁止访问控制面板”策略启用即可。

此项设置可以防止控制面板程序文件的启动，其结果是他人将无法启动控制面板或运行任何控制面板项目。另外，这个设置将从“开始”菜单中删除控制面板，同时这个设置还从 Windows 资源管理器中删除控制面板文件夹。

2.6.4 及时使用 Windows Update 更新系统

Windows Update 作为微软公司保护系统安全、提高 Windows 性能的重要组件，目前已经升级到它的 V6 版本。通过它，我们不但可以获得提升系统功能和性能的组件 Service Pack（如目前流行的 Windows XP Service Pack 2），同时也可以获得最新安全漏洞的补丁，当然也可以获得最新的硬件驱动。最新、最流行的病毒、木马、蠕虫等通常都利用了操作系统的最新的漏洞，如果在它们大规模发作之前，就能升级好最新的补丁，那么计算机受到攻击导致瘫痪的几率将大大降低。

2.6.5 个人防火墙

在网络时代中，病毒的传播方式、传播速度和破坏力发生了翻天覆地的变化，而且黑客也正在全世界范围内活动。为了防止病毒和黑客的随意入侵，不少用户在自己的计算机中都安装了防火墙。而 Windows XP 就加入了“Internet 连接防火墙”功能，利用该功能 Windows XP 能对出入系统的所有信息进行动态数据包筛选，允许系统同意访问的人与数据进入自己的内部网络，同时将不允许的用户与数据拒之门外，最大限度地阻止网络中的黑客来访问自己的网络，防止他们随意更改、移动甚至删除网络上的重要信息。在使用“连接防火墙”功能时，您可以依次单击开始菜单中的“设置”→“网络连接”菜单项，然后从弹出的窗口中选择需要上网的拨号连接，然后用鼠标右键单击该连接图标，并选择“属性”命令，在随后弹出的“拨号属性”窗口中再单击“高级标签”，在对应标签的页面中选中“Internet 连接防火墙”选项，然后再单击对应防火墙的“设置”按钮，来根据自己的要求设置防火墙，以使防火墙能更高效地工作。

2.7　小结

本章介绍 Windows XP 系统的登录安全子系统，详细分析了账户与特权的基本原理和操作，指导用户初次使用 Windows XP 如何优化和维护，如何配置默认安全服务的问题，并掌握常用的安全措施。

习题 2

一、判断题

1．Windows XP 操作系统是一个多用户多任务操作系统。（　　）

2．Hiberfil.sys 文件一般位于 XP 系统所在分区的根目录，是一个隐藏的系统文件。（　　）

3．虚拟内存在硬盘上其实就是一个文件，文件名是 PageFile.sys。（　　）

4．Windows XP 只支持本地登录。（　　）

5．Windows XP 不能禁止访问“控制面板”。（　　）

二、单选题

1．使用（　　）可以重新安排文件在磁盘中的存储位置，将存储位置整理到一起以提高计算机运行速度。

A．格式化

B．磁盘清理程序

C．磁盘碎片整理

D．删除不要的文件，再移动其他文件

2．下列哪个叙述不正确（　　）

A．通常应禁用 guest 账号；

B．Windows XP 没有自带个人防火墙；

C．Window XP 安装时会自动对虚拟内存其进行设置；

D．Windows 只有两类默认账号：Guest 和 Administrator。

3．哪一个组件不是交互式登录的系统组件（　　）

A．winlogn　　　　B．GINA

C．LSA　　　　D．NTLM

三、多选题

1．在下列叙述中，正确的是（　　）

A．Windows XP 平时存储在磁盘中，因此它的启动和运行都是在磁盘上进行；

B．Windows XP 中多任务是指一个应用程序可以完成多项任务；

C．应用程序在其运行期间，独占内存直至退出；

D．用户要想使用一个应用程序，首先要启动它；

E．由于计算机存储器具有记忆功能，因此所有的存储器都可以保存文件；

F．在同一个文件夹中不允许同时存在 my.doc 和 MY.DOC 两个文件。

2．在“我的电脑”和资源管理器中，当选定文件后，下列操作中能删除该文件的是（　　）

A．在键盘上按 Delete 键

B．在键盘上按 Shift+Delete 键

C．在“文件”菜单中选择“删除”命令

D．在工具栏上单击“撤销”按钮

E．在工具栏上单击“删除”按钮

F．用鼠标右击该文件，再从快捷菜单中选择“删除”命令

四、思考或实验题

1．简要叙述系统启动过程。

2．请检查本地磁盘的碎片文件状态，根据实际需要进行碎片整理的操作。

CHAPTER 3

第3章　Windows XP 系统文件安全

引言

小王为了能更好地掌握老师讲授的内容，在上周课程结束后，回到宿舍，一周的时间里有空就捣鼓起自己的电脑，除了把系统由原先的 Windows 2000 换成了 Windows XP 系统，还对照着教程把各项安全的配置和措施认真温习了几遍，练习完成后，对自己日常使用的电脑不仅了解了更多性能，而且感觉自己的电脑通过优化之后，确实比以前还快了，呵呵，真是快哉！

根据教学安排，这周安博士要讲述文件安全的相关内容，小王提前了解了文件系统的基础知识，比如 FAT，FAT32，NTFS 等都是文件系统的格式，自己平常只是在用，没有仔细去了解其中的作用。

这周的课程，小王早约好了室友要早到教室听课，课程是下午 3：00 的，小王和室友们 2：45 就到了教室，坐到了前排的位置，安博士还未到教室。一会工夫，看到安博士和几个同学一边走，一边交谈着什么，一起进了教室。看到小王他们在前排，安博士笑着打了个招呼，“今天很早啊，上周的课程都做过实验了吧。”，“是的，老师”，小王回答，“我从安装开始每个过程都练习了，很有帮助啊！”

安博士打开早已准备好的 PPT 讲义，在屏幕上投出了本章的学习目标。

本章目标

- 理解掌握各种文件系统格式；
- 理解 Windows 文件保护原理，保护系统文件；
- 理解 EFS 工作原理，掌握 EFS 实际应用对文件进行加密保护；
- 文件共享的安全问题。

3.1 什么是文件系统

3.1.1 文件系统的格式

文件系统是操作系统用于明确磁盘或分区上的文件的方法和数据结构，即在磁盘上组织文件的方法。一个分区或磁盘作为文件系统使用前，需要初始化，并将记录数据结构写到磁盘上。这个过程就叫做建立文件系统。

下面介绍 Windows 系统中常见的文件系统。

1．FAT16

它采用 16 位的文件分配表，能支持的最大分区为 2GB，是目前应用最为广泛和获得操作系统支持最多的一种磁盘分区格式，几乎所有的操作系统都支持这一格式，从 DOS、Windows 3.x、Windows 95、Windows 97 到 Windows 98、Windows NT、Windows 2000/XP，甚至 Linux 都支持这种分区格式。

但是 FAT16 分区格式有一个最大的缺点，那就是硬盘的实际利用效率低。因为在 DOS 和 Windows 系统中，磁盘文件的分配是以簇为单位的，一个簇只分配给一个文件使用，不管这个文件占用整个簇容量的多少。而且每簇的大小由硬盘分区的大小来决定，分区越大，簇就越大。例如 1GB 的硬盘若只分一个区，那么簇的大小是 32KB，也就是说，即使一个文件只有 1 字节长，存储时也要占 32KB 的硬盘空间，剩余的空间便全部闲置在那里，这样就导致了磁盘空间的极大浪费。FAT16 支持的分区越大，磁盘上每个簇的容量也越大，造成的浪费也越大。所以随着当前主流硬盘的容量越来越大，这种缺点变得越来越突出。

另外 FAT16 不支持长文件名，受到 8＋3（即 8 个字符的文件名加 3 个字符扩展名）的限制。对于长文件名，系统将自动更改文件名使之满足主文件名为 8 个字符的要求。

为了克服 FAT16 的这些弱点，微软公司在 Windows 95 OSR2（俗称 Windows 97）操作系统中推出了一种全新的磁盘分区格式 FAT32。

2．FAT32

FAT32 是 Windows 95 OSR2 版开始推出兼容 16 位的 32 位文件系统。最大特点为使用较小的簇（每簇仅为 4KB）分配文件单元，大大提高硬盘空间利用率，减少了浪费。单个硬盘的最大容量达到 2TB（1TB=1024GB），为海量硬盘的使用者提供了方便。它支持长文件名，能很好运行 DOS、Windows 95 至 Windows XP 的各种版本，但系统开销要大于 FAT16。这种文件系统的安全性仍然较差；FAT32 可以兼容 FAT16，但无法访问 NTFS 分区。

这种格式采用 32 位的文件分配表，使其对磁盘的管理能力大大增强，突破了 FAT16

对每一个分区的容量只有 2GB 的限制，运用 FAT32 的分区格式后，用户可以将一个大硬盘定义成一个分区，而不必分为几个分区使用，大大方便了对硬盘的管理工作。

目前，支持这一磁盘分区格式的操作系统有 Windows 95 OSR2 版、Windows 98 和 Windows 2000/XP。但是，这种分区格式也有它的缺点，首先是采用 FAT32 格式分区的磁盘，由于文件分配表的扩大，运行速度比采用 FAT16 格式分区的硬盘要慢；另外，由于 DOS 系统和某些早期的应用软件不支持这种分区格式，所以采用这种分区格式后，就无法再使用老的 DOS 操作系统和某些旧的应用软件了。

3. NTFS

NTFS 即是 Windows NT 的文件系统，它的最大优点是安全性和稳定性好，全 32 位内核的 NTFS 为磁盘目录与文件提供安全设置，指定访问权限。NTFS 自动记录与文件相关的变动操作，具有文件修复能力。NTFS 文件系统每簇仅为 512 个字节，硬盘利用率最高。

NTFS 文件系统的主要缺点正由于其高筑壁垒，闭关自守，从而导致兼容性差。Windows NT 的 NTFS 可以访问 FAT 文件系统，但是逆向造访就会吃闭门羹，如在 DOS 下系统会显示"Invalid drive specification"（无效驱动器指派）。在 Windows NT 4.0 中提供了 FAT 向 NTFS 的单向转换功能；在最新的具有 NT 内核的 Windows 2000 中，提供了 FAT 转换为 NTFS 或 FAT32 的功能。这些转换在进行之前应慎重考虑。

目前支持 NTFS 分区格式的操作系统不多，除了 Windows NT 外，Windows 2000、Windows XP、Windows 2003 系统也支持这种硬盘分区格式。

3.1.2　硬盘分区

1. 分区基础

主分区也就是包含操作系统启动所必需的文件和数据的硬盘分区，要在硬盘上安装操作系统，则该硬盘必须得有一个主分区。扩展分区也就是除主分区外的分区，但它不能直接使用，必须再将其划分为若干个逻辑分区才行。逻辑分区也就是我们平常在操作系统中所看到的 D、E、F 等盘。

目前 Windows 所用的分区格式主要有 FAT16、FAT32、NTFS 等，其中几乎所有的操作系统都支持 FAT16。但采用 FAT16 分区格式的硬盘实际利用效率低，且单个分区的最大容量只能为 2GB，因此如今该分区格式已经很少用了。

FAT32 采用 32 位的文件分配表，使其对磁盘的管理能力大大增强，突破了 FAT16 对每一个分区的容量只有 2GB 的限制。它是目前使用最多的分区格式，Windows 98/2000/XP/2003 系统都支持它。一般情况下，在分区时，用户可以将分区都设置为 FAT32 的格式。

NTFS 的优点是安全性和稳定性极其出色。不过除了 Windows NT/2000/XP/2003 系统以外，其他的操作系统都不能识别该分区格式。

在分区格式的选择上，用户需要根据所选用操作系统的类型来进行选择，一般情况下采用 FAT32 即可。

2. 硬盘分区规划

要对硬盘进行分区，首先需要有一个分区方案。如今的硬盘基本上都在 60GB 以上，如果将这样的“海量硬盘”只分一个区或者分成很多个小区，在一定程度上都会影响硬盘的易用性和性能。不同的用户有不同的实际需要，分区方案也各有不同。通常根据软件和数据的功能性进行分区。我们以 120G 硬盘为例，在分区规划过程中要考虑到以下的注意事项。

（1）C 盘分配 1/6 的磁盘容量，即 20GB，用于安装操作系统，以后随着应用软件的增加，有很多数据还会存放到 C 盘，所以除非软件安装和运行需要，尽量不要在 C 盘（操作系统分区）存放应用软件、工具软件、数据等非系统软件。

（2）D 盘分配 1/3 的磁盘容量，即 40GB，用于安装应用程序。

（3）E 盘分配 1/3 的磁盘容量，即 40GB，用于存放用户数据资料（如个人的文档文件、电影文件、音乐文件等）。

（4）F 盘分配剩余的磁盘容量，即 20GB，用于存放数据备份（如系统 Ghost 文件备份、安装源文件等）。

关于各分区文件系统格式问题，C、D、E 盘建议全部采用 NTFS 格式，特别是大于 30G 以上的分区和要存放 CD/DVD 镜像的用户。因为 FAT32 不支持单个大于 4G 的文件，当然文件系统格式也可以很方便地进行转换，如果觉得没必要的话可以只将系统盘采用 NTFS 格式。F 盘考虑到存放数据备份，建议采用 FAT32 文件格式。

分区的大小不是一成不变的，当用户发现需要调整时，还可以使用相应软件进行动态无损调整，虽然说是无损，但特别说明的是不要对已用空间占到磁盘空间 60%以上的分区，尤其是大分区做磁盘动态调整操作，这样最终可能导致磁盘上很多文件的损坏，甚至损坏硬盘。

3. 硬盘分区调整

在进行分区操作时，如果分区方案不合理，导致硬盘空间分布不科学该怎么办？当电脑使用一段时间后，想在不破坏硬盘数据的同时进行分区调整，此时该怎么办？其实，这一切都能通过第三方磁盘分区管理工具解决。

目前常用的第三方磁盘分区管理工具是：Partition Magic，其中又可分为 DOS 版和

Windows 版两种，下面我们以 Windows 版 Partition Magic 8.0（以下简称 PQ）为例，讲解如何通过该软件调整硬盘分区。

（1）增大某个分区的容量

C 盘是最容易出现容量危机的分区，下面就以增大 C 盘容量为例。在 Windows 中安装 PQ 之后，执行开始菜单中的“Partition Magic 8.0”启动软件。

既然想增大 C 盘的容量，自然得缩小其他分区的容量，比如 D、E、F 等逻辑分区。假设现在 D 盘有很大的剩余空间，E 盘也有很大的剩余空间，现在希望将这两个分区中的 10GB 空间给 C 盘，那么用 PQ 进行操作时，首先得将 E 盘的剩余空间给 D 盘，然后再由 D 盘分给 C 盘。具体操作如下：

进入程序主界面后，右键单击 E 盘，选择“Resize/Move”（调整容量/移动）命令，在出现的对话框中的“Free Space Before”（自由空间之前）栏中输入需要让 E 盘腾出来的空间，该值小于或等于 E 盘的最大剩余空间值，如图 3-1 所示。

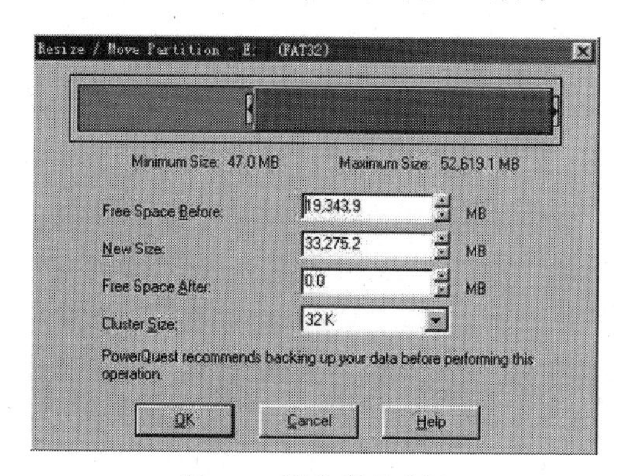

图 3-1　调整磁盘分区

注意　PQ 在调整一个分区容量时，既可腾出分区的前面部分，也可腾出后面部分，或者两头都腾出一部分空间来。不过现在是希望将 E 盘的空间腾给 D 盘，因此只有前面腾出来的空间 D 盘才能接收。而如果是想将 E 盘的空间给后面的 F 盘，则应该腾出 E 盘后面的空间。

输入需要腾出的空间容量值，单击“OK”按钮即返回主界面，此时会发现 D、E 之间多了一个“空白区”，这就是 E 盘给 D 盘的空间了。右键单击 D 盘，选择“Resize/Move”命令，在出现的对话框中首先将“Free Space After”（自由空间之后）处的数字由原来的 XXX（也就是 E 盘的“Free Space Before”值）修改为“0”，然后在“Free Space Before”栏中输入让 D 盘腾出来的空间值，最后单击“OK”按钮。

现在 C、D 之间有一个比较大的“空白区”了，这就是最终腾给 C 盘的空间了。右键单击 C 盘，选择“Resize/Move”命令，然后在出现的对话框中将“Free Space After”处的数字设置为“0”，保存设置后，D、E给C的空间就全“收”下了。

在确认无误后，单击主界面右下角的“Apply”（应用）按钮并确认后，软件便开始了正式调整。在调整过程中，不能中断操作或重新启动电脑。

（2）合并两个分区

PQ只能合并两个相邻的FAT、FAT32分区（FAT+FAT、FAT+FAT32或FAT32+FAT32），或者两个相邻的NTFS（NTFS+NTFS）分区，而且这两个相邻分区必须在同一个物理硬盘之中。以把F盘合并到E盘为例，首先在主界面中右键单击E盘，选择“Merge”（合并）命令，在出现的对话框中，PQ会自动分析E盘前后分区的分区格式，并罗列出数种合并组合，例如，“D becomes a folder of E”（D盘合并到E盘）、“F becomes a folder of E”（F盘合并到E盘）、“E becomes a folder of F（E盘合并到F盘）等。

注意 PQ在合并分区时，会将其中一个分区中的所有数据先复制到另一个分区中。因此必须保证其中一个分区中的剩余空间足够存放另外一个分区中的所有数据。

比如，E盘中有5GB数据，剩余空间有2GB；此时F盘有1GB数据，2GB剩余空间。那么在合并这两个分区时，就得选择“将F盘合并到E盘”，E盘有足够的空间存放F盘已有的数据，但F盘却无法存放E盘的数据。如果两个要合并的分区各自的剩余空间都没法存下对方的数据，那么合并是不能进行的。此时可以先增大某个分区的剩余空间，然后再考虑合并。

在确定了采用何种合并方式后，在“Merge Folder”（合并文件夹名）框中为被合并的分区建立一个用来存放数据的文件夹，以便合并完成后，用户知道分区中的这个文件夹中存放的就是被合并区中的数据。该文件夹名字可以任意取，建议使用英文字符。单击“OK”按钮进行确认后，可以在主界面的分区列表中发现这两个分区已经合并成一个分区了。

（3）将一个分区分割为两个分区

利用PQ分割一个分区非常简单。首先你需要对分割的分区进行容量调整，将剩余空间腾出来作为一个“空白区”，然后在剩余空间上单击右键，选择“Create”（创建）命令，在出现的对话框中选择分区的文件格式，单击“OK”按钮即可。

（4）转换分区格式

在安装Windows 2000/XP时，系统都会在安装时询问用户是否将系统盘的分区格式转换为NTFS，很多初学者并不知道NTFS的特点，往往都是等把分区格式转换为NTFS之后，才发现Windows 98以及DOS系统都不能识别NTFS格式。虽然Windows 2000/XP也提供了简单的NTFS转换到FAT32功能，但这一切都是以完全删除该分区上的数据为代价。而PQ不仅能把NTFS分区转换成FAT32或FAT，还不会破坏原有的数据。

3.2　文件的安全

3.2.1　文件共享

Windows XP 加入了一种称为“简单文件共享”的功能，但同时也打开了许多 NetBIOS 漏洞。攻击者利用该漏洞很容易进入系统。下面先看看什么是简单文件共享。

1. 简单文件共享

打开简单文件共享很简单，只要右键点击文件夹（本例中选择“D:\ADT 文件夹”），然后选择“属性”选项，出现如图 3-2 所示的界面。

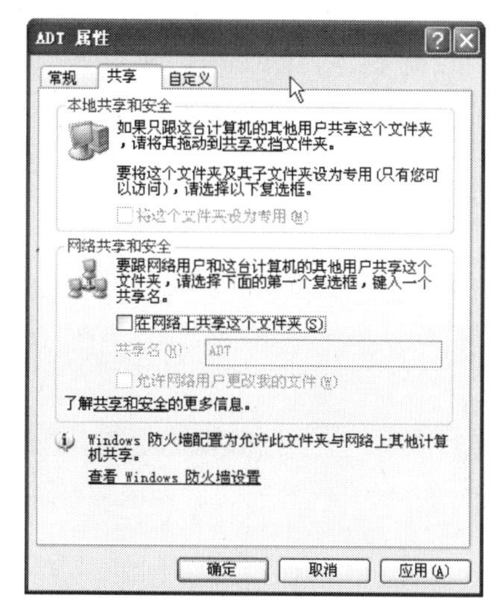

图 3-2　简单文件夹共享

选中在网络中共享这个文件夹。共享以后，“允许网络用户更改我的文件”这一项是默认打开的，所以没有特殊需要，我们必须把它前面的勾去掉。

首先开启 Guest 账户，这一步很重要，Windows XP 默认 Guest 账户是没有开启的，如图 3-3 所示。

要允许网络用户访问这台电脑，必须打开 Guest 账户。依次执行“开始→设置→控制面板→管理工具→计算机管理→本地用户和组→用户”在右边的 Guest 账号上单击右键，选择“属性”然后去掉“账号已停用”选择。

如果还是不能访问，可能是本地安全策略限制该用户不能访问。在启用了 Guest 用户或者本地有相应账号的情况下，点击“开始→设置→控制面板→管理工具→本地安全策略”，打开“用户权利指派→拒绝从网络访问这台计算机”的用户列表中如果看到 Guest 或者相应账号请删除，设置简单文件共享，网络上的任何用户都可以访问，无须密码，简单明了，过程如图 3-4 所示。

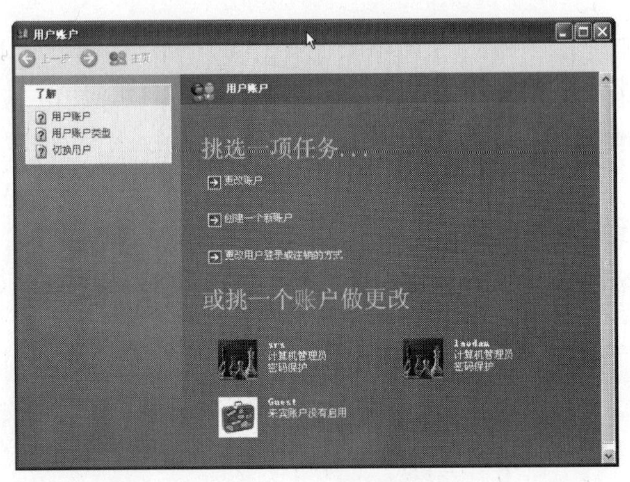

图 3-3　用户账户

图 3-4　账户网络访问权限设置

2．高级文件共享

Windows XP 的高级文件共享是通过设置不同的账户，分别给与不同的权限，即设置

ACL（Access Control List，访问控制列表）来规划文件夹和硬盘分区的共享情况达到限制用户访问的目的。

（1）禁止简单文件共享

首先打开一个文件夹，依次点击菜单栏的“工具”→“文件夹选项”→“查看”的选项卡，在高级设置里去掉“使用简单文件共享（推荐）”，如图 3-5 所示。光是这样并不能启动高级文件共享，这只是禁用了简单文件共享，还必须启用账户，设置权限，才能达到限制访问的问题。

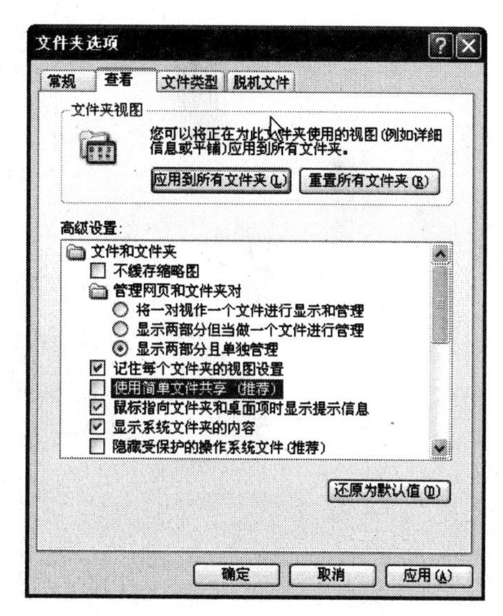

图 3-5　简单文件共享设置

（2）设置账户

进入控制面板的用户账户，有计算机的账户和来宾账户。仅仅开启 Guest 账户并不能达到多用户不同权限的目的，而且在高级文件共享中，Windows XP 默认是不允许网络用户通过没有密码的账号访问系统。所以，我们必须为不同权限的用户设置不同的账户。

假如网络其他用户的访问权限都一样（大多数情况都是这样），我们只需设置一个用户就可以。在用户账户里，新建一个用户，由于我们必须考虑网络安全性，所以设置用户必须为最小的权限和最少的服务，类型设置为“受限制用户”，如 AAA 用户。

在默认的情况下，Windows XP 新建账户是没有密码的，上面说过，默认情况下 Windows XP 是不允许网络用户通过没有密码的账户访问的。所以，我们必须给刚刚添加的 AAA 用户填上密码。

添加用户也可以这样进行：依次打开“控制面板→管理工具→计算机管理→系统工具”

→“本地用户和组”→“用户”，在右边的窗口单击右键新建用户，如图 3-6 所示。

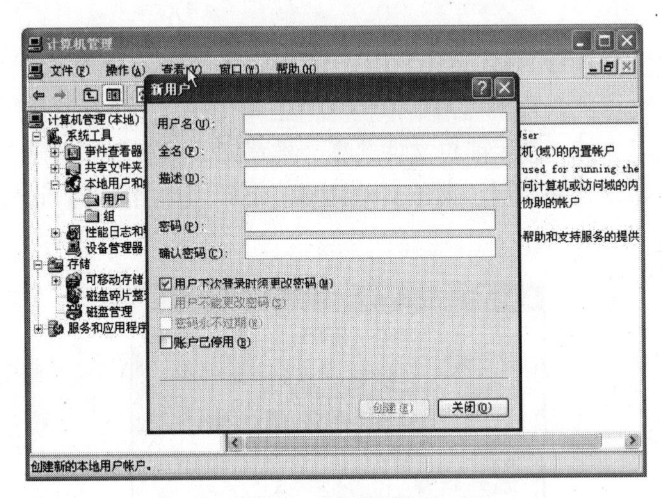

图 3-6　创建新用户

（3）设置共享

做好以上的设置就可以设置共享了，右键单击一个文件夹（本例中选择“D:\ADT 文件夹”），“属性”→“共享选项卡”，如图 3-7 所示。

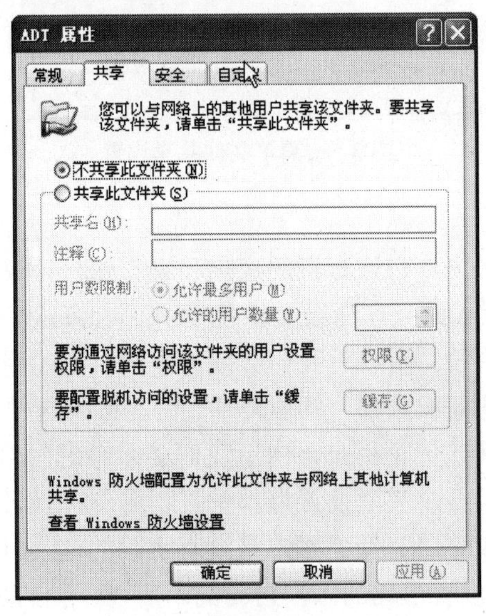

图 3-7　设置文件夹共享

单击“权限”按钮，默认是 Everyone，也就是每个用户都有完全控制的权限，如图 3-8

所示。

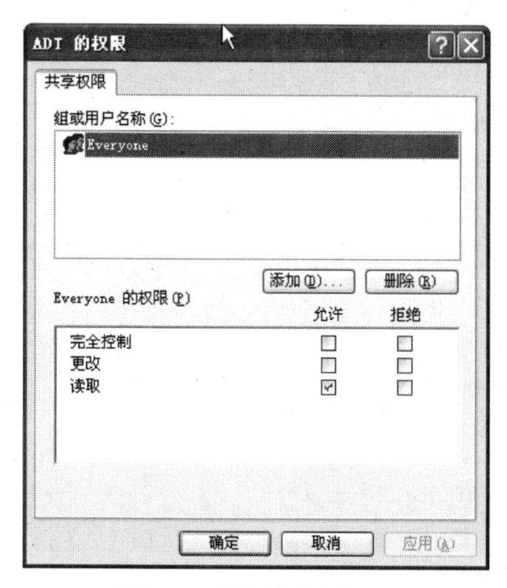

图 3-8　用户的访问权限

这样设置不安全，所以我们要把 Everyone 用户删除了。下面添加 laodan 用户的权限，单击“添加”按钮，查找用户名“laodan”，确定之后组和用户中就出现了，如图 3-9 所示。

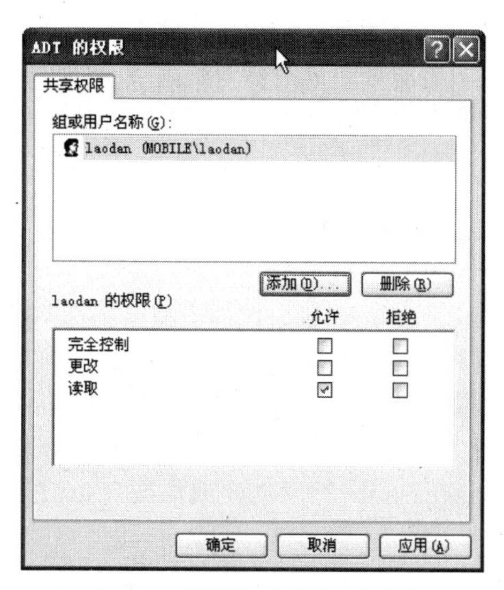

图 3-9　设置用户的访问权限

其中（MOBILE）表示计算机 MOBILE 中的 laodan 用户。如果我们设置 AAA 有只读权限，只需要在“读取”那里打勾就行了。

权限的说明：

读取权限允许用户浏览或执行文件夹中的文件。

更改权限允许用户改变文件内容或删除文件。

完全控制权限允许用户完全访问共享文件夹。

如果设置不同的账户不同权限，重新执行一次以上步骤。

特别注意，打开了“高级共享”，系统的所有分区都被默认共享出来，必须把它改回来。

（4）网络用户访问共享文件夹

如果网络用户的操作系统是 NT/2000/XP 的话，访问时提示用户密码，只要输入刚刚设置好的账户密码就可以正常访问了，否则无法访问。

3.2.2 默认的文件系统

大多数新买的机器，许多硬盘驱动器都被格式化成 FAT32，FAT32 文件系统仅仅提供了文件夹级别的安全控制，而 NTFS 文件系统上可以对文件和文件夹设置安全性，只有经过授权的用户才能访问文件和文件夹，而不管这个用户是通过网络访问，还是通过本地交互式登录访问。要想提高安全性，可以把 FAT32 文件系统转换成 NTFS。NTFS 允许更全面、细粒度地控制文件和文件夹的权限，进而还可以使用加密文件系统（EFS，Encrypting File System），从文件分区这一层次保证数据不被窃取。在“我的电脑”中用右键单击驱动器并选择“属性”，可以查看驱动器当前的文件系统。如果要把文件系统转换成 NTFS，先备份一下重要的文件，选择菜单“开始”→“运行”，输入 cmd，单击“确定”按钮。然后，在命令行窗口中，执行 convert x: /fs:ntfs（其中 x 是驱动器的盘符）。

3.2.3 交换文件和存储文件

即使你的操作完全正常，Windows 也会泄漏重要的机密数据（包括密码）。也许你永远不会想到要看一下这些泄漏机密的文件，但黑客肯定会。你首先要做的是，要求机器在关机的时候清除系统的页面文件（交换文件）。单击 Windows 的“开始”菜单，选择“运行”，执行 Regedit。在注册表中找到 HKEY_local_machine\system\currentcontrolset\control\sessionmanager\memory management，然后创建或修改 ClearPageFileAtShutdown，把这个 DWORD 值设置为 1。

在另一种情况下，系统在遇到严重问题时，会把内存中的数据保存到转储文件。转储文件的作用是帮助人们分析系统遇到的问题，但对一般用户来说没有用；另一方面，就像交换文件一样，转储文件可能泄漏许多敏感数据。禁止 Windows 创建转储文件的步骤如下：

打开“控制面板”→“系统”，找到“高级”选项卡，然后单击“启动和故障恢复”下面的“设置”按钮，将“写入调试信息”这一栏设置成“(无)”，如图 3-10 所示。

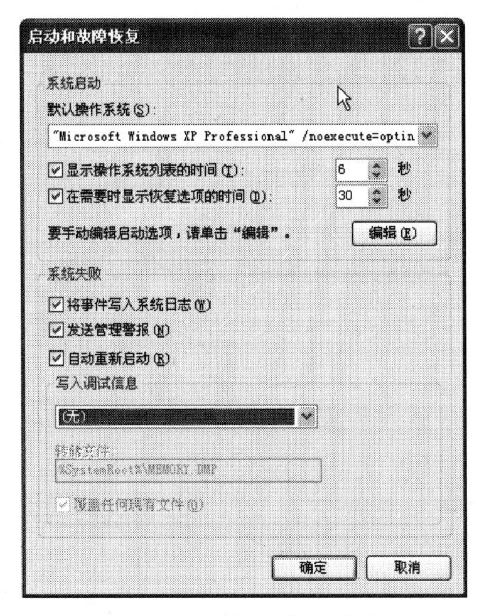

图 3-10　写入调试信息的设置

3.2.4　系统文件替换

如果 Windows XP 的系统文件被病毒或其他原因破坏了，我们可以从 Windows XP 的安装盘中恢复那些被破坏的文件。

具体方法：在 Windows XP 的安装盘中搜索被破坏的文件，需要注意的是，文件名的最后一个字符用下画线“_”代替，例如：如果要搜索“Notepad.exe”则需要用“Notepad.ex_”来进行搜索。搜索到之后，打开命令行模式（在“运行”中输入“cmd”），然后输入“EXPAND 源文件的完整路径目标文件的完整路径”。例如：EXPAND D:\SETUP\NOTEPAD.EX_ C:\Windows \NOTEPAD.EXE。有一点需要注意的是，如果路径中有空格的话，那么需要把路径用双引号（英文引号）包括起来。

找到当然是最好的，但有时我们在 Windows XP 盘中搜索的时候找不到我们需要的文件。产生这种情况的一个原因是要找的文件是在“CAB”文件中。由于 Windows XP 把“CAB”当做一个文件夹，所以对于 Windows XP 系统来说，只需要把“CAB”文件右拖然后复制到相应目录即可。

如果使用的是其他 Windows 平台，搜索到包含目标文件名的“CAB”文件。然后打开命令行模式，输入：“EXTRACT /L 目标位置 CAB 文件的完整路径”，例如：EXTRACT

/L C:\Windows D:\I386\Driver.cab Notepad.exe。同前面一样，如果路径中有空格的话，则需要用双引号把路径包括起来。

3.3 加密文件与文件夹

3.3.1 EFS 简介

Windows 2000/XP/Server 2003 都配备了 EFS（Encrypting File System，加密文件系统）。它可以帮助您针对存储在 NTFS 磁盘卷上的文件和文件夹执行加密操作。如果硬盘上的文件已经使用了 EFS 进行加密，即使黑客能访问到你硬盘上的文件，由于没有解密的密钥，文件也是不可用的。

EFS 加密基于公钥策略。在使用 EFS 加密一个文件或文件夹时，系统首先会生成一个由伪随机数组成的 FEK（File Encryption Key，文件加密钥匙），然后利用 FEK 和数据扩展标准 X 算法创建加密后的文件，并把它存储到硬盘上，同时删除未加密的原始文件。接下来系统利用你的公钥来加密 FEK，并把加密后的 FEK 存储在同一个加密文件中。而在访问被加密的文件时，系统首先利用当前用户的私钥解密 FEK，然后利用 FEK 解密出文件。在首次使用 EFS 时，如果用户还没有公钥/私钥对（统称为密钥），则会首先生成密钥，然后加密数据。如果你登录到域环境中，密钥的生成依赖于域控制器，否则它就依赖于本地机器。

EFS 加密的用户验证过程是在登录 Windows 时进行的，只要登录到 Windows，就可以打开任何一个被授权的加密文件。换句话说，EFS 加密系统对用户是透明的。这也就是说，如果你加密了一些数据，那么你对这些数据的访问将是完全被允许的，并不会受到任何限制。而其他非授权用户试图访问你加密过的数据时，就会收到“访问拒绝”的错误提示。

被 EFS 加密过的数据不能在 Windows 中直接共享。如果通过网络传输经 EFS 加密过的数据，这些数据在网络上将会以明文的形式传输。NTFS 分区上保存的数据还可以被压缩，但是一个文件不能同时被压缩和加密。Windows 的系统文件和系统文件夹无法被加密。如果你要使用 EFS 加密，必须将 FAT32 格式转换为 NTFS。

3.3.2 如何保证 EFS 加密的安全和可靠

在 EFS 加密体系中，数据是靠 FEK 加密的，而 FEK 又会跟用户的公钥一起加密保存；解密的时候顺序刚好相反，首先用私钥解密出 FEK，然后用 FEK 解密数据。可见，用户的密钥在 EFS 加密中起了很大作用。

密钥又是怎么来的呢？在 Windows 2000/XP 中，每一个用户都有一个 SID（Security

Identifier，安全标识符）以区分各自的身份，每个人的 SID 都是不相同的，并且有唯一性。可以这样理解：把 SID 想象成人的指纹，虽然世界上已经有几十亿人（同名同姓的也有很多），可是理论上还没有哪两个人的指纹是完全相同的。因此，这具有唯一性的 SID 就保证了 EFS 加密的绝对安全和可靠。因为理论上没有 SID 相同的用户，因而用户的密钥也就绝不会相同。在第一次加密数据的时候，操作系统就会根据加密者的 SID 生成该用户的密钥，并把公钥和私钥分开保存起来，供用户加密和解密数据。

其次，EFS 机制在设计的时候就考虑到了多种突发情况的产生，因此在 EFS 加密系统中，还有恢复代理（Recovery Agent）这一概念。

举例来说，公司财务部的一个职工加密了财务数据的报表，某天这位职工辞职了，安全起见直接删除了这位职工的账户。直到有一天需要用到这位职工创建的财务报表时才发现这些报表是被加密的，而用户账户已经删除，这些文件无法打开了。不过恢复代理的存在就解决了这些问题。因为被 EFS 加密过的文件，除了加密者本人之外还有恢复代理可以打开。

对于 Windows 2000 来说，在单机和工作组环境下，默认的恢复代理是 Administrator；Windows XP 在单机和工作组环境下没有默认的恢复代理。而在域环境中就完全不同了，所有加入域的 Windows 2000/XP 计算机，默认的恢复代理全部是域管理员。

由于 Windows XP 没有默认的恢复代理，因此我们加密数据之前最好能先指定一个默认的恢复代理（建议设置 Administrator 为恢复代理，虽然这个账户没有显示在欢迎屏幕上，不过确实是存在的）。设置步骤如下。

首先要获得可以导入作为恢复代理的用户密钥，如果你想让 Administrator 成为恢复代理，首先就要用 Administrator 账户登录系统。在硬盘上一个方便的地方建立一个临时的文件，文件类型不限。这里我们以 C 盘根目录下的一个 1.txt 文本文件为例，建立好后在运行中输入“cmd”然后回车，打开命令提示行窗口，在命令提示符后输入“cipher /r:c:\1.txt”，回车后系统还会询问你是否用密码把证书保护起来，你可以按照你的情况来决定，如果不需要密码保护就直接按回车键。完成后我们能在 C 盘的根目录下找到.cer 和.pfx 两个文件。

之后开始设置恢复代理。对于.pfx 这个文件，用鼠标右键单击，然后按照向导的提示安装。而.cer 则有些不同，在运行中输入“gpedit.msc”并回车，打开组策略编辑器。在“计算机配置→Windows 设置→安全设置→公钥策略→正在加密文件系统”菜单下，在右侧窗口的空白处单击鼠标右键，并选择“添加数据恢复代理”，然后会出现“添加故障恢复代理向导”按照这个向导打开.cer，如果一切无误就可以看见如图 3-11 所示的界面，这说明我们已经把本机的 Administrator 设置为故障恢复代理。

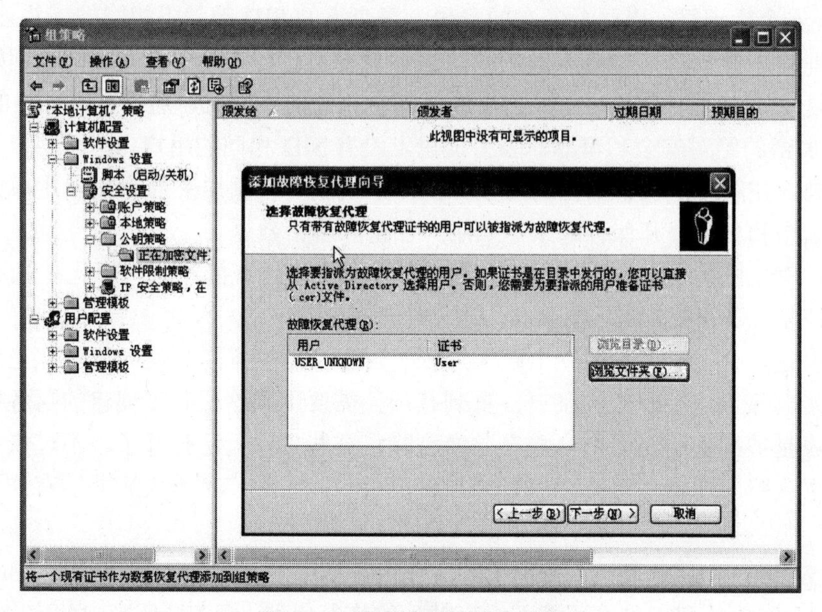

图 3-11　故障恢复代理的设置

如果你愿意，也可以设置其他用户为恢复代理。需要注意的是，你导入证书所用的.pfx和.cer 是用哪个账户登录后生成的，那么导入证书后设置的恢复代理就是这位用户。在设置了有效的恢复代理后，用恢复代理登录系统就可以直接解密文件。但如果你在设置恢复代理之前就加密过数据，那么这些数据恢复代理仍然是无法打开的。

3.3.3　EFS 应用实例

下面介绍如何给文件夹加密。右击选择要加密的文件夹，选择快捷菜单中的“属性”，选择“常规”标签中的最下方“属性”|“高级”，在“压缩或加密属性”一栏中，把“加密内容以便保护数据”打上“√”(如图 3-12 所示)，单击“确定”按钮。回到“文件属性”单击“应用”按钮，弹出“确认属性更改”窗口，在“将该应用用于该文件夹、子文件夹和文件”打上“√”，单击“确定”按钮。这样这个文件夹里的原来有的以及新建的所有文件和子文件夹都被自动加密了。要解开加密的文件夹，把“加密内容以便保护数据”前面的“√”去掉，单击“确定”按钮就可以了，如图 3-12 所示。

如果想将 EFS 选项添加至快捷菜单，请依次执行下列操作步骤：在“运行”对话框内输入“regedit”，在注册表编辑器内浏览至下列子键：

```
HKEY_LOCAL_MACHINE\SOFTWARE  \Microsoft\Windows\CurrentVersion\Explorer\Advanced
```

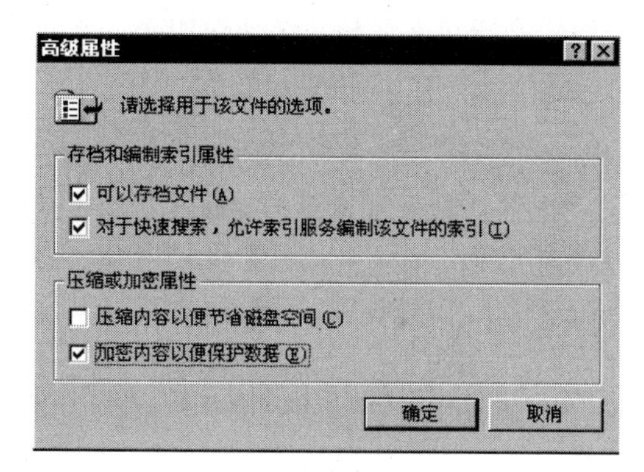

图 3-12 加密文件夹的设置

然后新建一个 DWORD 值 EncryptionContextMenu，并将它的键值设为 1。这样当用户右键单击某一存储于 NTFS 磁盘卷上的文件或文件夹时，加密或解密选项便会出现在随后弹出的快捷菜单上，非常方便。

注意 为确保对注册表进行修改，应在自己的计算机上拥有管理员账号。

当然可以彻底禁用它。只要在“运行”中输入“regedit”并回车，打开注册表编辑器，依次展开到 HKEY_LOCAL_MACHINE\SOFTWARE\Microsoft\Windows NT\ CurrentVersion\EFS，然后新建一个 Dword 值 EfsConfiguration，并将其键值设为 1，这样本机的 EFS 加密就被彻底禁用了。

在加密的过程中我们常常遇到这样的情况，我们需要加密某一个文件夹，而此文件夹下还有很多的子文件夹，这时候我们如果不想加密位于此文件夹下的某一个子文件夹该怎么办呢？很多的用户往往采取的方法是将不需要加密的子文件夹剪切出来，单独存放，然后再加密文件夹。可是这样一来却破坏了原来的目录结构，加密和保持原有的目录结构好像是鱼与熊掌不可兼得，怎么办？其实你大可不必这么辛苦，只需要在不需要加密的子文件夹下建立一个“Desktop.ini”文件即可。具体地说就是在不需要加密的子文件夹下建立一个名为“Desktop.ini”的文件，用记事本程序打开并录入以下内容：

```
[encryption]
Disable=1
```

录入完毕保存并关闭该文件，以后要加密父文件夹的时候，当加密到该子文件夹就会遇到错误的信息，点“忽略”按钮就可以跳过对该子文件夹的加密，但其父文件夹的加密不会受到丝毫的影响。

有些用户喜欢在命令提示符下工作，EFS 也早为这些用户准备好了。

用 CIPHER 命令即可轻松完成对文件和文件夹的加密、解密工作。其命令格式如下：

```
CIPHER [/E | /D] 文件夹或文件名 [参数]
```

例如要给 F 盘根目录下的 abcde 文件夹加密就输入："CIPHER /e f:\abcde"，回车后即可完成对文件夹的加密。要给 F 盘根目录下的 abcde 文件夹解密则输入："CIPHER /D f:\abcde"，回车后即可完成对文件夹的解密。/E 是加密参数，/D 是解密参数，其他更多的参数和用法请在命令提示符后输入"CIPHER /？"来查看。

EFS 作为一种安全性较高的加密方式一直深受大众的喜爱。但是在 Windows XP 以前，EFS 加密是不支持共享的，这就意味着被加密的文件只能由加密操作者或安装了加密证书的用户查看，给网络上的共享造成一些不便。

微软认识到了这个问题，在 Windows XP Professional 的 EFS 版本中，加入了共享的特性。要共享一个被 EFS 加密的文件必须由系统管理员或文件加密操作者操作，否则会在操作过程中出错。具体操作步骤如下：

1．用管理员组里面的账户或 EFS 加密创建者账户登录 Windows，然后打开被加密的文件夹（因为 EFS 是对文件加密，不是对文件夹加密，所以其他用户也可以打开文件夹），右击要共享的被加密的文件，选择"属性"，打开文件属性对话框。

2．在"常规"选项卡中单击"高级"按钮，在"高级属性"对话框里单击"详细信息"按钮；然后单击"添加"按钮，添加另外一个用户的 EFS 证书，在用户证书列表里面选择一个证书，然后单击"确定"按钮完成添加工作，如图 3-13 所示。

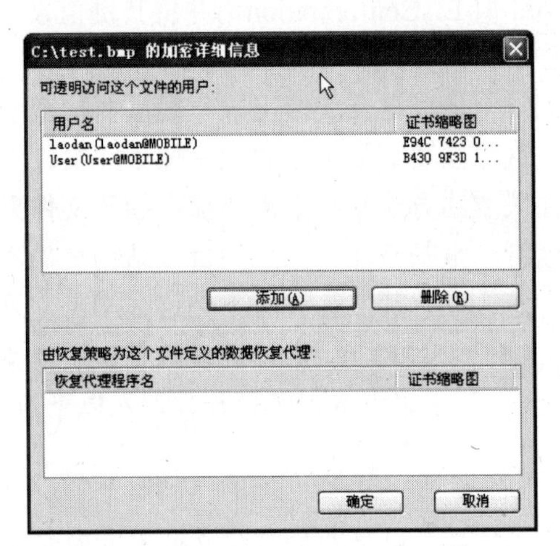

图 3-13　添加另外一个用户的证书

注意　该证书只有在第一次使用EFS时才会被创建，因此要让别的用户能够查看被EFS加密的文件，必须先创建这个证书，也就是说其他用户必须先使用一次EFS加密。

3．依次单击“确定”按钮，退出全部对话框即可完成EFS加密文件的共享操作。

注意

1. 以上操作在 Windows XP Professional 里面试验成功，Windows XP Home Edition 不支持 EFS，所以是无法操作的。
2. 执行前必须确认操作者对于被加密的文档具有写操作权限或修改权限（对于 Office 文档），否则执行过程中会出现错误。
3. 使用 EFS 以后，如果碰到需要重新安装操作系统、甚至是修复安装时，都必须事先备份加密证书，否则重新安装/修复安装完成以后，以前被加密的文件将无法打开。

3.3.4　对 EFS 加密的几个错误认识

很多人对EFS理解的不够彻底，因此在使用过程中总会有一些疑问。一般情况下，我们最常见的疑问有以下几种。

1．为什么打开加密过的文件时没有需要我输入密码？

这正是EFS加密的一个特性，同时也是EFS加密和操作系统紧密结合的最佳证明。因为跟一般的加密软件不同，EFS加密不是靠双击文件，然后弹出一个对话框，然后输入正确的密码来确认用户的；EFS加密的用户确认工作在登录到Windows时就已经进行了。一旦你用适当的账户登录，那你就能打开相应的任何加密文件，并不需要提供什么额外的密码。

2．我的加密文件已经打不开了，我能够把NTFS分区转换成FAT32分区来挽救我的文件吗？

这当然是不可能的了。很多人尝试过各种方法，例如把NTFS分区转换成FAT32分区；用NTFS DOS之类的软件到DOS下把文件复制到FAT32分区等，不过这些尝试都以失败告终。毕竟EFS是一种加密，而不是一般的什么权限之类，这些方法对付EFS加密都是无济于事。而如果你的密钥丢失或者没有做好备份，那么一旦发生事故所有加密过的数据就都没救了。

3．我加密数据后重装了操作系统，现在加密数据不能打开了。如果我使用跟前一个系统相同的用户名和密码总应该就可以了吧？

这当然也是不行的，我们在前面已经了解到，跟EFS加密系统密切相关的密钥是根据每个用户的SID得来的。尽管你在新的系统中使用了相同的用户名和密码，但是这个用户的SID已经变了。这个可以理解为两个同名同姓的人，虽然他们的名字相同，不过指纹绝不可能相同，那么这种想法对于只认指纹不认人名的 EFS 加密系统当然是无效的。

4．被 EFS 加密过的数据是不是就绝对安全了呢？

当然不是，安全永远都是相对的。以被 EFS 加密过的文件为例，如果没有合适的密钥，虽然无法打开加密文件，不过仍然可以删除。所以对于重要文件，最佳的做法是 NTFS 权限和 EFS 加密并用。这样，如果非法用户没有合适的权限，将不能访问受保护的文件和文件夹；而即使拥有权限（例如为了非法获得重要数据而重新安装操作系统，并以新的管理员身份给自己指派权限），没有密钥同样还是打不开加密数据。

5．我只是用 Ghost 恢复了一下系统，用户账户和相应的 SID 都没有变，怎么以前的加密文件也打不开了？

这也是正常的，因为 EFS 加密所用到的密钥并不是在创建用户的时候生成，而是在你第一次用 EFS 加密文件的时候。如果你用 Ghost 创建系统的镜像前还没有加密过任何文件，那你的系统中就没有密钥，而这样的系统制作的镜像当然也就不包括密钥。一旦你加密了文件，并用 Ghost 恢复系统到创建镜像的状态，解密文件所用的密钥就丢失了。

3.3.5　备份及导入密钥来解密

在没有密钥的情况下，要对 EFS 解密几乎是不可能的。因为某些 EFS 使用的是公钥证书对文件加密，而且在 Windows 2000/XP 中，每一个用户都使用了唯一的 SID（安全标志）。第一次加密文件夹时，系统会根据加密者的 SID 生成该用户的密钥，并且会将公钥和密钥分开保存。

如果在重装系统之前没有对当前的密钥进行备份，那就意味着无论如何都不可能生成此前的用户密钥，而解密文件不仅需要公钥，还需要密码，所以也就根本不能打开此前 EFS 加密过的文件夹。

如果你的 Windows 突然崩溃，在无计可施的情况下只能重装系统，但原来被加密过的数据会出现无法打开的问题。这时只有在域环境下，才可以得到域管理员的帮助，解密这些文件。这是因为当你使用 EFS 加密后，系统会根据你的 SID（Security Identifier，安全标识符）自动生成一个密钥，要解密这些文件就要使用这个密钥。对于系统而言，并不是根据用户名来区别不同的用户，而是根据 SID 来区别，这个 SID 是唯一的。SID 和用户名的关系跟人的姓名和身份证号码的关系是一样的。虽然有同名同姓的人，但他们的身份证号码绝对不会相同；虽然有相同的用户名（指网络上的，因为本地用户不能有相同的用户名），但他们的 SID 绝对不同。这也就解释了为什么重装系统后即使使用之前的用户名和密码登录也不能打开以前的加密文件。

所以在重装系统之前最好能把加密的数据全部解密。然而，为了应付突发的系统崩溃，就需要备份好自己密钥，这样系统崩溃后只要重装系统，并导入密钥，就可以继续使用之前的加密文件了。

备份密钥的方法是：点击“开始→运行”，在运行中输入“certmgr.msc”然后回车，打开证书管理器。密钥的导出和导入工作都将在这里进行。

在加密过文件或文件夹后，打开证书管理器，在“当前用户”→“个人”→“证书”路径下，应该可以看见一个以你的用户名为名称的证书（如果你还没有加密任何数据，这里是不会有证书的）。右键单击这个证书，在“所有任务”中单击“导出”按钮。之后会弹出一个证书导出向导，在向导中有一步会询问你是否导出私钥，在这里要选择“导出私钥”，其他选项按照默认设置，连续单击“继续”，最后输入该用户的密码和想要保存的路径并确认，导出工作就完成了。导出的证书将是一个 pfx 为后缀的文件。

重装操作系统之后找到之前导出的 pfx 文件，鼠标右键单击，并选择“安装 PFX”，之后会出现一个导入向导，按照导入向导的提示完成操作（注意，如果你之前在导出证书时选择了用密码保护证书，那么在这里导入这个证书时就需要提供正确的密码，否则将不能继续），而之前加密的数据也就全部可以正确打开。

3.4　文件夹的安全

3.4.1　搜索文件的限制

为了安全起见，在默认情况下 Windows XP 是不搜索隐藏文件和文件夹的（即使设置了“显示所有文件和文件夹”也不行），但是我们可以通过以下两种方法达到目的。

1．直接设置

首先打开“资源管理器”，单击工具栏上的“搜索”按钮，在左边的“搜索助理”栏中单击“改变首选项”按钮，系统会问你：“你想怎样使用搜索助理？”，单击中间的“改变文件和文件夹搜索行为”按钮，然后选择“默认的文件和文件夹搜索行为”为“高级”确定即可看到“更多高级选项”这一项，单击后会弹出很多高级选项，勾选“搜索隐藏的文件和文件夹”，如果还需要其他的选项（如“区分大小写”）也可以一并选中。

2．修改注册表法

如果你觉得上面的设置过于麻烦，也可以通过修改注册表的办法来达到。打开“注册表编辑器”并定位到 HKEY_CURRENT_USER \ Software \ Microsoft \ Windows \ CurrentVersion \ Explorer 分支，在右边的窗口中找到 DWORD 值“SearchHidden”并将其值设为“1”即可。

3.4.2 将文件夹设为专用文件夹

在默认情况下，Windows XP 中所有的文件夹都是开放的，即该机上的全部用户都可使用它们，这无疑使某些用户的重要个人资料面临着严重的威胁。为此，Windows XP 新增了一项叫“文件夹专用”的功能，是指在 NTFS 文件系统中，某个文件夹被用户设置成“专用文件夹”后，该文件夹就只能由该用户使用，而其他用户在登录 Windows XP 后是无法使用的，这就为保护个人重要资料提供了方便。要使某个文件夹专人专用，只需将该文件夹移动到“x:\Documents and Settings\用户名\”文件夹中（x 是指 Windows XP 安装文件所在分区），然后右击该文件夹，选择“属性”选项，在“共享”选项卡中勾选“将这个文件夹设为个人的，这样只有我才能访问”复选框。这样，当其他用户登录 Windows XP 后想进入这个文件夹时将遭到“拒绝访问”的警告提示。

3.4.3 恢复 EXE 文件关联

EXE 文件关联出错非常的麻烦，因为这种情况的出现多是由于病毒引起的，而杀毒软件的主文件都是 EXE 文件，既然 EXE 文件关联出错，又怎能运行得了杀毒软件呢？还好 XP 提供了安全模式下的命令行工具供我们使用，可以利用命令行工具来解决这个问题。

在安全模式下输入：assoc<空格>.exe=exefile<回车>，屏幕上将显示“.exe=exefile”。现在关闭命令提示符窗口，按 Ctrl+Alt+Del 组合键调出“Windows 安全”窗口，单击“关机”按钮后选择“重新启动”选项，按正常模式启动 Windows 后，所有的 EXE 文件都能正常运行了！

3.4.4 文件夹设置审核

Windows XP 可以使用审核跟踪用于访问文件或其他对象的用户账户、登录尝试、系统关闭或重新启动以及类似的事件，而审核文件和 NTFS 分区下的文件夹可以保证文件和文件夹的安全。为文件和文件夹设置审核的步骤如下：

1. 在组策略窗口中，逐级展开右侧窗口中的“计算机配置→Windows 设置→安全设置→本地策略”分支，然后在该分支下选择“审核策略”选项。

2. 在右侧窗口中用鼠标双击“审核对象访问”选项。

3. 用鼠标右键单击想要审核的文件或文件夹，选择弹出菜单的“属性”命令，接着在弹出的窗口中选择“安全”标签。

4. 单击“高级”按钮，然后选择“审核”标签。

5. 根据具体情况选择操作：

倘若对一个新组或用户设置审核，可以单击“添加”按钮，并且在“名称”框中键入新用户名，然后单击“确定”按钮打开“审核项目”对话框。

要查看或更改原有的组或用户审核，可以选择用户名，然后单击“查看/编辑”按钮。

要删除原有的组或用户审核，可以选择用户名，然后单击“删除”按钮即可。

6. 如有必要的话，在“审核项目”对话框中的“应用到”列表中选取你希望审核的地方。

7. 如果想禁止目录树中的文件和子文件夹继承这些审核项目，选择“仅对此容器内的对象和/或容器应用这些审核项”复选框。

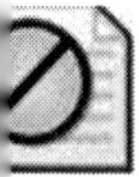

注意　必须是管理员组成员或在组策略中被授权有“管理审核和安全日志”权限的用户可以审核文件或文件夹。在 Windows XP 审核文件、文件夹之前，你必须启用组策略中“审核策略”的“审核对象访问”。否则，当你设置完文件、文件夹审核时会返回一个错误消息，并且文件、文件夹都没有被审核。

3.5　清除垃圾文件

大多数软件运行时都会产生临时文件，它们大都保存在启动分区 C 盘上，长时间频繁读写 C 盘极易产生大量文件碎片，从而影响 C 盘性能，直接影响到 XP 的稳定性与速度，建议将应用软件和产生的临时文件都安装在启动盘之外的分区上，并定期对其整理，以防止产生磁盘碎片，将启动或读写速度保持在最佳状态。

1. “我的文档”移到其他盘符

将“我的文档”默认保存路径移到其他盘符，方法是：右击桌面上“我的文档”图标，选择“属性/ 移动”，将“我的文档”文件夹移到其他分区（例如 D 盘上）。

2. 移动 IE 临时文件夹

将 IE 临时文件夹移到其他分区。打开 IE 浏览器，选择“工具/Internet 选项/常规”，单击“Internet 临时文件”下的“设置”按钮，单击“移动文件夹”按钮将临时目录移至 C 盘以外的分区中，如果你使用的是宽带，则可以将“临时文件夹”使用空间设置为最小值 1MB。

3. 无用文件全部清除

建议删除以下无用的文件，你可以手动删除它们，也可以借助第三方的软件如超级兔子、Windows 优化大师等软件来清理，借助这些软件还可以清理 XP 产生的一些垃圾文件，清除历史记录等。

驱动程序备份 Driver.cab：在\Windows\Driver cache\i386 下，约 70MB。XP 自带了大

量的硬件驱动程序，除了需要使用的驱动外，其他的完全可以删除。

帮助文件：在\Windows\Help下，约40MB，可删除。

不用的输入法：到\Windows\ime 下直接删除一些不需要的输入法，比如：chtime、imjp8_1、imkr6_1 三个目录，分别是繁体中文、日文、韩文。

4. 无用的DLL文件全部清除

删除 XP 备用的 DLL 文件：在\Windows\System32\Dllcache 下，约 200MB，如果有安装光盘或安装文件备份，则可以删除。

5. 禁止休眠

单击“我的电脑/电源管理/休眠”，将“启用休眠”前的勾去掉，这样可以节省约200MB硬盘空间。

6. 禁止系统还原

默认情况下，XP 启用了系统还原功能，每个驱动器约被占用高达 4%~12% 的硬盘空间，并且系统还原的监视系统还会自动创建还原点，在后台运行就会占用较多的系统资源，应该关闭。右击“我的电脑”中的“属性”按钮，单击“系统属性/系统还原”按钮，将“在所有驱动器上关闭系统还原”置为选中状态。也可关闭不重要分区的系统还原，如果考虑系统安全，则不要关闭还原功能。

3.6 文件共享的安全防范

在 Windows 服务器系统中，每当服务器启动成功时，系统的 C 盘、D 盘等都会被自动设置成隐藏共享，尽管通过这些默认共享可以让服务器管理维护起来更方便一些；但在享受方便的同时，这些默认共享常常会被一些非法攻击者利用，从而容易给服务器造成安全威胁。如果你不想让服务器轻易遭受到非法攻击的话，就必须及时切断服务器的默认共享“通道”。下面介绍禁止服务器的默认共享的方法。

1. 功能配置法

这种方法是通过 Windows XP 或 Windows 2003 系统中的 msconfig 命令，来实现切断服务器默认共享“通道”目的。使用该方法时，可以按照如下步骤来进行：

依次单击“开始”→“运行”命令，在随后出现的系统运行设置框中，输入字符串命令“msconfig”，单击“确定”按钮后，打开一个标题为系统配置实用程序的设置窗口；

单击该窗口中的“服务”选项卡，在其后打开的选项设置页面中，找到其中的“Server”

项目，并检查该项目前面是否有勾号存在，要是有的话必须将其取消掉，最后单击“确定”按钮，以后重新启动服务器系统时，服务器的 C 盘、D 盘等就不会被自动设置成默认共享了。

2. “强行”停止法

所谓“强行”停止法，其实就是借助 Windows 服务器的计算机管理功能，来对已经存在的默认共享文件夹“强制”停止共享命令，以便让其共享状态取消，同时确保这些文件夹下次不能被自动设置成共享。在“强行”停止默认共享文件夹的共享状态时，你可以按照下面的步骤来进行。

依次单击“开始”→“运行”命令，在打开的系统运行设置框中，输入字符串命令“compmgmt.msc”，单击“确定”按钮后，打开 Windows 服务器系统的“计算机管理”界面.

在该界面的左侧列表区域中，用鼠标逐一展开“系统工具”→“共享文件夹”→“共享”文件夹，在对应“共享”文件夹右边的子窗口中，你将会发现服务器系统中所有已被共享的文件文件夹都被自动显示出来了，其中共享名称后面带有“$”符号的共享文件夹，就是服务器自动生成的默认共享文件夹.

要取消这些共享文件夹的共享状态，你只要先用鼠标逐一选中它们，然后再用右键单击，在其后打开的快捷菜单中，选中“停止共享”选项，所有选中的默认共享文件夹的共享标志就会自动消失了，这表明它们的共享状态已经被“强行”停止了。

3. 逐一删除法

所谓“逐一删除法”，其实就是借助 Windows 服务器内置的“net share”命令，来将已经处于共享状态的默认共享文件夹一个一个地删除掉（当然这里的删除，仅仅表示删除默认共享文件夹的共享状态，而不是删除默认文件夹中的内容），但该方法有一个致命的缺陷，就是无法实现“一劳永逸”的删除效果，只要服务器系统重新启动一下，默认共享文件夹又会自动生成了。在使用该方法删除默认共享文件夹的共享状态时，可以参考如下的操作步骤。

首先在系统的开始菜单中，执行“运行”命令，打开系统运行设置框，在该对话框中输入字符串命令“cmd”后，再单击“确定”按钮，这样 Windows 服务器系统就会自动切换到 DOS 命令行工作状态；

然后在 DOS 命令行中，输入字符串命令“net share c$ /del”，单击回车键后，服务器中 C 盘分区的共享状态就被自动删除了；如果服务器中还存在 D 盘分区、E 盘分区的话，你可以按照相同的办法，分别执行字符串命令“net share d$ /del”和“net share e$ /del”来删除它们的共享状态；

此外，对应 IP$、Admin$之类的默认共享文件夹，你们也可以执行字符串命令“net share ipc$ /del”和“net share admin$ /del”来将它们的隐藏共享状态取消，这样的话非法攻击者就无法通过这些隐藏共享“通道”来随意攻击 Windows 服务器了。

4. “自动”删除法

如果服务器中包含的隐藏共享文件夹比较多的话，依次通过“net share”命令来逐一删除它们时，将显得非常麻烦。其实，我们可以自行创建一个批处理文件，来让服务器一次性删除所有默认共享文件夹的共享状态。在创建批处理文件时，只要打开类似记事本之类的文本编辑工具，并在编辑窗口中输入下面的源代码命令：

```
@echo off
net share C$ /del
net share D$ /del
net share ipc$ /del
net share admin$ /del
…
```

完成上面的代码输入操作后，再依次单击文本编辑窗口中的“文件”→“保存”菜单命令，在弹出的文件保存对话框中输入文件名为“delshare.bat”，并设置好具体的保存路径，再单击一下“保存”按钮，就能完成自动删除默认共享文件夹的批处理文件创建工作了。以后需要删除这些默认共享文件夹的共享状态时，只要双击“delshare.bat”批处理文件，服务器系统中的所有默认共享“通道”就能被自动切断。

5. 禁止建立空连接

在默认的情况下，任何用户都可以通过空连接连上服务器，枚举账号并猜测密码。因此，我们必须禁止建立空连接。修改注册表：打开注册表 HKEY_LOCAL_MACHINE\System\CurrentControlSet\Control\LSA，将 DWORD 值“RestrictAnonymous”的键值改为“1”即可。

6. 关闭“文件和打印共享”

文件和打印共享应该是一个非常有用的功能，但在不需要它的时候，也是黑客入侵的很好的安全漏洞。所以在没有必要“文件和打印共享”的情况下，我们可以将它关闭。用鼠标右击“网络邻居”，选择“属性”，然后单击“文件和打印共享”按钮，将弹出的“文件和打印共享”对话框中的两个复选框中的勾去掉即可。

虽然“文件和打印共享”关闭了，但是还不能确保安全，还要修改注册表，禁止他人更改“文件和打印共享”。打开注册表编辑器，选择 HKEY_CURRENT_USER \Software\MicrosoftWindows\CurrentVersion\Policies\NetWork 主键，在该主键下新建

DWORD 类型的键值，键值名为“NoFileSharingControl”，键值设为“1”表示禁止这项功能，从而达到禁止更改“文件和打印共享”的目的；键值为“0”表示允许这项功能。这样在“网络邻居”的“属性”对话框中“文件和打印共享”就不复存在了。

3.7　小结

本章主要介绍 Windows XP 的文件安全。文中首先介绍了文件系统的基本原理，然后介绍 Windows XP 系统的文件保护操作，并分析了文件的一些特殊安全问题、EFS 的安全保护机制以及常见的文件夹安全操作，并指导用户如何清除垃圾文件和介绍文件共享的安全防范措施。

习题 3

一、判断题

1．EFS 能加密系统文件夹。（　）
2．系统的默认共享目录是无法取消的。（　）
3．所有的文件系统都配置文件的控制属性。（　）
4．使用 EFS 要知道用于加密文件的加密密钥和解密密钥。（　）
5．NTFS 格式的文件系统比 FAT32 格式的文件系统更安全。（　）

二、单选题

1．下列关于文件叙述中，错误的是（　）
   A．每个文件夹都有一个“父文件夹”（或上一层文件夹）。
   B．每个文件夹都可以包含若干个“子文件夹”和文件。
   C．每个文件夹都有一个唯一的名字。
   D．文件夹不能重名。
2．要使文件不被修改和删除，可以把文件设置为（　）属性
   A．只读　B．隐藏　C．存档　D．系统
3．Windows XP 系统不能支持的文件格式（　）
   A．EXT2　B．FAT 32　C．DOS　D．NTFS

三、多选题

1．Windows XP 系统中支持的文件系统格式有哪些？（　）
   A．FAT16 格式　B．FAT32 格式　C．NTFS 格式

D．EXT2 格式　　E．EXT3 格式　　F．VFAT 格式

2．下列四种扩展名的文件能够直接执行的是（　　）

A．.EXE　　B．.SYS　　C．.BAT

D．.COM　　E．.TXT　　F．.BAK

四、思考题

1．简要描述文件共享的两种形式。

2．如何运用 EFS 加密文件？

CHAPTER 4

第 4 章　Windows XP 系统数据安全

引言

小王的电脑从使用至今，有时因为病毒破坏，有时是系统升级，系统已经重新装了多次了。小王每次都是安装系统、驱动程序、应用软件，整个流程操作了很多次，连自己感觉这简直是机械操作，而且周围的同学对电脑重新安装系统也都是习以为常，试问，哪个电脑用户没有重新系统的经历呢。

现在学习了信息安全的课程，小王开始对电脑的数据有了未雨绸缪的考虑，尤其是自己在电脑里存储了很多个人的数据，比如学习论文、照片、邮件等，还有自己积累了多年的一些书籍资料、经典电影，自己一直是当成宝贝的，这些数据一旦丢失了，多年的辛苦可就白费了。

记得课程中里有专门的内容是讲述系统数据保护的，小王还知道系统数据备份有一个很好用的工具，叫 Ghost，中文含义就是“鬼，幽灵”的意思，难道它有很神奇的功能？怎么使用这个工具呢？小王带着这些问题，早早到了教室。

安博士仍如往常授课一样，先把本章的学习目标给大家列出来，精彩的课程马上开始了。

本章目标

- 理解系统还原的原理，能够在系统出现故障的情况进行系统恢复的操作；
- 掌握使用 Ghost 工具进行系统数据的备份和恢复；
- 了解系统数据的类型，并掌握各种用户数据的存放位置及备份操作；
- 了解用户隐私数据，能够有效保护个人的隐私数据。

4.1 系统还原功能

系统还原是 Windows XP 在后台运行的一个服务，该服务会不断监视对文件、文件夹以及重要的操作系统选项的更改，其中包括用户账号、软硬件设置以及启动系统所需的文件等信息。

系统恢复在监控系统运行状态时，不会对系统性能造成明显影响。创建还原点是个非常快速的过程，通常只需几秒钟。定期的系统状态检查（默认为每 24 小时一次）也只在系统空闲时间进行，而不会干扰任何用户程序的运行。

当我们全新安装或升级到 Windows XP 后，Windows XP 会自动创建一个初始还原点。除此之外，Windows XP 还会在我们进行如下操作时默认自动创建还原点。

1. 安装了未经签名的驱动程序

当用户安装一个未经签名的驱动程序时，Windows XP 会显示一个警告信息。如果选择继续安装，系统就会在完成安装操作之前创建一个还原点。这样如果安装的驱动程序导致系统故障，只要使用系统还原向导删除该驱动就可以了。

2. 使用兼容系统还原的安装引擎安装了应用程序

包括使用 Windows Installer 或 Install Shield Professional 6.1 或更新版本安装应用程序。

3. 安装了 Windows 更新程序或补丁

当用户通过 Windows Update 网站或自动更新功能下载或安装 Windows 更新程序时，Windows XP 会自动创建还原点。

4. 使用系统还原功能恢复到早期设置

每次当用户进行还原操作时，系统还原都会用当前的配置创建还原点，以便需要的时候能够撤销还原。

5. 从由 Windows XP 备份程序创建的备份中恢复数据

每当用户使用备份程序还原文件时，系统还原会自动创建一个还原点。如果被恢复的文件导致了 Windows XP 系统文件的错误，用户可以快速恢复之前的设置。

最后，系统默认会每 24 小时创建一个还原点。

此外，用户还可以随时创建和命名自己的还原点。

Windows XP 系统恢复是自动开启的，至少需要有 200M 的可用硬盘空间。如果硬盘没有 200M 可用空间，系统恢复将自动禁用，等到一旦有了足够的空间，又会自动开启。在默认情况下，对大于 4GB 硬盘分区，系统恢复最多占用 12%的硬盘空间，小于 4G 的硬盘分区，默认情况下，系统恢复最多占用 400M 空间。每个还原点都可以保留一段时间（默认是 90 天）。当一个还原点的保留时间到 90 天之后，系统就会自动将其删除。如果已达到硬盘空间的大小限制，系统就会删除最老的还原点，以便能保存新的还原点。

注意　系统恢复与备份恢复的区别

1.系统恢复只监控一组核心系统文件和某些类型的应用程序文件（如后缀为 exe 或 dll 的文件），记录更改之前这些文件的状态，系统恢复不监控或恢复对个人数据文件（例如文档、图形、电子邮件等）所做的更改；而备份则用于备份系统数据和用户的个人数据文件，确保在本地磁盘或其他介质上存储一个安全副本。

2.系统恢复系统恢复的还原点中包含的系统数据只能在一段时间内进行还原，而备份工具进行的备份可以在任何时候进行还原。

4.1.1　系统还原的设置

在使用系统还原功能之前，我们首先熟悉该功能的工作方式以及如何设置，因为根据前面的介绍，如果接受该功能的默认设置，那这个功能将占用大量的硬盘空间，并可能造成一些意外的后果，如下载的文件（特别是某些可执行文件和 DLL 文件）在没有任何提示的情况下被删除。

要访问系统还原的属性设置，请在“我的电脑”图标上单击鼠标右键，选择“属性”，打开“系统属性”对话框，然后单击“系统还原”选项卡，如图 4-1 所示。

通过该属性设置，可以调整以下设置。

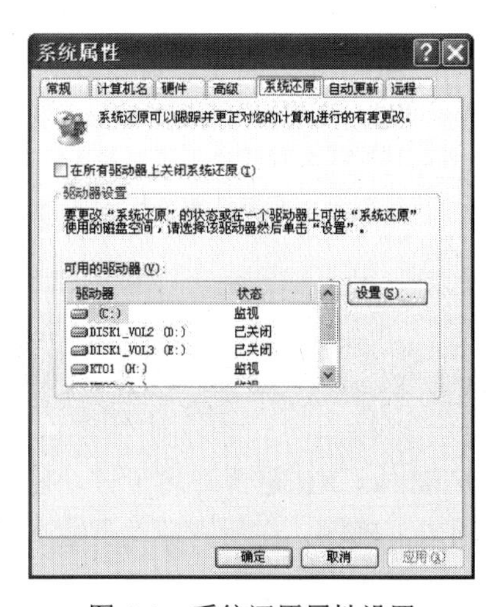

图 4-1　系统还原属性设置

1. 要使用的磁盘空间

默认情况下，系统还原最多可以占用每个硬盘分区 12%的可用空间来保存数据。例如在一个 40GB 的硬盘分区上，将有多达 4.8GB 的空间被系统还原占用。要控制系统还原对某个分区的占用，单击分区右侧的“设置”按钮，然后用鼠标拖动滑块，如图 4-2 所示。

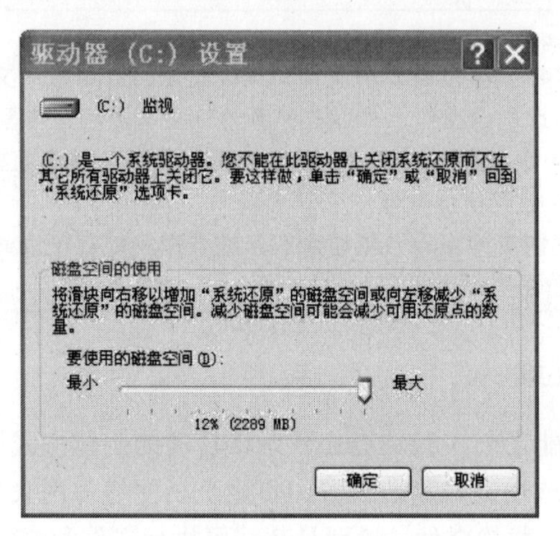

图 4-2　设置系统还原占用的磁盘空间

2. 设置要监控的分区

系统还原默认监控所有的磁盘分区。如果某些分区是专门用来保存数据，那么可以关闭这些分区的系统还原监控，这样可以收回被用于系统还原保存还原点的空间，同时可以防止系统还原无意中错误删除分区的文件。

注　只有具有管理员权限的用户才可以使用系统恢复来恢复过去的系统状态，或调整系统恢复参数设置。但是，还原点的创建过程与管理员是否登录无关。例如，在非管理员的其他用户使用机器时，系统恢复仍将创建系统检查点和事件驱动检查点，但该用户不能使用恢复功能，只有具有管理员权限的用户才有权恢复。

4.1.2　使用系统还原

1. 准备工作

使用该功能前，先确认 Windows XP 是否开启了该功能。鼠标右击“我的电脑”，选择“属性”/“系统还原”选项卡，确保“在所有驱动器上关闭系统还原”复选框未选中，再确保“需要还原的分区”处于“监视”状态。

2. 手动创建还原点

除了系统自动创建还原点之外，用户也可以在任何时候使用“系统还原向导”创建还原点。步骤如下：

（1）依次单击“开始→所有程序→附件→系统工具→系统还原”，运行“系统还原”命令，打开“系统还原向导”。

（2）选择“创建一个还原点”→“下一步”按钮（如图 4-3 所示），填入还原点名，即可完成还原点创建。

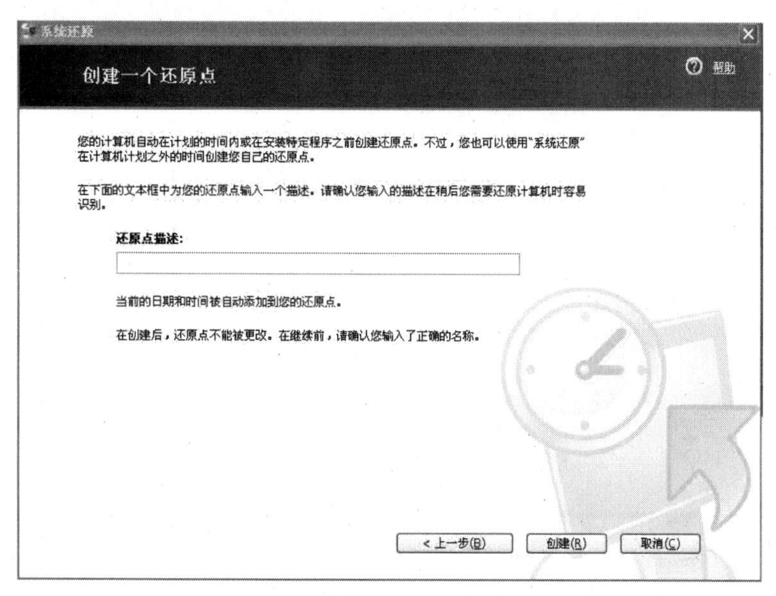

图 4-3　创建还原点向导

这里需要说明的是：在创建系统还原点时要确保有足够的硬盘可用空间，否则可能导致创建失败。

3. 恢复还原点

如果遇到了 Windows 无法正常使用的问题，我们可以在正常模式或安全模式下启动系统还原向导，并将系统文件和注册表的设置恢复到操作系统可以正常工作的正确状态。系统还原无法创造奇迹，但它在有些时候却可以帮你的大忙，比如当遇到以下情况：

（1）安装的一个程序和系统中的其他软件或驱动有冲突。如果卸载该软件不能解决问题，可以试试看还原系统到安装该软件之前创建的还原点。

（2）安装或升级驱动程序降低了系统稳定性或性能。除了在设备管理器中还原驱动程序，还可以还原系统到安装之前驱动的状态下。

（3）系统没什么明确原因变得不稳定或很慢。如果你知道系统在过去某个时间是可以正常工作的，那么可以使用那段时间或更早时候创建的还原点恢复系统到正常状态。

使用系统还原的操作步骤如下：

打开“系统还原向导”，选择“恢复我的计算机到一个较早的时间”，单击“下一步”按钮，选择好日期后（如图 4-4 所示）再跟着向导还原即可。

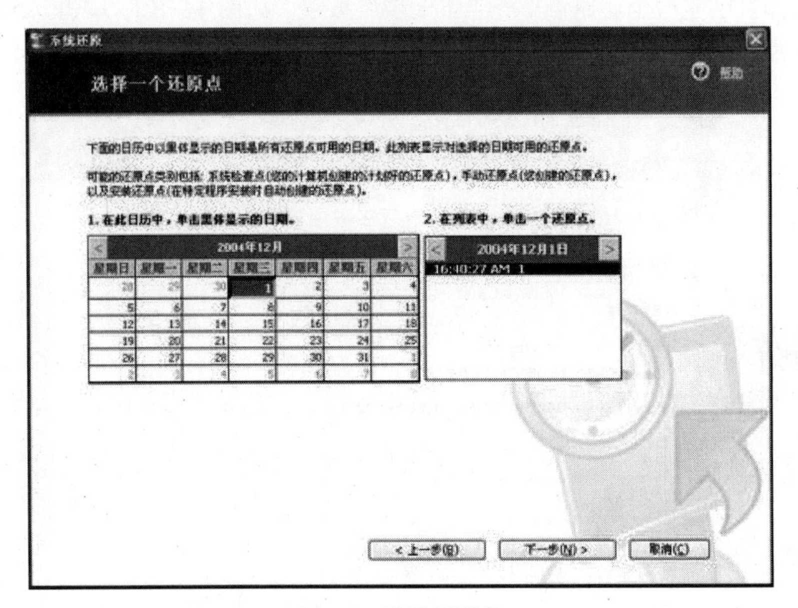

图 4-4　选择还原点

需要注意的是：由于恢复还原点之后系统会自动重新启动，因此操作之前建议用户退出当前运行的所有程序，以防止重要文件丢失。

4.1.3　系统还原功能高级操作

1．释放多余还原点

Windows XP 中还原点包括系统自动创建和用户手动创建还原点。当使用时间加长，还原点会增多，硬盘空间减少，此时，可释放多余还原点。打开“我的电脑”，选中磁盘后鼠标右击，选择“属性”/“常规”，单击“磁盘清理”，选中“其他选项”选项卡（如图 4-5 所示），在“系统还原”项单击“清理”按钮，单击“是”按钮即可。

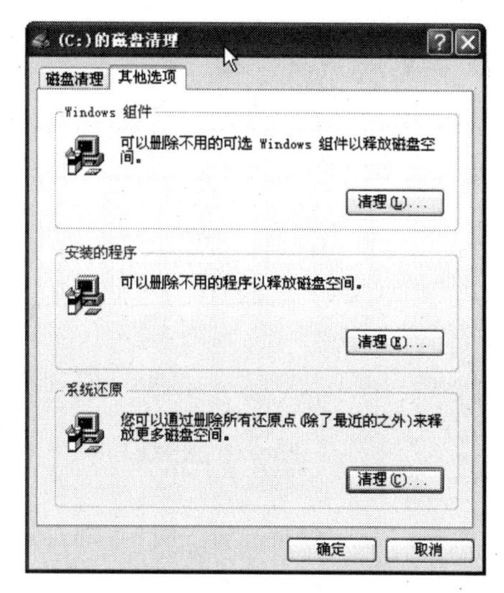

图 4-5　释放多余还原点

2．系统还原功能失败的处理

上文所讲系统还原功能是 Windows XP 中操作的，如果不能正常进入 Windows XP 系统，可以通过如下方法解决。

（1）安全模式运行系统还原

如果 Windows XP 能进入安全模式的话，则可在安全模式下进行系统恢复，步骤同“恢复还原点”。

（2）DOS 模式进行系统还原

如果系统无法进入安全模式，则在启动时按 F8 键，选“Safe Mode with Command Prompt”，用管理员身份登录，进入%systemroot%＼windows\system32\restore 目录，找到 rstrui 文件，直接运行 rstrui 文件，按照提示操作即可。

（3）在丢失还原点的情况下进行系统还原

在 Windows XP 预设了 System Volume Information 文件夹，通常是隐藏的，它保存了系统还原的备份信息。打开查看“显示所有文件和文件夹”属性，取消“隐藏受保护的系统文件”前的选择，会在每个盘中看到“System Volume Information”文件夹（如图 4-6 所示）。利用这个文件夹可以进行数据恢复。

如果该文件夹不存在，可以按照以下操作找回丢失的还原点。

鼠标右击“我的电脑”，选择“属性”/“系统还原”，取消“在所有驱动器上关闭系统还原”复选框，单击“应用”按钮。这样做是为了重建一个还原点。再打开“系统还原”命令，就可以找到丢失的还原点了。

图 4-6　显示 System Volume Information

4.2　Ghost 工具与备份

虽然系统还原功能可以帮助用户恢复到以前状态，但有时会因为病毒破坏等原因，系统完全崩溃，这时系统还原的功能也无力回天。

在本节我们向大家介绍一个非常出色的磁盘备份工具——Ghost 软件。它可以把一个磁盘（或分区）上的全部内容制作成镜像文件，对磁盘（或分区）进行备份。以后可以随时用镜像文件进行系统恢复，省去重新安装系统的烦恼。

本文以 Ghost 9.0 为例介绍该工具的使用。其基本界面如图 4-7 所示。

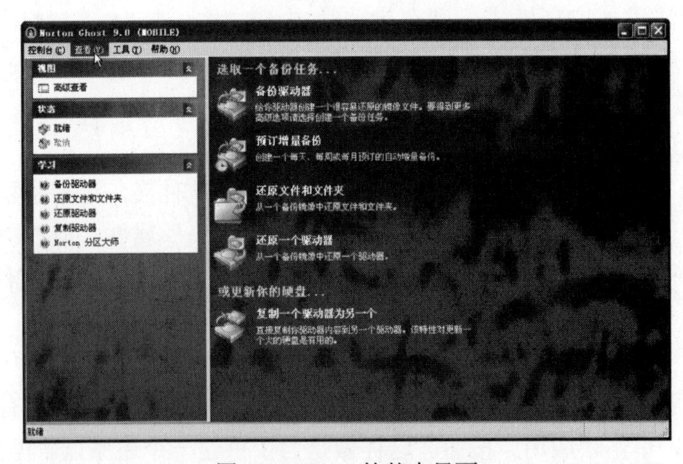

图 4-7　Ghost 的基本界面

4.2.1　备份驱动器

在出现的备份驱动器向导窗口中单击“下一步”按钮进行源分区和目标分区的选择，由于我们的要求仅仅是备份操作系统，因此只需要在“源”中选择系统所在的 C 盘，至于“目标”有三个选择，将备份文件以把文件保存在本地硬盘、网络驱动器，或者直接刻录到光盘。对于初次接触 Ghost 使用的用户我们建议选择备份生成一个文件，设置好源和目标之后单击“下一步”按钮继续（如图 4-8 所示）。

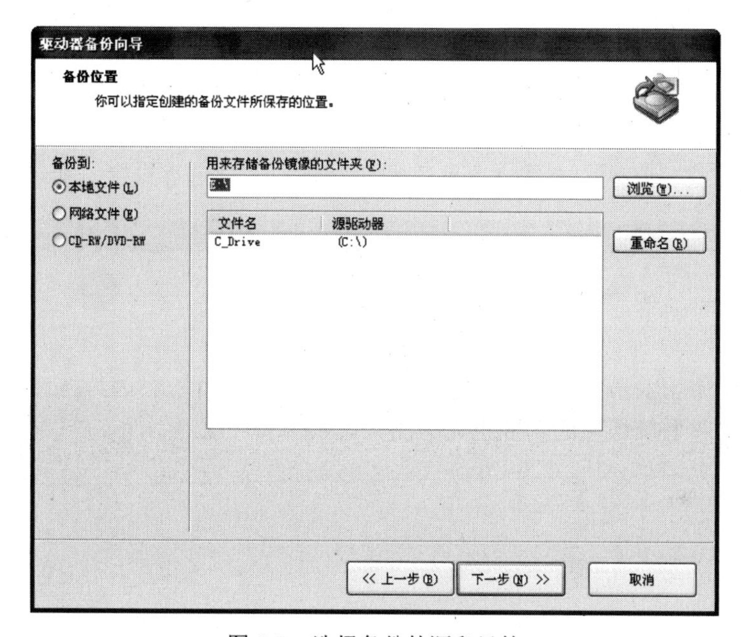

图 4-8　选择备份的源和目的

在这里需要注意，如果你打算把备份保存到网络驱动器，那么就要确保在系统崩溃时你用光盘引导到恢复环境之后你的网卡可以被 Ghost 支持，否则如果 Ghost 不能支持你的网卡，你将无法访问网络驱动器上的备份文件；如果你要直接刻录到光盘上也要注意这一点，并不是所有刻录机都可以被 Ghost 9.0 直接支持的。

若目的磁盘的空间不够，系统将提醒是否继续？若目的磁盘空间足够，备份向导进入如图 4-9 所示的界面。

在界面（如图 4-9 所示）上有几个设置需要注意。首先是 Compression（压缩率），Ghost 备份出来的文件是可以压缩的，你可以根据需要选择不同的压缩率。如果你打算在 Windows 下进行热备份，而 CPU 不是那么强劲的话最好不要选择太高的压缩率，否则开始备份后 Ghost 将会占用大部分 CPU 资源，影响其他操作。如果你希望在备份完成之后验证备份的文件，则可以选中“创建完成后验证”这个选项，建议你选中它，省得等系统崩溃想要恢复的时候才发现当时创建的备份文件竟然是坏的。如果你还在使用FAT32文件系统，那么还需要注意一个问题，因为设计的限制，在FAT32文件系统上你能够创建的单个文件最大只能达到2GB，而现在的系统都很庞大，有时候备份下来的文件体积会超过2GB，这种情况下如果你将文件保存在FAT32文件系统的分区上，Ghost就会报错，备份也会失败。但是如果你选中了“将备份文件分割成小块以简化存档操作”，然后你可以在旁边的下拉菜单中选择一个你觉得合适的分割数值，这样在备份的时候如果备份的文件体积超过了你指定的数值，Ghost就会自动把文件分割。如果你打算自己将备份出来的文件刻录到CD光盘上，那么可以在这里选择650MB或者700MB；如果你打算将文件保存在FAT32文件系统的分区上，则可以选择2048MB；如果你打算把备份文件刻录到DVD光盘上，则可以选择3857MB。设置好之后还可以点击“高级”按钮对其他选项进行设置。

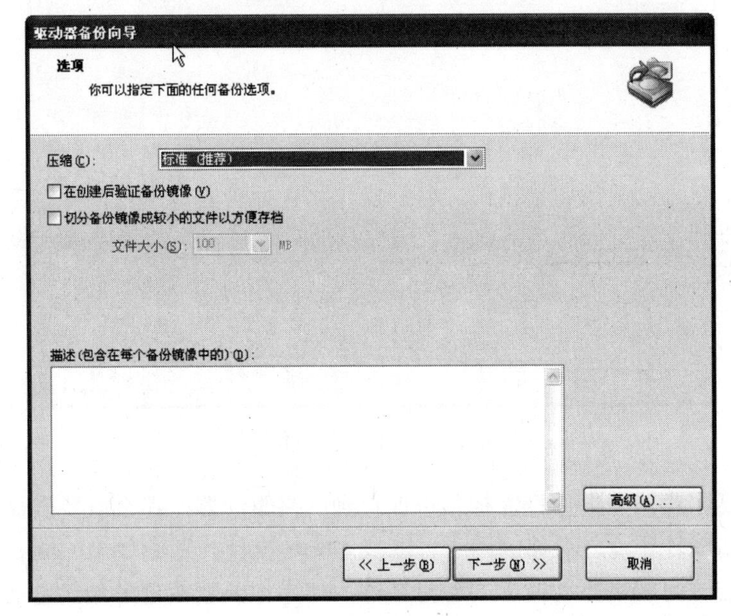

图4-9　设置选项

高级选项里有三个地方可以设置（如图4-10所示）。

“使用密码”选项可以给备份的文件设置密码，这样以后要用该文件恢复的时候就必须输入密码；如果你的硬盘出现了坏道而希望把数据都备份出来，则可以选中“在复制期间忽略坏的扇区”选项，以免因为坏道导致备份失败；

“禁用SmartSector复制”选项：SmartSector是Ghost 9.0中的新技术，启用该技术后，进行备份时Ghost 9.0将只备份那些包含了数据和文件的簇和扇区，这样可以提高备份速度。但某些情况下你可能需要按照“原样”百分之百精确地备份目标分区上的数据和扇区信息，在这种情况下你就要禁用该功能了。

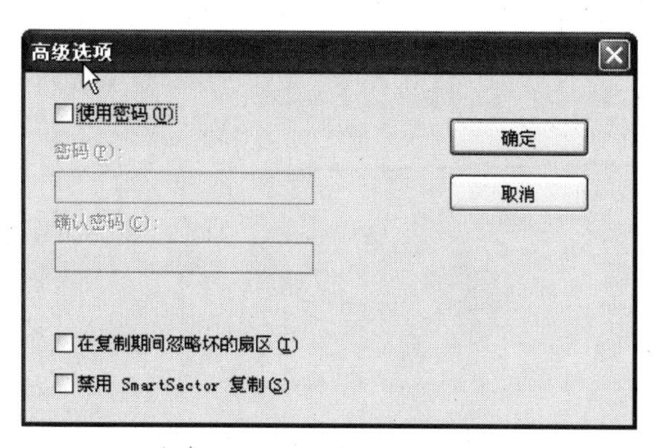

图 4-10 高级选项

选择好之后单击“下一步”按钮，你可以看到所有已经设置的操作，如果一切无误就单击“下一步”按钮正式开始备份。备份所需的时间取决于你要备份的数据的大小以及系统的繁忙程度，你可以关闭向导窗口，备份操作将在后台自动进行，并在系统托盘中显示一个图标，当你把鼠标指针靠近后就可以用气球的形式显示当前的完成度。

4.2.2 预订增量备份

当创建好一个完整备份后，以后同一个分区只要进行增量备份就可以永远保持最新。例如我们可以设置 Ghost 9.0 在每天凌晨 2 点自动对系统盘进行增量备份，这样一旦哪天系统出问题或者完全崩溃，只要使用最近一次的增量备份就可以恢复到最新状态。

在 Ghost 的初始界面上单击“预订增量备份”链接，在出现的向导上单击“下一步”按钮继续。在图 4-11 所示的界面上可以看到两个选项，我们需要使用默认的“具有增量的基”，然后单击“下一步”按钮。

接下来同样是选择要备份的目标分区，这里选择 C 盘。接下来需要选择保存备份文件的位置以及想要使用的文件名。随后出现的是图 4-12 的界面，在这里我们需要决定采取怎样的计划，你可以按照自己的实际情况进行选择。例如我们希望每天都备份，那么首先在左侧选择“每周”，然后可以在右边设置备份的具体时间。

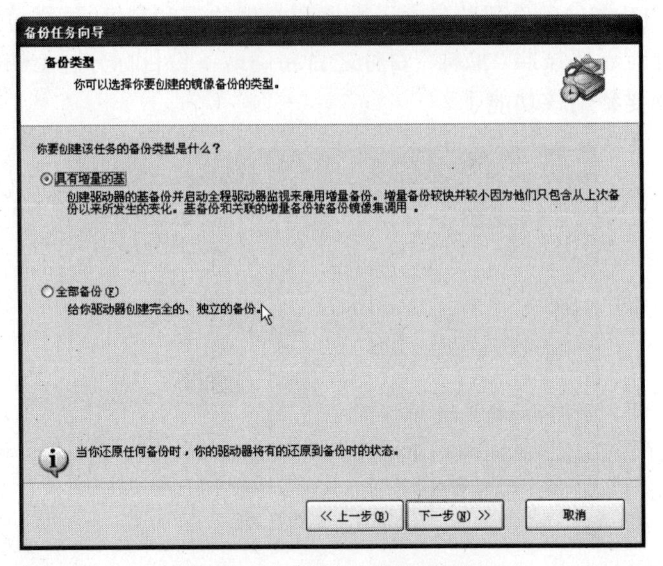

图 4-11　选择具有增量的基

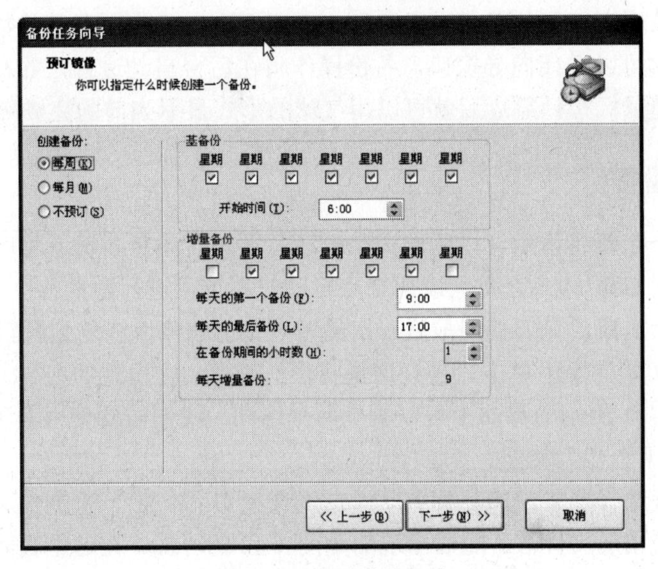

图 4-12　设置增量备份

在具体的设置上我们可以分别对两种模式进行设置，在上面的“基准备份”等同于之前进行的完整备份，要使用增量备份则必须进行一次基准备份，这样以后软件才会以这次的备份为基准来备份发生了改变的文件。基准备份一般一周进行一次就可以了，你可以选择一个你认为合适的日子和时间。而下面的“增量备份”就可以对每天的备份设置进行操作了，因为我们已经决定了在周日的凌晨进行基准备份，因此增量备份可以把周日排除，只要选择其他几天就可以。然后需要设置基准备份的时间，对于一般的用户，建议把“每天的第一个备份”和“每天的最后一个备份”设置成同样的时间，否则 Ghost 9.0 会在第一个备份和最后一个备份之间的时间内反复进行备份。

设置好之后单击“下一步”按钮，这里的大部分设置都和前面的方法相同，不过有一个地方需要注意。在图 4-13 的界面中，设置增量备份的时候多了一个“限制每个驱动器保存的备份数目”，这个选项是为了避免创建太多的备份会耗光所有的硬盘空间。假如这里你设置为 1，那么 Ghost 将只能保存一个基准备份，用户可以按照你的硬盘的利用情况多设置几个。建议设置为 7，这样一周的每一天都将可以保存一个备份。而到了下一周之后，老的备份文件会按照创建的先后顺序被自动删除（注意，如果被删除的是一个基准备份，那么所有相关联的增量备份都会被同时删除），这样就又可以创建新的基准备份以及每天的增量备份，在保证了备份文件总是保持最新的同时还不会浪费太多硬盘空间。最后你可以对所有操作进行检查，如果一切都正确，那么只要单击“完成”按钮，以后 Ghost 就会按照之前的设置自动进行备份了。当然，如果你希望立刻进行一次备份，可以在单击“完成”按钮之前选中“立刻创建第一个备份”选项。

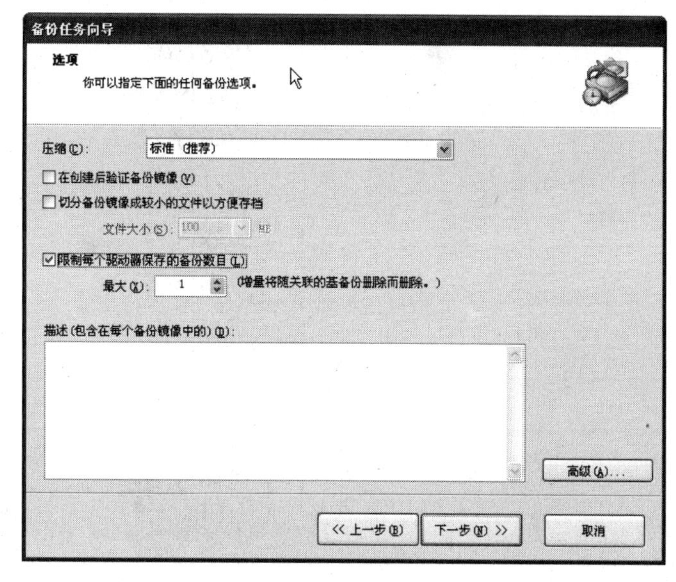

图 4-13　备份选项

4.2.3　恢复

某天早上，你因为安装了错误的软件而导致系统的某个功能无法正常使用，这种情况下因为 Windows 还可以运行，因此只要你能启动 Ghost 9.0，那么恢复工作马上就可以完成。在 Ghost 9.0 启动后的界面上单击“恢复一个分区”，然后在向导中选择一个用来恢复的备份，接着指定要把备份恢复到哪个硬盘分区（这里一定要注意，不能选错了，否则被恢复的分区上所有数据都将被清除）。在图 4-14 的界面上有一些地方需要留心。“在还原前验证镜像文件”这个选项建议你还是选中的好，虽然会加长备份所需的时间，不过毕竟保险一些。你可以想象这种情况，备份已经进行到了一半，突然软件报错说备份文件错误，恢复操作无法继续下去。这样本来操作系统可能只是个小问题，可是因为只恢复了一半就进行不下去了，这也许会造成更大的麻烦。另外如果你要恢复的是系统盘，那么最好选中“激活分区”选项，否则恢复成功后硬盘可能会无法引导。随后一切检查无误后单击“下一步”按钮，程序会再次提醒你，目标分区上现有的数据将全部被清除，并要求你确认。单击“是”按钮，然后等待软件操作完成即可。

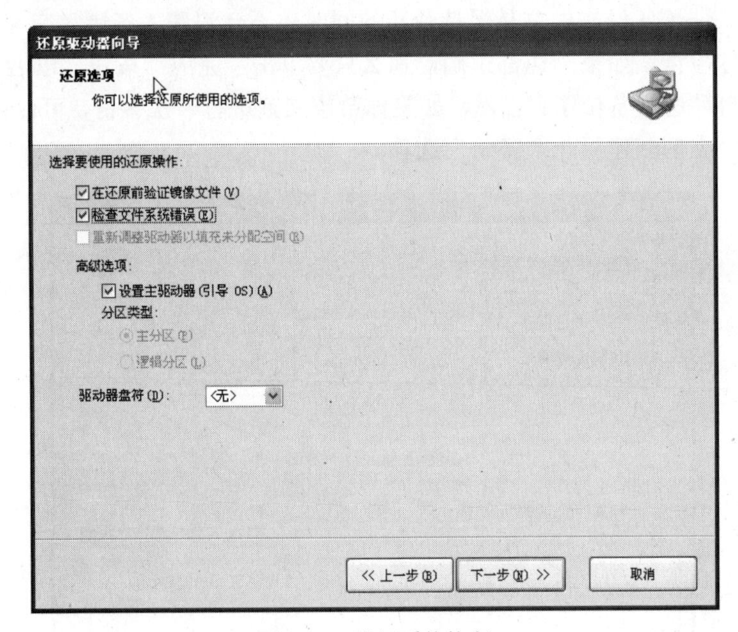

图 4-14　进行系统恢复

如果计算机系统已经坏到连操作系统都无法引导，需要根据以下的方式进行 Ghost 恢复。

1．保证 BIOS 设置中可以从光盘启动。

2．使用光盘启动，运行 Ghost 程序。

3．在 Ghost 程序界面中，选择“从镜像文件中恢复”，找到以前备份保存过的镜像文件，按照向导进行恢复。

这样经过很短的时间（通常是几分钟或十多分钟），系统就可以恢复到之前的正常状态了。

4.3　关键数据备份

4.3.1　个人资料的保护和备份

养成定期备份的习惯对于保护资料尤为重要，同时对于大家提高工作效率和安全性帮助极大！但是很多人在备份上却存在不少的问题，比如备份文件不全面经常遗漏。下面从备份内容到具体方法介绍文件备份的关键知识。

1．备份系统分区（C 盘）重要文件夹

在这里所谓的重要文件夹具体是指“桌面”、“我的文档”、“收藏夹”。因为平时很多用户喜欢把文件保存在“桌面”或者“我的文档”文件夹里非常方便查阅；而“收藏夹”是很多朋友上网最需要的东西，多年来收藏的好网址好网站全在这里了。可是这三个文件夹默认属于系统区（也就是 C 区），一旦重装系统，随着格式化系统分区，这些资料也就无法挽回了。因此这几个文件夹是大家首要考虑备份的。

首先在一个非系统分区上新建三个与上面同名的文件夹（如果已经保存数据，请将数据复制或者转移到目的文件夹下）。“开始→运行 regedit”回车，打开注册表编辑器，按照下面的顺序一级级打开注册表各个分支至下面的键值 HKEY_CURRENT_USER\Software\Microsoft\Windows\CurrentVersion\Explorer\Shell Folders，你会在右侧看到“DeskTop”、“Personal”、“Favorites”三个键值就分别对应上面的三个文件夹。只要双击后，修改成你新建文件夹的位置就可以了（比如，E:\我的文档）。

这个方法虽然复杂一点，但是修改之后文件的更新备份就整合在一起。即使系统崩溃也无须担心忘记备份，并且保存的文件就是最新的，安装系统之后只要再次依照上面步骤更改默认路径就可以做到备份更新的同步进行！

2．备份重要的个人资料

这一部分主要就是围绕邮件、QQ 聊天记录等资料进行备份。

对于个人邮件的备份来说，如果使用的是 Outlook Express，那么，就应该将“C:\DocumentsandSettings\User name\Local Settings\Application Data\Identities\{数字串}\Microsoft\Outlook Express\”目录中的“收件箱.dbx”和“发件箱.dbx”两个文件复制到非系统区。当然，最好是平时就将邮件位置自定义到其他地方，具体的步骤是依次单击“工

具”→“选项”→“维护”→“存储文件夹”，改为希望备份的邮件目录即可。而对于备份Fox mail邮件来说则比较简单，只需将Foxmail安装目录下的Mail子目录中的文件复制到非系统区就行了。

至于QQ，个人觉得在安装的时候别放在C盘，因为这一类的软件复制过来就能用，重装了只要新建一个快捷方式即可。

4.3.2 注册表的备份和恢复

Windows XP的注册表非常庞大，收集了与软硬件有关的配置和状态信息以及和用户相关的各种设置。为了防止注册表损坏，我们需要经常备份注册表。采用注册表来管理系统配置，主要是为了提高系统的稳定性。平时操作系统出现的一些问题，诸如系统无法启动、应用程序无法运行、系统不稳定等情况，很多都是因为注册表出现错误而造成的，而通过修改相应的数据就能解决这些问题。所以，掌握如何正确备份、恢复注册表的方法，可以让每一个用户更加得心应手地使用自己的电脑。

注册表编辑器（Regedit）是操作系统自带的一款注册表工具，通过它就能对注册表进行各种修改。

1. 通过注册表编辑器备份注册表

点击“开始”菜单，选择菜单上的“运行”选项，在弹出的“运行”窗口中输入“Regedit”后，单击“确定”按钮，这样就启动了注册表编辑器。

点击注册表编辑器的“注册表”菜单，再点击“导出注册表文件”选项，在弹出的对话框中输入文件名“regedit”，将“保存类型”选为“注册表文件”，再将“导出范围”设置为“全部”，接下来选择文件存储位置，最后单击“保存”按钮，就可将系统的注册表保存到硬盘上。

完成上述步骤后，找到刚才保存备份文件的那个文件夹，就会发现备份好的文件已经放在文件夹中了。

2. 在DOS下备份注册表

当注册表损坏后，Windows（包括“安全模式”）无法进入，此时该怎么办呢？在纯DOS环境下进行注册表的备份、恢复是另外一种补救措施，下面介绍在DOS环境下怎样来备份、恢复注册表。

前面已经讲解了利用注册表编辑器在Windows环境下备份、恢复注册表，其实“Regedit.exe”这个注册表编辑器不仅能在Windows环境中运行，也能在DOS下使用。

进入DOS后，再进入C盘的Windows目录，在该目录的提示符下输入“regedit”后按回车键，便能查看“regedit”的使用参数。

通过“Regedit”备份注册表仍然需要用到“system.dat”和“user.dat”这两个文件，而该程序的具体命令格式是这样的：

```
Regedit /L:system /R:user /E filename.reg Regpath
```

参数含义：

/L：system 指定 System.dat 文件所在的路径。

/R：user 指定 User.dat 文件所在的路径。

/E：此参数指定注册表编辑器要进行导出注册表操作，在此参数后面空一格，输入导出注册表的文件名。

Regpath：用来指定要导出哪个注册表的分支，如果不指定，则将导出全部注册表分支。在这些参数中，“/L：system”和“/R：user”参数是可选项，如果不使用这两个参数，注册表编辑器则认为是对 Windows 目录下的“system.dat”和“user.dat”文件进行操作。如果是通过从软盘启动并进入 DOS，那么就必须使用“/L”和“/R”参数来指定“system.dat”和“user.dat”文件的具体路径，否则注册表编辑器将无法找到它们。

比如说，如果通过启动盘进入 DOS，则备份注册表的命令是“Regedit /L:C:\windows\/R:C:\windows\/e regedit.reg”，该命令的意思是把整个注册表备份到 Windows 目录下，其文件名为“regedit.reg”。而如果输入的是“regedit /E D:\regedit.reg”这条命令，则说把整个注册表备份到 D 盘的根目录下（省略了“/L”和“/R”参数），其文件名为“Regedit.reg”。

3. 用注册表检查器备份注册表

在 DOS 环境下的注册表检查器 Scanreg.exe 可以用来备份注册表。

命令格式为：

```
Scanreg /backup /restore /comment
```

参数解释：

/backup 用来立即备份注册表；

/restore 按照备份的时间以及日期显示所有的备份文件；

/comment 在/restore 中显示同备份文件有关的部分。

> **注意** 在显示备份的注册表文件时，压缩备份的文件以.CAB 文件列出，CAB 文件的后面单词是 Started 或者是 NotStarted，Started 表示这个文件能够成功启动 Windows，是一个完好的备份文件，NotStarted 表示文件没有被用来启动 Windows，因此还不能够知道是否是一个完好备份。比如如果我们要查看所有的备份文件及同备份有关的部分，命令如下：Scanreg /restore /comment

4. 重要服务的备份

在对系统服务进行配置管理以前，对其进行备份是相当重要的，一旦出现错误可以马上恢复到正常状态。这里直接备份注册表中与服务相关的内容。运行注册表编辑器，找到注册键 HKEY_LOCAL_MACHINE\SYSTEM \CurrentControlSet \Services，然后单击“文件→导出”菜单命令，在出现的对话框中，单击“所选分支”选项，将此分支下的注册表内容导出并保存为一个 reg 文件。如果需要恢复系统服务，可以直接双击该 reg 文件导入注册表。

5. 为注册表设置管理权限

注册表在很大程度上决定着计算机的运行环境、性能和软硬件配置，通过直接修改注册表，可以实现许多在控制面板中都无法达到的目的，然而，由于注册表的复杂性，一般的用户如果在对注册表操作时有严重失误，就极有可能导致整个系统的崩溃，造成数据的丢失。注册表作为操作系统的“管家”，加强用户对注册表的管理权限的控制是必要的管理措施之一。Windows XP 可以对不同的用户设置不同级别的注册表访问权限，从而避免普通用户对注册表的不良操作。设置方法：进入注册表编辑器，点击“编辑”菜单下的“权限”菜单；在出现的“权限”管理对话框中，我们可以设置系统存在的账户对注册表的访问权限；单击“高级”按钮还可以进行一些具体的访问权限设置。

4.3.3 备份驱动程序

Windows XP 系统的硬件配置文件可在硬件改变时指导系统加载正确的驱动程序。如果我们进行了一些硬件的安装或修改，就很有可能导致系统无法正常启动或运行，这时我们就可以使用硬件配置文件来恢复以前的硬件配置。建议用户在每次安装或修改硬件时都对硬件配置文件进行备份，这样可以非常方便地解决许多因硬件配置而引起的系统问题。

步骤如下：鼠标右键单击“我的电脑”，在弹出的快捷菜单中选择“属性”命令，打开“系统属性”对话框，单击“硬件”标签，在出现的窗口中单击“硬件配置文件”按钮，打开“硬件配置文件”对话框（如图 4-15 所示），在“可用的硬件配置文件”列表中显示了本地计算机中可用的硬件配置文件清单，在“硬件配置文件选择”区域中，用户可以选择在启动 Windows XP 时（如有多个硬件配置文件）调用哪一个硬件配置文件。要备份硬件配置文件，单击“复制”按钮，在打开的“复制配置文件”对话框中的“到”文本框中输入新的文件名，然后单击“确定”按钮即可。

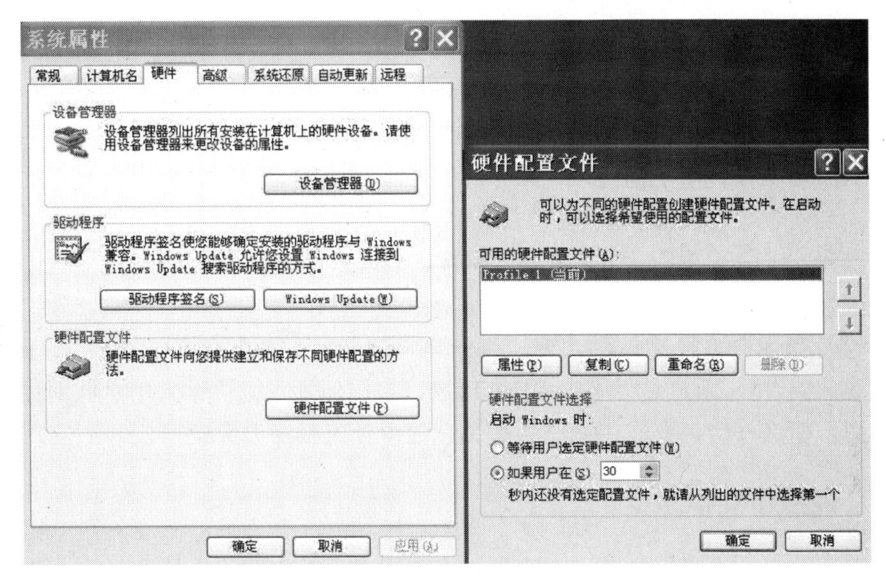

图 4-15　硬件配置文件

而且 Windows XP 系统自带的驱动程序恢复功能，在“系统属性”对话框，单击“硬件”选项卡，单击“设备管理器”按钮，打开“设备管理器”对话框。在对话框中的硬件列表中双击要复原驱动程序的硬件设备，并在出现的该设备的属性对话框中单击“驱动程序”选项卡，单击“返回驱动程序”按钮即可将驱动程序恢复成原来的驱动程序。

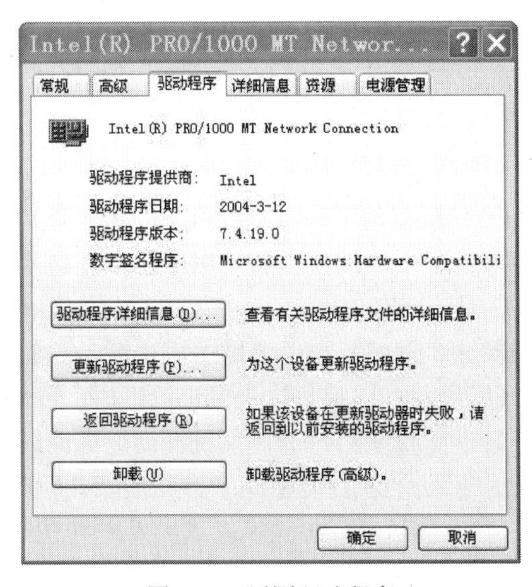

图 4-16　返回驱动程序

4.4 如何保护隐私

Windows XP 中个人隐私问题要从两个方面来讲，一是从多用户管理方面来说，Windows XP 多桌面显示功能可以让多个用户中的任一用户都能轻松定制自己的个性化的登录界面，当然也可以同时登录系统，不同的用户在各自的桌面进行切换不会对系统的运行造成不良影响（这一点要求计算机本身配置达到运行速度要求），该功能极大地增加私人数据的安全性。二是从网络方面来讲，Windows XP 中内置了 IE 6.0，IE 6.0 支持 W3C 协会的 P3P 标准，当用户访问 Web 站点时，系统将自动控制用户个人信息的安全。IE 6.0 可以迅速测定访问的 Web 站点是否遵守 W3C 标准，在你向站点提供个人信息前向你提示站点的状态信息。但这一切都要你在系统的相关设置中预先做好参数设定。

4.4.1 IE 的隐私保护防范

利用 Windows XP 内置的 IE 6.0 来保护个人隐私。首先我们需要在 IE 6.0 中定义透露个人信息的具体参数选项，浏览器会在用户上网时，自动判断所访问的站点的安全、可信等级。对于安全站点，浏览器把你的隐私参数和站点定义的隐私政策进行比较。根据预先设定的隐私参数来限制信息方面的流通。

如何设定浏览器将决定是否向站点泄露你的个人信息。IE 6.0 中可以很好管理 Cookie。Cookie 是一些站点为了提供用户特征信息而存在你的电脑上的一个小文件。通过设置 IE，用户可以做到禁止所有 Cookie 存储到你的电脑上、拒绝第三方 Cookie，但允许其他的 Cookie 存储到电脑上、允许所有 Cookie 存储到电脑上。这样一来，用户就可以很轻松地管理 Cookie，从而不再担心 Cookie 将你的信息泄露出去。

1. Cookie 的问题

Cookie 是指你浏览过的网站存储于你电脑硬盘中的那些文本格式的小文件，它是由你在访问网站时使用的浏览器程序生成的，主要是用于记录你访问过的网页的相关信息。当你再次访问该网站时，网站能访问在你硬盘上对应该网站的 Cookie 文件，从中读取所需的信息数据，从而方便你访问这个网站。一个典型的应用就是我们在使用一些论坛时，当我们注册得到一个论坛 ID 及密码后，以后每次登录该论坛时，我们都需要输入这个 ID 及相应的密码才能顺利登录论坛。而有些用户会让系统帮助记忆论坛密码这一技巧，这样每次登录论坛时就无须再麻烦地输入论坛 ID 及密码了。系统之所以可以能够帮助你输入论坛 ID 及密码，背后却是 Cookie 做出的贡献。Windows XP 系统中 IE 浏览器所生成的 Cookie 文件则保存在“C:\Documents and Settings\用户名\Cookie”目录中。这些 Cookie 文件一般保存在硬盘中的时间短则几个月，长则几年（当然排除重新安装操作系统的情况），通常情况下都是由浏览器对其操作，你并不能使用一些文本编辑软件对其进行编辑。

通常情况下，这些 Cookie 文件对用户只有好处并没有什么坏处，因为特定的网站会生成特定的 Cookie 文件，每个 Cookie 文件只有其对应的网站才能对其访问和操作，但是一些恶意网站则故意使用 Cookie 来监视用户的个人信息。另外，在公共场合上网，或者几个人共用一台电脑的时候，Cookie 也经常会泄露个人的隐私（例如泄露个人的论坛账户及密码、让别人轻易地获知你经常访问哪些网站等）。而 Cookie 文件本身只是文本文件，它自身并不会像一些恶意程序那样造成对用户的侵害。总之一句话，在公共场合多人使用一台电脑时，你可得要小心谨慎对待Cookie这块小甜饼，同时也得经常对系统单独做针对Cookie的体检操作。

2．改写网页访问历史记录

浏览器是需要保护的另一个部分。现在大多数的用户因为安装了微软公司的视窗系统，所以使用 Internet Explorer 作为上网所使用的浏览器。Internet Explorer 会把访问过的所有对象都会列成清单，其中包括浏览过的网页、进行过的查询以及曾输入的数据。Internet Explorer 把网页访问历史保存在按周划分或按网址划分的文件夹中。我们可以单个地删除各个“地址（URL）”，但最快的方法是删除整个文件夹。要清除全部历史记录，可在“工具”菜单中选择“Internet 选项”，然后选择“常规”选项卡，并单击“清除历史记录”按钮。

3．清除高速缓存中的信息

Internet Explorer 在硬盘中缓存你最近访问过的网页。当再次访问这些网页时，高速缓存信息能够加快网页的访问速度，但这也向窥探者揭开了你的秘密。要清除高速缓存中的信息，在 Internet Explorer 中，应在“工具”菜单中选择“Internet 选项”，然后进入“常规”选项卡，单击“删除文件”按钮。

4.4.2　清除常用软件的历史记录

在 Windows 系统和一些应用软件的使用过程中，不少程序曾经操作或使用、修改过的文件会被存为历史记录并显示在历史记录列表中。一般情况下倒并无不妥，但如果您是几人合用一台电脑或者是在网吧等公共场所，留下这些历史记录也许会泄露您的隐私，要防范隐私泄露，就必须清除这些历史记录。下面笔者就介绍一些清除历史记录的方法，供大家参考。

1. 清除托盘区已不使用的图标记录

在 Windows XP 中有了“隐藏不活动的图标”这个功能之后，就产生了一些难以清除的系统托盘图标的历史记录，当你右击系统托盘上的“时钟”，并在快捷菜单中选择“自定义通知”命令，在弹出窗口就可见到“当前项目”和“过去的项目”两个内容。在“过去的项目”里，你会发现以往在系统托盘中运行过的一些程序图标都被记录到了这里。即使是原来安装使用过，但现在早已删除的程序图标也一直被记录。要清除它们可打开注册表编辑器，找到 HKEY_CURRENT_USER\Software\Microsoft\Windows\ CurrentVersion \Explorer\ TrayNotify 分支，把其中的“IconStreams”和“Pasticons Stream”两个 DWORD 键值删除即可。

2. 清除浏览网页后的网站历史记录

打开注册表编辑器，找到 HKEY_CURRENT_USER\Software\Microsoft\ InternetExplorer \TypedURLs 分支，将右窗格中的内容除“默认”一项以外统统删除即可。

3. 清除 MSN Messenger 登录记录

用过 MSN Messenger 进行登录后，账号就会被系统记录下来。只要打开 MSN Messenger 程序，该账号就会作为备选登录账号而出现在下拉列表中。要清除它，可打开注册表编辑器，找到 HKEY_CURRENT_USER\Software\Microsoft\MSNMessenger，找到要删除记录用户名的 UserNET Messenger、Service 键的值。当然，如果你有系统管理员权限，那么可以选择“控制面板”下的“用户账户”，然后选中你的账号，点击左边的“管理我的网络密码”一项，将不再需要的登录用户名的 E-mail 地址删除即可。

4. 删除 QQ2007 中不需要的好友记录

单击 QQ2007 的“菜单”按钮，然后在“好友与资料”中选择“好友管理器”选项，在窗口左侧选择“黑名单”，右击想删除的好友，执行“删除好友”即可让他消失在您的 QQ2007 中了。

5. 清除 Foxmail 中的“废件箱”

Foxmail 中提供了和“回收站”类似的“废件箱”，当我们在 Foxmail 中清除“废件箱”下的邮件时，其实并没有真正将其从硬盘上删除，而仅仅是打上删除标记而已，只有用户执行“压缩”操作之后被删除邮件才会被真正删除，这就为窥视者提供了恢复被删除邮件的可能。所以，在公用计算机上使用 Foxmail，当您把不需要的信件从“收件箱”清除时，最好是按“Shift+Del”组合键直接删除使其不转入“废件箱”，并对邮箱进行压缩。

6. 清除临时文件

Word 和其他应用程序通常会临时保存我们的工作结果，以防止意外情况造成损失，即使您自己没有保存正在处理的文件，许多程序也会保存已被您删除、移动和复制的文本。这些“内容”被存放在 Windows\Temp 目录下，应定期删除各种应用程序在 Windows\Temp 文件夹中存储的临时文件，以清除上述这些零散的文本，还应删除其子目录中相应的所有文件，虽然很多文件的扩展名为 TMP，但它们其实是完整的 DOC 文件、HTML 文件，甚至是图像文件。

7. 清除“回收站”中的秘密

“回收站”是已删文件的暂时存放处，在“清空回收站”之前，存放在那里（回收站）的文件并没有真正从硬盘上删除。Windows 操作系统，除了在“桌面”上放置一个图标为灰色的“垃圾桶”外，在每个硬盘（分区）的根目录下建立了一个隐藏属性的文件夹——Recycled，这个“Recycled”子目录（文件夹）就是回收站实际的位置所在。窥探者可以从“回收站”中恢复（还原）被删除的文件，窃取你的工作内容。所以，每次结束操作，离开计算机之前，要记住“清空回收站”。

8. 清除“运行”中的秘密

使用“开始”菜单中的“运行”来运行程序或打开文件后，在“运行”中运行过的程序及所打开文件的路径与名称会被记录下来，并在下次进入“运行”项时，在下拉列表框中显示出来供选用，这些记录需要清除。通过修改注册表项可以达到清除这些“记录”的目的，首先通过 Regedit 进入注册表编辑器，找到 `HKEY_CURRENT_USER\Software\Microsoft\Windows\CurrentVersion\Explorer\RunMRU`，这时在右边窗口将显示出“运行”下拉列表显示的文件名，用鼠标选中要删除的程序，再选择注册表编辑器的“编辑”选单中的“删除”选项，单击“确认”按钮，然后重新启动计算机即可。

9. 保护重要文件

对重要文件进行口令保护，这在 Word 和 Excel 中很容易实现。依次选择“文件”→“另存为”，然后选择“工具”中的“常规选项”，在“打开权限密码”和“修改权限密码”中输入口令，最好不要使用真正的单词和日期作为口令，可以混合使用字母、数字和标点符号，这样口令就很难破译。当然，以后每当你打开和修改文档时，都必须输入口令。

4.5　Windows 操作系统数据安全转移

由于种种原因，您需要更换计算机，甚至增加一台计算机，这时，您希望把原有的系统迁移到新机器上，那么，您应该如何去做呢？在 Windows XP 中，我们可以使用“文件和设置转移向导”进行系统设置及数据文件的轻松迁移。

在该工具的帮助下，用户可以把旧系统的文件和设置迁移到新的系统上。我们可以从老系统上备份出设置，然后用以下选项把保存的设置迁移到新安装好的 Windows XP 计算机上。

1．使用直接连接

这个选项可以通过局域网或者串行电缆把两台计算机连接起来，并直接从旧计算机系统向新计算机系统传送文件和设置。高速以太网连接是这种方法的最佳选择，尤其是当我们要传送大量数据文件时。

2．保存设置到文件

如果直接连接无法实现或不实际（如打算删除现有的计算机系统，然后在同一台计算机上全新安装 Windows XP），这时可以让向导生成一个压缩文件，然后等新的系统安装好之后再导入过去。输出文件可以保存在软盘、网络文件夹及移动存储设备中。

默认情况下文件和设置转移向导将会迁移以下内容：

（1）用户特定设置

这一类别包括视觉效果（例如当前使用的主题、墙纸等）、文件夹和任务栏选项，辅助工具选项、电话、调制解调器和网络连接设置，网络打印机和网络驱动器等。

（2）Internet 设置

这一类别包括收藏夹内容以及 Cookie，然而本设置不保存用户名、密码和其他由 Internet Explorer 保存的自动完成项目。

（3）电子邮件

向导会备份 Outlook Express 的邮件账户设置、邮件、通讯簿。

（4）应用程序设置

注册表内容以及应用程序属性设置都会自动备份下来。向导并不会转移这些应用程序的文件本身，它只是备份这些程序的设置以及选项文件到新计算机的适当位置，这样我们在新计算机上安装了这些程序后能够直接使用。

（5）文件和文件夹

用于导出专门保存用户数据文件的文件夹，例如“我的文档”、“我的图片”、“共享文档”。

该向导操作过程如下：

“开始/所有程序/附件/系统工具/文件和设置转移向导”，然后根据向导完成操作即可。

如图 4-17 所示。

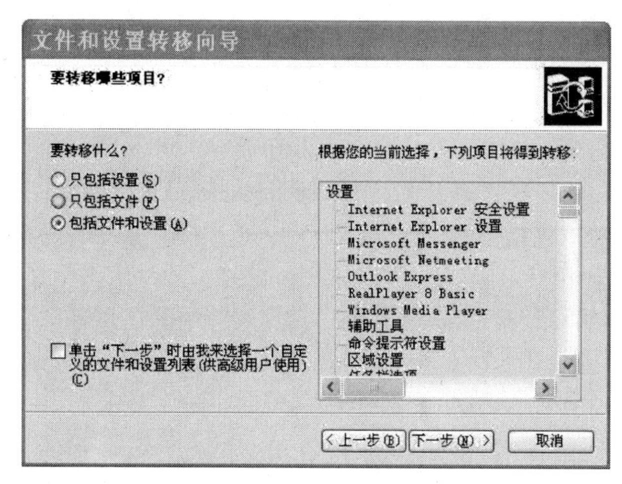

图 4-17　文件和设置转移向导

4.6　小结

本章主要介绍 Windows 的数据保护机制。文中首先介绍了 Windows XP 系统自带的系统还原功能，然后介绍了 Ghost 工具的使用方法，并指导用户进行关键数据备份和如何保护数据隐私。最后本章介绍了如何进行 Windows XP 操作系统的数据安全转移的方法。

习题 4

一、判断题

1．Windows XP 系统还原功能启动后，能系统地将所有历史情况都备份。（　　）

2．Windows XP 只能还原指定时间点的备份。（　　）

3．Ghost 无法解决大硬盘无法向小硬盘执行克隆操作的问题。（　　）

4．系统恢复体系不支持保留一个永久可用的还原点。（　　）

5．系统迁移仅仅需要备份驱动程序。（　　）

二、单选题

1．下列关于文件叙述中，错误的是（　　）

A．Windows XP 系统恢复是自动开启的。

B．Windows XP 系统恢复至少需要有 200M 的可用硬盘空间。

C．在默认情况下，系统恢复最多占用 12%的硬盘空间。

D．系统恢复非常慢，通常需要几分钟。

2．系统迁移时，哪个不是要备份的关键数据（　　）

A．个人资料　　B．注册表

C．驱动程序　　D．系统 temp 目录下的文件

3．IE 的隐私保护不包括哪些内容（　　）

A．IE 浏览器中控件　　B．Cookie

C．网页访问历史记录　　D．高速缓存中的信息

三、多选题

1．系统恢复只监控哪些文档（　　）

A．文档

B．图形

C．电子邮件等用户个人数据文件的改变

D．核心系统文件

E．某些类型的应用程序文件

F．系统补丁文件

2．密码遗失的处理方法（　）

A．工具软件“重置密码”

B．创建修复用户密码的启动软盘

C．通过双系统删除 Windows XP 登录密码

D．使用简单密码

E．记录在常用的本子上

四、思考题

1．简要描述系统还原的基本操作过程。

2．简要 IE 隐私保护的方法。

CHAPTER 5

第 5 章　Windows XP 系统高阶安全

引言

在操作系统里，有很多处于活动状态的计算机程序在运行，它在操作系统中执行特定的任务，这些活动程序被称之为“进程”，一般的计算机用户平常都不太会去关注。

小王最近出于好奇，通过任务管理器，把这些进程调出来显示了一下，好家伙，自己系统中的进程还真不少，可是这些进程都有什么作用，对系统运行有什么影响？小王扪心自问，心里还真发虚。

教学计划里，安博士在这周要讲授系统的高级安全相关内容，其中除了进程管理，还有日志审计、安全模板等内容，这些内容以前自己都不太接触，更谈不上了解了。那学习好这些内容，自己对系统的使用会不会更得心应手呢？

教室里安博士把本章的学习目标投放在屏幕上，小王和同学们一起开始学习关于 Windows XP 系统的高级安全知识内容。

本章目标

- 了解系统的常见进程，分析和辨别系统基本进程，对进程进行管理操作；
- 了解系统日志，掌握对系统日志的分析操作；
- 掌握安全模板概念、作用，能够管理和配置安全模板。

5.1　进程管理

进程是程序在计算机上的一次执行活动。当你运行一个程序，你就启动了一个进程。显然，程序是死的（静态的），进程是活的（动态的）。进程可以分为系统进程和用户进程。凡是用于完成操作系统的各种功能的进程就是系统进程，它们就是处于运行状态下的操作系统本身；用户进程就是所有由用户启动的进程。进程是操作系统进行资源分配的单位。

你可以通过快捷键“Ctrl+Alt+Del”打开任务管理器来查看进程标签，也可以在任务栏的空白处点击鼠标右键选择“任务管理器”并查看其中的进程标签，如图5-1所示。

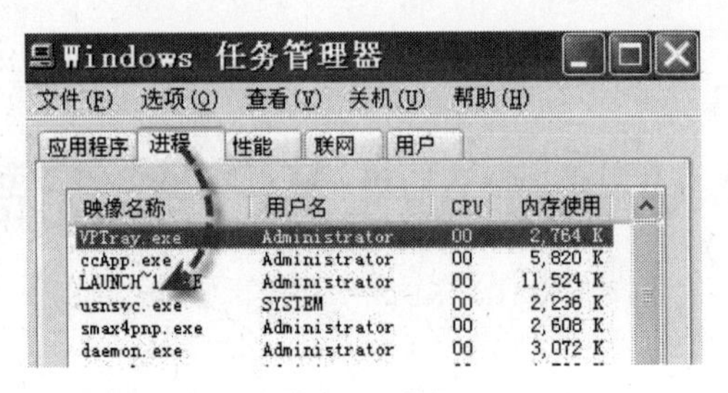

图5-1 进程

危害较大的可执行病毒同样以“进程”形式出现在系统内部，那么及时查看并准确杀掉非法进程对于手工杀毒起着关键性的作用。

因此学会查看和管理进程，对系统的稳定以及安全都有极其深刻的意义。

5.1.1 Windows XP 基本系统进程

Windows 系统进程一般包括基本系统进程和附加进程。基本系统进程是系统运行的必备条件，只有这些进程处于活动状态，系统才能正常运行；而附加进程则不是必需的，你可以按需新建或结束。我们就先来了解一下哪些是最基本的系统进程。

Csrss.exe

这是子系统服务器进程，负责控制Windows创建或删除线程以及16位的虚拟DOS环境。

System Idle Process

这个进程是作为单线程运行在每个处理器上，并在系统不处理其他线程的时候分派处理器的时间。

Smss.exe

这是一个会话管理子系统，负责启动用户会话。

Services.exe

系统服务的管理工具。

Lsass.exe

本地的安全授权服务。

Explorer.exe

资源管理器。

`Spoolsv.exe`

管理缓冲区中的打印和传真作业。

`Svchost.exe`

用来运行动态链接库 DLL 文件，从而启动对应的服务。svchost.exe 进程可以同时启动多个服务。（详细可见下节“关键进程分析”）

5.1.2　关键进程分析

上文中提到了很多系统进程，这些系统进程到底有何作用，其运行原理又是什么？下面我们将对一些关键进程进行分析，相信在熟知这些系统进程后，就能成功破解病毒的“以假乱真”和“偷梁换柱”了。

1．svchost.exe

常被病毒冒充的进程名有：svch0st.exe、schvost.exe、scvhost.exe。

随着 Windows 系统服务不断增多，为了节省系统资源，微软把很多服务做成共享方式，交由 svchost.exe 进程来启动。正是通过这种调用，可以省下不少系统资源，因此系统中出现多个 svchost.exe，其实只是系统的服务而已。正常情况下，Windows 中可以有多个 svchost.exe 进程同时运行，例如 Windows 2000 至少有 2 个 svchost 进程，Windows XP 中有 4 个以上，Windows 2003 中则有更多，所以当你看到多个 svchost 进程时，未必就是病毒！

svchost.exe 进程是干什么的？

svchost.exe 实际上是一个服务宿主，它本身并不能给用户提供任何服务，但是可以用来运行动态链接库 DLL 文件，从而启动对应的服务。svchost.exe 进程可以同时启动多个服务。

svchost 是如何启动系统服务的？

由于系统服务都是以动态链接库（DLL）形式实现的，它们把可执行程序指向 svchost，因此 svchost 只要调用某个动态链接库，即可启动对应的服务。那么 svchost 启动某服务时，又是如何知道应该调用哪个动态链接库？由于系统服务在注册表中都设置了相关参数，因此 svchost 通过读取某服务在注册表中的信息，即可知道应该调用哪个动态链接库，从而启动该服务。

下面我们以 Svchost 启动 server 服务为例，介绍其启动服务的原理。

在 Windows XP 中点击“开始”→“运行”，输入“services.msc”命令，弹出服务对话框，然后双击打开“Server”服务属性对话框，可以看到 Server 服务的可执行文件的路径为“C:\WINDOWS\System32\svchost.exe -k netsvcs”（如图 5-2 所示），说明 Server 服务是依靠 svchost 调用“netsvcs”参数来实现的，而参数的内容则是存放在系统注册表中的。

在运行对话框中输入“regedit.exe”后回车，打开注册表编辑器，找到 HKEY_LOCAL_MACHINE\SYSTEM\CurrentControlSet\Services\lanmanserver 项，找到类型为“REG_EXPAND_SZ”的键“ImagePath”，其键值为“%SystemRoot%\System32\ svchost.exe -k netsvcs”（这就是在服务窗口中看到的服务启动命令），另外在“Parameters”子项中有个名为“ServiceDll”的键，其值为“%SystemRoot%\System32\srvsvc.dll”，其中“srvsvc.dll”就是 Server 服务要使用的动态链接库文件。这样 svchost 进程通过读取“server”服务注册表信息，就能启动该服务了。

svchost 到底启动了哪些服务？如果你想了解每个 svchost 进程当前到底提供了哪些系统服务，可以在命令提示符下输入命令来查看。例如在 Windows XP 中，打开“命令提示符”，键入 tasklist /svc 命令查看。

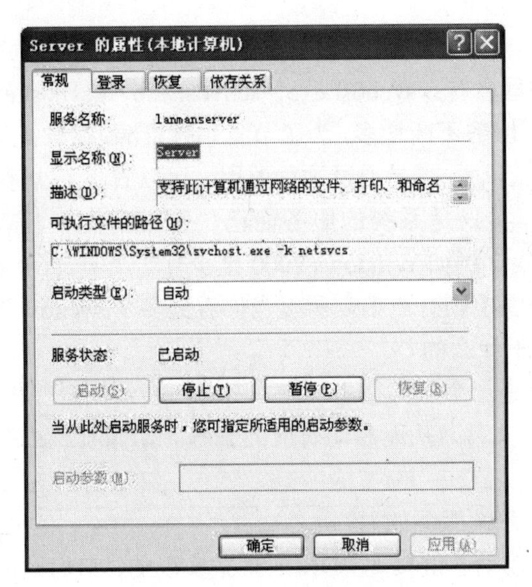

图 5-2　Server 服务的属性

2. explorer.exe

常被病毒冒充的进程名有：iexplorer.exe、expiorer.exe、explore.exe。explorer.exe 就是我们经常会用到的“资源管理器”。如果在“任务管理器”中将 explorer.exe 进程结束，那么包括任务栏、桌面以及打开的文件都会统统消失，单击“任务管理器”→“文件”→“新建任务”，输入“explorer.exe”后，消失的东西又重新回来了。explorer.exe 进程的作用就是让我们管理计算机中的资源。

explorer.exe 进程默认是和系统一起启动的，其对应可执行文件的路径为“C:\Windows”目录，除此之外则为病毒。

3．iexplore.exe

常被病毒冒充的进程名有：iexplorer.exe、iexploer.exeoiexplorer.exe 进程和上文中的 explorer.exe 进程名很相像，因此比较容易搞混，其实 iexplorer.exe 是 Microsoft Internet Explorer 所产生的进程，也就是我们平时使用的 IE 浏览器。知道作用后辨认起来应该就比较容易了，iexplorer.exe 进程名的开头为“ie”，就是 IE 浏览器的意思。

iexplore.exe 进程对应的可执行程序位于 C:\ProgramFiles\InternetExplorer 目录中，存在于其他目录则为病毒，除非你将该文件夹进行了转移。此外，有时我们会发现没有打开 IE 浏览器的情况下，系统中仍然存在 iexplore.exe 进程，这要分两种情况：

- 病毒假冒 iexplore.exe 进程名。
- 病毒偷偷在后台通过 iexplore.exe 干坏事。

因此出现这种情况还是赶快用杀毒软件进行查杀。

4．rundll32.exe

常被病毒冒充的进程名有：rundl132.exe、rundl32.exe。rundll32.exe 在系统中的作用是执行 DLL 文件中的内部函数，系统中存在多少个 Rundll32.exe 进程，就表示 Rundll32.exe 启动了多少个 DLL 文件。其实 rundll32.exe 我们是会经常用到的，它可以控制系统中的一些 dll 文件。例如，在“命令提示符”中输入“rundll32.exe user32.dll，LockWorkStation”，回车后，系统就会快速切换到登录界面了。rundll32.exe 的路径为“C:\Windows\system32”，在别的目录则可以判定是病毒。

5．spoolsv.exe

常被病毒冒充的进程名有：spoo1sv.exe、spolsv.exe。

spoolsv.exe 是系统服务“Print Spooler”所对应的可执行程序，其作用是管理所有本地和网络打印队列及控制所有打印工作。如果此服务被停用，计算机上的打印将不可用，同时 spoolsv.exe 进程也会从计算机上消失。如果你不存在打印机设备，那么就把这项服务关闭，可以节省系统资源。停止并关闭服务后，如果系统中还存在 spoolsv.exe 进程，这就一定是病毒伪装的了。

5.1.3　病毒进程隐藏

任何病毒和木马存在于系统中，都无法彻底和进程脱离关系，即使采用了隐藏技术，也还是能够从进程中找到蛛丝马迹，因此，查看系统中活动的进程成为我们检测病毒木马最直接的方法。当我们确认系统中存在病毒，但是通过“任务管理器”查看系统中的进程时又找不出异样的进程，这说明病毒采用了一些隐藏措施，总结出来有三种方法。

1. 以假乱真

可能你发现过系统中存在这样的类似前面提到的正常进程：svch0st.exe、explore.exe、iexplorer.exe、winlogin.exe。对比一下，发现区别了么？这是病毒经常使用的伎俩，目的就是迷惑用户的眼睛。通常它们会将系统中正常进程名的 o 改为 0，l 改为 i，i 改为 j，然后成为自己的进程名，仅仅一字之差，意义却完全不同。又或者多一个字母或少一个字母，例如 explorer.exe 和 iexplore.exe 本来就容易搞混，再出现个 iexplorer.exe 就更加混乱了。如果用户不仔细，一般就忽略了，病毒的进程就逃过了一劫。

2. 偷梁换柱

如果用户比较心细，那么上面这招就没用了，病毒会被就地正法。于是病毒也学聪明了，懂得了偷梁换柱这一招。如果一个进程的名字为 svchost.exe 和正常的系统进程名分毫不差。那么这个进程是不是就安全了呢？其实它只是利用了“任务管理器”无法查看进程对应可执行文件这一缺陷。我们知道 svchost.exe 进程对应的可执行文件位于“C:\WINDOWS\system32”目录下（Windows2000 则是 C:\WINNT\system32 目录），如果病毒将自身复制到“C:\WINDOWS\”中，并改名为 svchost.exe，运行后，我们在“任务管理器”中看到的也是 svchost.exe 和正常的系统进程无异。你能辨别出其中哪一个是病毒的进程吗？

3. 借尸还魂

所谓的借尸还魂就是病毒采用了进程插入技术，将病毒运行所需的 dll 文件插入正常的系统进程中，表面上看无任何可疑情况，实质上系统进程已经被病毒控制了，除非我们借助专业的进程检测工具，否则要想发现隐藏在其中的病毒是很困难的。

发现可疑进程的秘诀就是要多看任务管理器中的进程列表，看多了以后，一眼就可以发现可疑进程，就像找一群熟悉人中的陌生人一样。如果发现有可疑，只要根据两点来判断：

（1）仔细检查进程的文件名；

（2）检查其路径。

通过这两点一般的病毒进程肯定会露出马脚。

5.1.4 进程管理工具

系统内置的“任务管理器”功能太弱，不适合查杀病毒进程。但我们可以使用专业的进程管理工具。本文介绍一款专业的进程管理工具 Process Explorer，这是一个了解系统运行信息、执行进程管理功能的强大工具。

使用它不但能非常方便地查看各种系统进程，而且还能查看到通常我们看不到的在后台执行的处理程序，其最大的特色就是可以终止任何进程，甚至包括系统的关键进程！

Process Explorer 是一款绿色免费软件，下载得到压缩包，只需要解压到任意路径下即可使用。打开软件界面，如图 5-3 所示，本文使用的版本是 10.6 版。

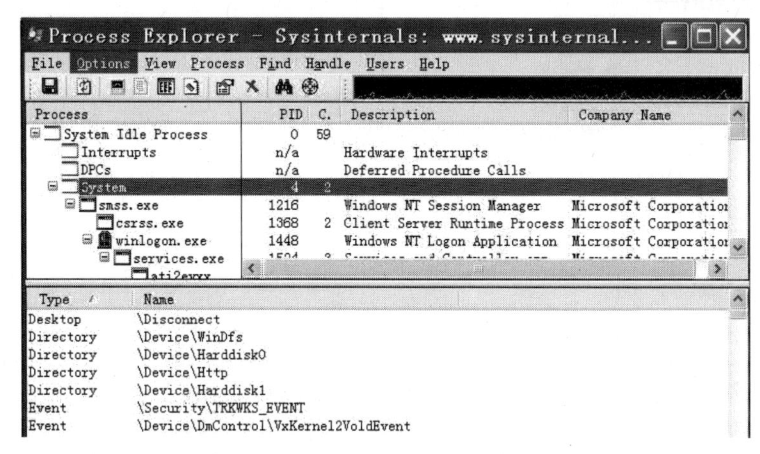

图 5-3　Process Explorer 软件界面

1．基本设置

（1）系统默认显示字体和字号不太适合查看，首先，我们对软件显示字体进行设置。打开“Options”→“font...”，在 WinNT/2000/XP，可以将字体设为“宋体，10 号”。

（2）用不同颜色标注高亮显示进程，打开“Options”→“Config Highlighting...”，浅紫色代表“当前用户进程”，浅粉色代表“系统服务”等，如图 5-4 所示。

2．进程查看

这里进程查看有很多种方式，可以分别点击主窗口进程列表顶端的“Process（进程）”、“PID（进程身份标识）”、“CPU（占用率）”、“Description（描述）”和“Company（公司名）”项目分类进行排列管理。

用户只需在要查看的未知进程上双击，调出它的属性来，并分析其各项指数，把它的功能弄清楚，从而避免染上病毒。如我们双击“Procexp.exe”进程，分析该进程的属性，我们点击选择“Performance”和“Performance Graph”选项卡，如图 5-5 所示。

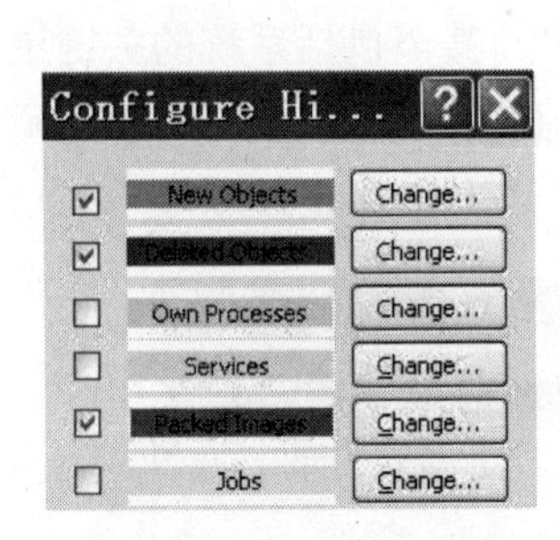

图 5-4 配置进程高亮显示

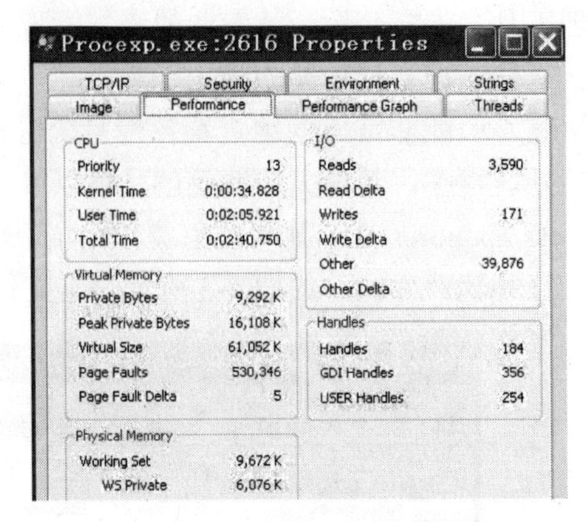

图 5-5 分析进程的属性

一般病毒占用 CPU 线程数（曲线波动也大）和内存值都比较大，我们点中“Threads”项，就可以作大致的判别。

这样可以有效杜绝病毒进程的驻入。同时，我们如果发现某个进程异常，可以在进程列表里点击右键，选中“终止进程”，就可以终止可疑进程运行。

3. 句柄或 DLL 查看

对于高级用户，也可以分析某个进程的所有句柄（handle）。这样有利于我们彻底摸透未知进程包涵的属性以及调用的系统进程。首先，我们可以通过软件主窗口“Find”→“Find Handle or Dll …”，调出查找窗口，这样我们只要在查找窗口里输入查找对象的文件名，单击回车键，即可显示未知进程的相关信息，如图 5-6 所示，在此以查找 Procexp.exe 为例，得到 Procexp 进程对应的句柄信息。

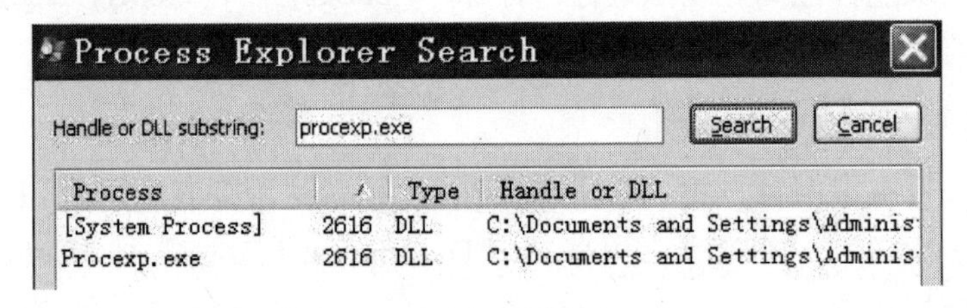

图 5-6 查找句柄或 DLL

同样方法也可以搜索动态链接库 DLL 文件。

4. 进程加速

与我们平常使用常用软件一样，也可以给使用频繁的软件进程设定高的优先级，以便它能更好地运行，尤其是 3D 做图类需大量消耗系统资源的软件。具体地，我们只要在进程一栏里，选中该程序进程，右键选“Set Priority”→“High”设置后，系统即可为此应用程序分配较多的资源，使其运行更加顺畅。

5.2　Windows XP 日志与审计

5.2.1　事件查看器

利用“事件查看器”这个系统维护工具，用户可以通过使用事件日志，收集有关硬件、软件、系统问题方面的信息，并监视中文版 Windows XP 安全事件，将 Windows 和其他应用程序运行中错误事件记录下来，便于用户诊断和纠正可能发生的系统错误和问题。当用户需要查看工作日志时，可进行以下的操作步骤。

1．单击“开始”按钮，选择“控制面板”命令，在打开的“控制面板”窗口单击“管理工具”图标，然后在“管理工具”窗口中双击“事件查看器”图标，这时就可以打开“事件查看器”窗口，如图 5-7 所示。

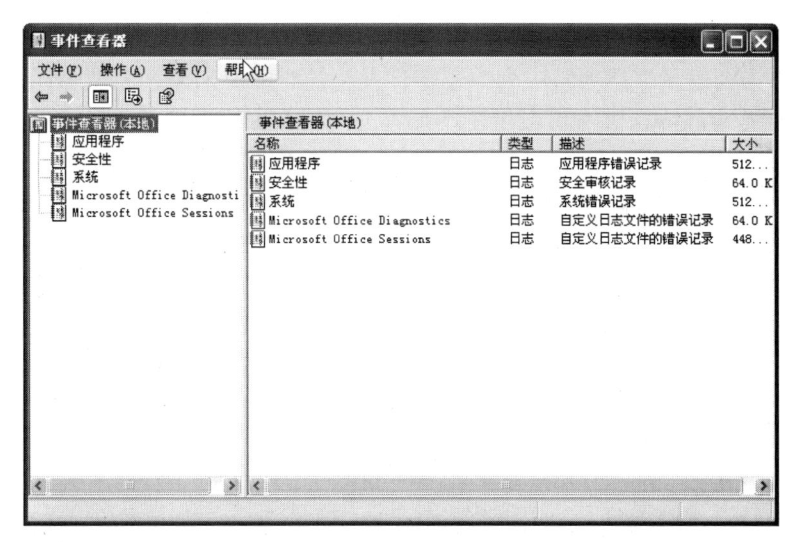

图 5-7　事件查看器

2．在“事件查看器”窗口中包括五种类型的日志记录事件。

（1）应用程序日志：记录应用程序或一般程序的事件。

（2）安全性日志：可以记录例如有效和无效的登录尝试等安全事件以及与资源使用有关的事件，例如创建、打开或删除文件以及有关设置的修改。

（3）系统日志：包含由 Windows XP 系统组件记录的事件，例如在系统日志中记录启动期间要加载的驱动程序或其他系统组件的故障。

（4）Microsoft Office Sessions：Office 应用的会话管理日志。

（5）Microsoft Office Diagnostics：Microsoft Office 诊断服务。普通用户基本用不上。

3. 事件查看器显示以下事件类型。

（1）信息：描述应用程序、驱动程序或服务成功操作的事件，例如成功地加载网络驱动程序时会记录一个信息事件。

（2）警告：不是非常重要但将来可能出现的问题事件。例如如果磁盘空间较小，则会记录一个警告。

（3）错误：重要的问题，如数据丢失或功能丧失。例如如果在启动期间服务加载失败，则会记录错误。

（4）成功审核：审核安全访问尝试成功。例如将用户成功登录到系统上的尝试作为“成功审核”事件记录下来。

（5）失败审核：审核安全访问尝试失败。例如如果用户试图访问网络驱动器失败，该尝试就会作为“失败审核”事件进行记录。

4. 如果要查看某事件的详细内容，可先选中该项，双击打开“事件属性”对话框，在其中的“事件详细信息”选项组中列出了事件发生的时间及来源、类型等详细资料。

由于中文版 Windows XP 可以用于小型办公网络和家庭网络的组建，在网络应用过程中，网络中的计算机有时会出现故障，这时需要管理员查看这台机器的工作日志，以此来判断出现故障的原因。具体的操作步骤如下：

（1）在“事件查看器（本地）”窗口中，右击“事件查看器（本地）”选项，会弹出一个快捷菜单，从中选择“连接到另一台计算机”命令，出现“选择计算机”对话框，在此用户可以选择需要这个管理单元管理的计算机，在“另一台计算机”文本框中输入要查看的工作站名，单击“确定”按钮即可。

（2）为了在众多的计算机中准确地找到出现故障的一台，最大限度地节省时间，可以单击“浏览”按钮可以在这里进行更为详细的条件限定，这样就可以快速地找到出现故障的计算机，查看工作日志。

5.2.2 如何规划事件日志审计规则

不断跟踪你的系统正在做什么——这是良好的 IT 管理流程中最重要，但也是最乏味的一环。在审计过程中，与特定标准匹配的事件将记录到计算机的事件日志（event log）中，帮助你完成这个重要的管理任务。

1. 建议要记录的项目

首先，你需要了解以下几点：

（1）太多的审核会消耗大量的资源。用户每一次移动鼠标都会被记录下来（这太过分了。但是，记录一次并不过分）。

（2）过多的审核是无用的。一般来说，由于你不查看审计日志，审计就不会为你提供任何好处，你如果不能通过大量的审计事件提升安全，就是在浪费资源。你要了解要审计的东西并且有所选择。下面是一些你特别需要记录下来的事件：

- 登录和登出事件，由审计账户登录事件和审计登录设置进行跟踪，能够指出反复登录失败的事件并且指出一个特定的账户正在被一个攻击利用。
- 账户管理，由审计账户管理设置进行跟踪，能够指出曾经使用或者设法使用它们的用户权限和计算机管理员权限的那些用户。
- 启动和关闭事件，由审计系统事件设置跟踪，能够显示用户已经设法管理了一个系统以及在启动时什么服务没有正常启动。
- 策略改变，由审计策略改变设置进行跟踪，能够指出用户篡改安全设置。
- 权限使用事件，由审计权限使用设置进行跟踪，能够显示修改某些目标许可权限的企图。

2. 设置事件日志

设置事件日志是定义与应用程序、安全和系统日志相关的属性的，如最大的日志大小、对每个日志的访问权限以及保留设置和方法。其中，应用程序日志负责记录由程序生成的事件；安全日志根据审核对象记录安全事件；系统日志记录操作系统事件。

（1）日志保留天数

这个选项可以设置应用程序、安全性和系统日志可以保留多少天。需要注意的是，仅当以预定的时间间隔对日志进行存档时才应设置此值，并要确保最大日志大小足够大，以满足此时间间隔。这个天数可以是 1 至 365 天中的任何一个，用户可按需要进行设置，建议设置为 14 天。

（2）日志保留方法

在这里可以设置达到设定的最大日志文件的处理方法，共有按天数改写事件、按需要改写事件和不改写事件（手动清除日志）三种方式。

如果希望将应用程序日志存档，就要选中“按需要覆盖事件”；

如果希望以预定的时间间隔对日志进行存档，可选中“按天数覆盖事件”；

如果需要在日志中保留所有事件，可选中“不要改写事件（手动清除日志）”，在这种情况下，当达到最大日志大小时，将会丢弃新事件日志。

（3）限制本地来宾组访问日志

在这里可以设置是否限制来宾访问应用程序、安全性和系统事件日志。默认设置是允许来宾用户和空连接可以查看系统日志，但禁止访问安全日志。

（4）日志最大值

这里可以设置日志文件的最大值和最小值，可用值的范围是64KB至4194240KB。如果设置值太小会导致日志经常被填满，这样就需要经常性地清理、保存日志；而设置值过大，会占据大量的硬盘空间，所以一定要根据自己的需要进行设置。

5.2.3 修复损害的事件日志文件

事件查看器作为Windows管理控制台中所包含的管理工具之一，它用于对相关程序、安全特性以及系统事件所产生的日志信息进行维护。你可以通过事件查看器来浏览并管理事件日志，收集与软、硬件故障相关的各类信息，或对Windows安全事件加以监控。如果事件查看器在系统启动过程中报告一个或多个日志文件遭到破坏，那么，你可以采取以下补救措施：

1. 禁用事件日志服务
2. 重新启动Windows XP
3. 从%SystemRoot%\System32\Config目录中（或其他位置上）删除受损日志文件——Appevent.evt、Secevent.evt和/或Sysevent.evt。你的现有事件数据将全部丢失，但新的日志文件将在事件日志服务重新启动时予以创建并重新开始收集新的事件数据。
4. 重新启用事件日志服务并将其启动。
5. 如果事件日志服务未能成功启动，请重新启动Windows XP。

在事件日志服务运行过程中，你将无法删除或重命名日志文件。

5.3 网络查错

普通的计算机用户不具备专业的网络知识，当自己使用的Windows XP遇到网络问题，错误的排查过程可能变得很麻烦。因为计算机连接成网络后，网络出现问题可能跟网络互联设备故障有关系，也可能是本机的硬件故障，或者是远程计算机的硬件故障，甚至是因为错误的网络配置。这时首先搞清楚网络的故障点就显得特别重要，找到故障点，就可以对症下药，集中解决问题会简便许多。

本节我们将介绍如何识别和修复Windows XP系统中常见的网络配置故障，另外也将介绍如何解决网络性能低于平常状态的问题。

5.3.1　解决连接故障

任何时候，如果网络无法正确发送或接收数据，首先要检查本地计算机和目标计算机之间以及网络其他部分的物理连接是否正常。对个人用户判断网络连接是否有故障，最直观的方式就是观察 “任务栏”右下角的网络连接状态，如果未连接，将提示一个状态 。如果你的任务栏中没有该连接状态显示，建议你在“网络连接”属性中进行设置，如图 5-8 所示。

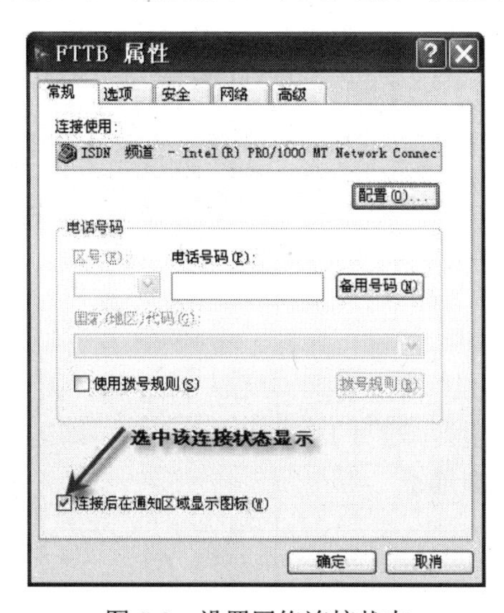

图 5-8　设置网络连接状态

如果物理连接显示是正常的，则可以使用 Windows XP 系统自带的 Ping 工具进行网络连接的诊断。

ping 命令格式如下：

```
ping [参数] 目标地址
```

其中[参数]为可选项，不带任何参数，Windows 将会发送四组 ICMP（Internet Control Message Protocol，互联网控制消息协议）数据包到指定的地址。

用户常用的[参数]有-t，表示一直 Ping 目标主机，直至用户中断。其他参数用户可以参考该命令的使用帮助。

使用 Ping 命令测试目标地址，如果位于目标地址的设备发出了回复，那么可以表示两点之间的连接是正常的。正常的情况通常是这样的，如图 5-9 所示。

```
C:\Documents and Settings\Administrator>ping 192.168.0.1

Pinging 192.168.0.1 with 32 bytes of data:

Reply from 192.168.0.1: bytes=32 time<1ms TTL=64
Reply from 192.168.0.1: bytes=32 time<1ms TTL=64
Reply from 192.168.0.1: bytes=32 time<1ms TTL=64
Reply from 192.168.0.1: bytes=32 time<1ms TTL=64

Ping statistics for 192.168.0.1:
    Packets: Sent = 4, Received = 4, Lost = 0 (0% loss),
Approximate round trip times in milli-seconds:
    Minimum = 0ms, Maximum = 0ms, Average = 0ms
```

图 5-9　Ping 命令返回结果

然而，用户实际遇到的问题可不是这么简单，它通常是比较复杂的连接故障，要找出问题故障点，缩小问题的怀疑范围，比如本机显示物理连接正常，但不能输入域名地址访问网站，可按以下的步骤进行 Ping 命令的连接测试，在每一个步骤中遇到错误后就停下来确定故障点。

第 1 步：ping 127.0.0.1

127.0.0.1 是本地循环地址。如果该地址无法 ping 通，则表明本机 TCP/IP 协议不能正常工作；如果 ping 通了该地址，证明 TCP/IP 协议正常，则进入下一个步骤继续诊断。

第 2 步：ping 本机的 IP 地址

注　如何了解本机的 IP 地址，可使用 ipconfig 命令可以查看本机的 IP 地址、网关地址、DNS 地址等信息。

ping 本机的 IP 地址，如果 ping 通，表明网络适配器（网卡或者 Modem）工作正常，则需要进入下一个步骤继续检查；反之则是网络适配器出现故障。

第 3 步：ping 本地网关

本地网关的 IP 地址是已知的 IP 地址。ping 本地网关的 IP 地址，ping 不通则表明网络线路出现故障。如果网络中还包含有路由器，还可以 ping 路由器在本网段端口的 IP 地址，不通则此段线路有问题，通则再 ping 路由器在目标计算机所在同段的端口 IP 地址。不通则是路由出现故障。如果通，进入下一步诊断。

第 4 步：Ping 外部网络中目标 IP 地址

如果不通，说明是外部网络的设备有故障。如果通，Ping 外部网络中的域名地址，如果不通，说明 DNS 配置有故障，就需要正确配置 DNS 的 IP 地址。

如果怀疑计算机和外部主机或服务器之间的连接有问题，可使用 Windows 系统自带的 Tracert.exe 命令。

Tracert 命令能够追踪你访问网络中某个节点时所走的路径，也可以用来分析网络和排查网络故障。比如，我想知道自己访问 www.sina.com.cn 时走的是怎样一条路线，就可以在 DOS 状态下输入 tracert www.sina.com.cn，执行后经过一段时间等待，系统会反馈出很多 IP 地址。最上方的 IP 地址是本地的网关，而最后面一个地址就是 www.sina.com.cn 网站的 IP 地址了。换句话说，从上至下，便是我们访问 www.sina.com.cn 所走过的“足迹”，如图 5-10 所示。

```
Microsoft Windows XP [版本 5.1.2600]
(C) 版权所有 1985-2001 Microsoft Corp.

C:\Documents and Settings\Administrator>tracert www.sina.com.cn

Tracing route to jupiter.sina.com.cn [61.172.201.194]
over a maximum of 30 hops:

  1     1 ms     1 ms     1 ms  58.41.24.1
  2    <1 ms    <1 ms    <1 ms  222.72.255.61
  3     1 ms     1 ms     1 ms  222.72.244.33
  4     3 ms     2 ms     2 ms  61.152.81.46
  5     1 ms     2 ms     2 ms  61.152.87.114
  6     2 ms     2 ms     2 ms  222.72.243.250
  7     1 ms     1 ms     1 ms  61.172.201.194

Trace complete.
```

图 5-10　Tracert 命令

5.3.2　网上邻居访问故障解决

网上邻居作为局域网内两台 PC 之间的桥梁，在我们工作中起着非常重要的作用，但从 Windows XP 发布以后，网上邻居的设置不再像以前那么方便了，经常会出现两台 PC 之间无法互访的问题，同时还会因为其他各种原因使 Windows 的网上邻居出现问题，这个时候我们应该怎么办呢?下面就介绍 Windows 操作系统网上邻居的常遇故障及解决方法。

1．别人无法看到自己的电脑

经检查网络配置，发现是漏装“Microsoft 网络上的文件与打印机共享”所致。

解决办法：“开始”→“设置”→“控制面板”→“网络”，单击“添加”按钮，在网络组件中选择“服务”，单击“添加”按钮，型号中选择“Microsoft 网络上的文件与打印机共享”即可。重新启动后问题解决。

2．可以看见计算机但无法访问

原因：这个是网上邻居的正常现象。主浏览器的列表更新需要每隔一段时间进行，这样客户机得到的浏览列表就不是实时更新的。比如客户机非法关机后，在主浏览器的浏览列表里还会保存很长一段时间，而实际上该计算机已经无法访问了。

解决方案：如果要访问的计算机不在网上邻居的列表里或在列表里却无法通过

NetBIOS 名称访问，可以在地址栏里输入“\\IP 地址”来访问。

3．无法访问局域网内电脑怎么办?

通常我们通过网上邻居访问其他计算机资源是以“guest（来宾）”账户进行的，这一方面是大多数读者所不了解的，因为在实际的访问中，根本没有体现这一点。这个 guest 账户访问是不需输入任何密码的，用户名也不用，由系统默认了（就是 guest 账户）。正因为如此，如果真正能看到共享资源，而且网络连接正常，则很可能是本机上的 guest 账户不可用。解决方法可参考以下方案：

（1）首先启用 guest 来宾账户。

（2）检查用户权利指派，对 guest 账户进行设置，在“控制面板→管理工具→本地安全策略→本地策略→用户权利指派”里，“从网络访问此计算机”中加入 guest 账户，而“拒绝从网络访问这台计算机”中删除 guest 账户。

（3）“控制面板→管理工具→本地安全策略→本地策略→安全选项”里，把“网络访问：本地账户的共享和安全模式”设为“仅来宾-本地用户以来宾的身份验证”（可选，此项设置可去除访问时要求输入密码的对话框，也可视情况设为“经典-本地用户以自己的身份验证”）。

（4）右击“我的电脑”→“属性”→“计算机名”，该选项卡中有没有出现局域网工作组名称，如“work”等。然后单击“网络 ID”按钮，开始“网络标识向导”。单击“下一步”按钮，选择“本机是商业网络的一部分，用它连接到其他工作着的计算机”；单击“下一步”按钮，选择“公司使用没有域的网络”；单击“下一步”按钮，然后输入你的局域网的工作组名，如“work”，再次单击“下一步”按钮，最后单击“完成”按钮完成设置。

一般经过以上步骤，基本可以解决。

5.4　安全模板的设置与使用

Windows XP 操作系统提供了强大的安全机制，但是如果要一一设置这些安全配置，却是非常费时费力的事，如果设置一台本地计算机的安全策略，用户可以通过“本地安全策略”进行设置，具体的操作在本教程前述章节已经有实例（本部分内容略）。

但如果要对网络环境中几十台甚至上百台、上千台计算机进行安全设置，我们会想：有没有一种可以快速配置安全选项的办法呢？答案是肯定的，用安全模板就能快速、批量地设定所有安全选项。

5.4.1　了解安全模板

“安全模板”是一种可以定义安全策略的文件表示方式，安全模板可用于定义的内容见表 5-1。

表 5-1　安全模板定义内容

安全区域	说　明
账户策略	密码策略、账户锁定策略以及 Kerberos 策略
本地策略	审计策略、用户权限分配和安全选项
时间日志	应用程序、系统和安全“事件日志”设置
受限制的组	与安全性相关的组的成员关系
系统服务	系统服务的启动和权限
注册表	注册项权限
文件系统	文件和文件夹权限

将每个模板都另存为基于文本的 .inf 文件。这允许您复制、粘贴、导入或导出某些或所有模板属性。除了 IP 安全性和公用密钥策略之外，可以在安全模板中包含所有安全属性。

系统已经预定义了几个安全模板以帮助加强系统安全，在默认情况下，这些模板存储在“%Systemroot%\Security\Templates”目录下。它们分别是：

1．默认安全设置 （Setup security.inf）

Setup security.inf 是一个针对于特定计算机的模板，它代表在安装操作系统期间所应用的默认安全设置，其设置包括系统驱动器的根目录的文件权限。可将该模板或其一部分用于灾难恢复目的。

2．兼容（Compatws.inf）

提供基本的安全策略，执行具有较低级别的安全性但兼容性更好的环境。放松用户组的默认文件和注册表权限，使之与多数没有验证的应用程序的要求一致。

3．安全（Secure*.inf ）

定义了至少可能影响应用程序兼容性的增强安全设置，还限制了 LAN Manager 和 NTLM 身份认证协议的使用，其方式是将客户端配置为仅可发送 NTLMv2 响应，而将服务器配置为可拒绝 LAN Manager 的响应。

4．高级安全（Hisec*.inf）

提供高安全的客户端策略模板，执行高级安全的环境，是对加密和签名作进一步限制的安全模板的扩展集，这些加密和签名是进行身份认证和保证数据通过安全通道以及在SMB 客户机和服务器之间进行安全传输所必需的。

5．系统根目录安全 Rootsec.inf

确保系统根目录安全，可以指定由 Windows XP Professional 所引入的新的根目录权限。默认情况下，Rootsec.inf 为系统驱动器根目录定义这些权限。如果不小心更改了根目录权限，则可利用该模板重新应用根目录权限，或者通过修改模板对其他卷应用相同的根目录权限。

以上就是系统预定义的安全模板，用户可以使用其中一种安全模板，也可以创建自己需要的新安全模板。

5.4.2 管理安全模板

1．安装安全模板

安全模板文件都是基于文本的.inf 文件，可以用文本打开进行编辑，但是这种方法编辑安全模板太复杂了，所以要将安全模板载入到 MMC 控制台，以方便使用。具体过程如图 5-11 所示。

（1）依次单击“开始”和“运行”按钮，键入“mmc”并单击“确定”按钮就会打开控制台节点；

（2）单击“文件”菜单中的“添加/删除管理单元”，在打开的窗口中单击“独立”标签页中的“添加”按钮；

（3）在“可用的独立管理单元”列表中选中“安全模板”，然后单击“添加”按钮，最后单击“关闭”按钮，这样安全模板管理单元就被添加到 MMC 控制台中了。

为了避免退出后再运行 MMC 时每次都要重新载入，可以单击“文件”菜单上的“保存”按钮，将当前设置保存。

2．建立、删除安全模板

将安全模板安装到 MMC 控制台后，就会看到系统预定义的那几个安全模板，还可以自己建立新的安全模板。

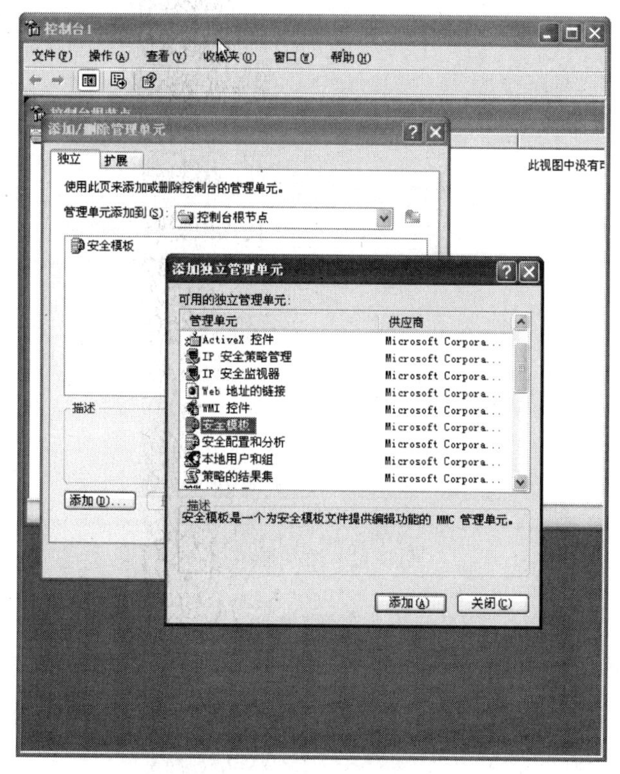

图 5-11　添加安全模板

首先打开“控制台根节点”列表中的“安全模板”，在存储安全模板文件的文件夹上单击鼠标右键，在弹出的快捷菜单中选择“新加模板”选项，这样就会弹出新建模板窗口，在“模板名称”中键入新建模板的名称，在“说明”中，键入新模板的说明，最后单击“确定”按钮。这样一个新的安全模板就成功建立了，如图 5-12 所示。

删除安全模板非常简单，打开“安全模板”，在控制台树中找到要删除的模板，在其上面单击鼠标右键，选择“删除”按钮即可。

3. 应用安全模板

新的安全模板经过配置后，就可以应用了，你必须通过使用“安全配置和分析”管理单元来应用安全模板设置。

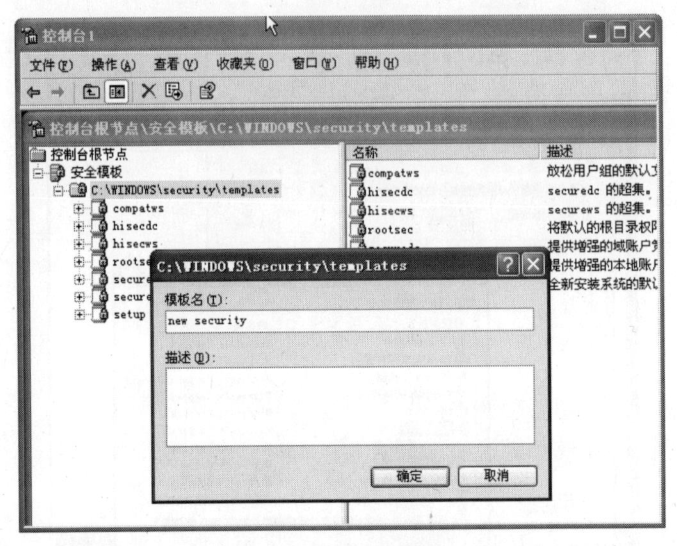

图 5-12　添加新模板

（1）首先要添加“安全配置和分析”管理单元，打开 MMC 控制台的“文件”菜单，单击“添加/删除管理单元”，在“添加独立管理单元”列表中选中“安全配置和分析”，并单击“添加”按钮，这样“安全配置和分析”管理单元就被添加到 MMC 控制台中了；

（2）在控制台树中的“安全配置和分析”上单击鼠标右键，选择“打开数据库”，在弹出的窗口中键入新数据库名，然后单击“打开”按钮；

（3）在安全模板列表窗口中选择要导入的安全模板，然后单击“打开”按钮，这样该安全模板就被成功导入了；

（4）在控制台树中的“安全配置和分析”上单击右键，然后在快捷菜单中选择“立即配置计算机”，就会弹出确认错误日志文件路径窗口，单击“确定”按钮。

这样刚才被导入的安全模板就被成功应用了。

5.4.3　设置安全模板

1．设置账户策略

账户策略中包括密码策略、账户锁定策略和 Kerberos 策略的安全设置，密码策略为密码复杂程度和密码规则的修改提供了一种标准的手段，以便满足高安全性环境中对密码的要求。账户锁定策略可以跟踪失败的登录尝试，并且在必要时可以锁定相应账户。Kerberos 策略用于域用户的账户，它们决定了与 Kerberos 相关的设置，诸如票据的期限和强制实施。

（1）密码策略

在这里可以配置 5 种与密码特征相关的设置，分别是“强制密码历史”、“密码最长使用期限”、“密码最短使用期限”、“密码长度最小值”和“密码必须符合复杂性要求”，如图 5-13 所示。

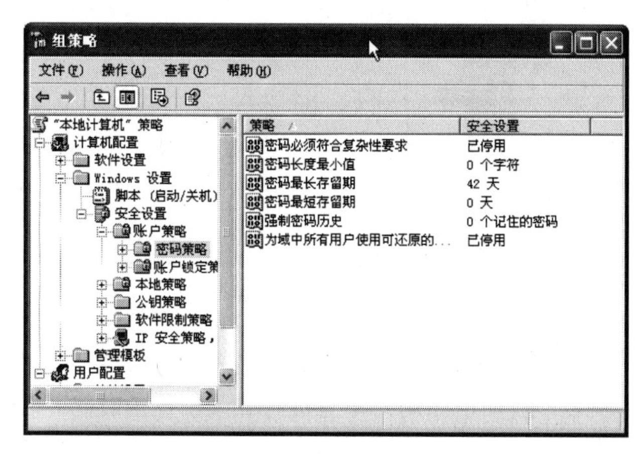

图 5-13　密码策略

- 强制密码历史：确定互不相同的新密码的个数，在重新使用旧密码之前，用户必须使用过这么多的密码，此设置值可介于 0 和 24 之间。
- 密码最长使用期限：确定在要求用户更改密码之前用户可以使用该密码的天数。其值介于 0 和 999 之间；如果该值设置为 0，则密码永不过期。
- 密码最短使用期限：确定用户可以更改新密码之前这些新密码必须保留的天数。此设置被设计为与“强制密码历史”设置一起使用，这样用户就不能很快地重置有次数要求的密码并更改回旧密码。该设置值可以介于 0 和 999 之间；如果设置为 0，用户可以立即更改新密码。建议将该值设为 2 天。
- 密码长度最小值：确定密码最少可以有多少个字符。该设置值介于 0 和 14 个字符之间。如果设置为 0，则允许用户使用空白密码。建议将该值设置为 8 个字符。
- 密码必须符合复杂性要求：该项启用后，将对所有的新密码进行检查，确保它们满足复杂密码的基本要求。如果启用该设置，则用户密码必须符合特定要求，如至少有 6 个字符、密码不得包含三个或三个以上来自用户账户名中的字符等。

（2）账户锁定策略

在这里可以设置在指定的时间内一个用户账户允许的登录尝试次数以及登录失败后该账户的锁定时间，如图 5-14 所示。

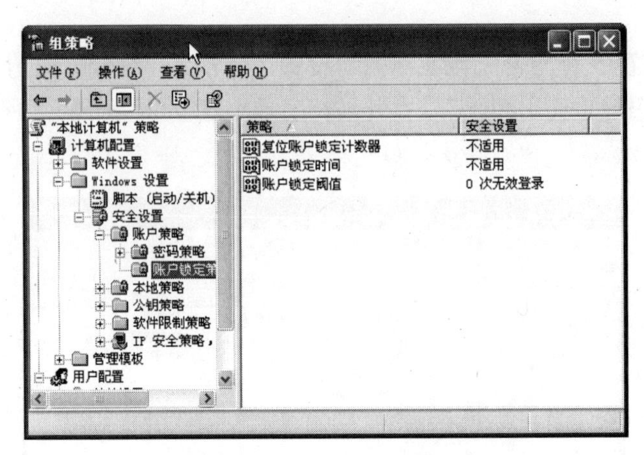

图 5-14　账户锁定策略

- 账户锁定时间：这里的设置决定了一个账户在解除锁定并允许用户重新登录之前所必须经过的时间，即被锁定的用户不能进行登录操作的时间，该时间的单位为分钟，如果将时间设置为 0，将会永远锁定该账户，直到管理员解除账户的锁定；
- 账户锁定阀值：确定尝试登录失败多少次后锁定用户账户。除非管理员进行了重新设置或该账户的锁定期已满，才能重新使用账户。尝试登录失败的次数可设置为 1 到 999 之间的值，如果设置为 0，则始终不锁定该账户。

2. 设置本地策略

本地策略包括审核策略、用户权限分配和安全选项三项安全设置，其中，审核策略确定了是否将安全事件记录到计算机上的安全日志中；用户权利指派确定了哪些用户或组具有登录计算机的权利或特权；安全选项确定启用或禁用计算机的安全设置。

（1）审核策略

审核被启用后，系统就会在审核日志中收集审核对象所发生的一切事件，如应用程序、系统以及安全的相关信息，因此审核对于保证域的安全是非常重要的。审核策略下的各项值可分为成功、失败和不审核三种，默认是不审核，若要启用审核，可在某项上双击鼠标，就会弹出“属性”窗口，首先选中“在模板中定义这些策略设置”，然后按需求选择“成功”或“失败”即可。

审核策略包括审核账户登录事件、审核策略更改、审核账户管理、审核登录事件、审核系统事件等，如图 5-15 所示。

图 5-15　审核策略的配置

- 审核策略更改：主要用于确定是否对用户权限分配策略、审核策略或信任策略作出更改的每一个事件进行审核。建议设置为“成功”和“失败”。
- 审核登录事件：用于确定是否审核用户登录到该计算机、从该计算机注销或建立与该计算机的网络连接的每一个实例。如果设定为审核成功，则可用来确定哪个用户成功登录到哪台计算机；如果设为审核失败，则可以用来检测入侵，但攻击者生成的庞大的登录失败日志，会造成拒绝服务（DoS）状态。建议设置为“成功”。
- 审核对象访问：确定是否审核用户访问某个对象，例如文件、文件夹、注册表项、打印机等，它们都指定了自己的系统访问控制列表（SACL）的事件。建议设置为“失败”。
- 审核过程跟踪：确定是否审核事件的详细跟踪信息，如程序激活、进程退出、间接对象访问等。如果你怀疑系统被攻击，可启用该项，但启用后会生成大量事件，正常情况下建议将其设置为“无审核”。
- 审核目录服务访问：确定是否审核用户访问那些指定有自己的系统访问控制列表（SACL）的 ActiveDirectory 对象的事件。启用后会在域控制器的安全日志中生成大量审核项，因此仅在确实要使用所创建的信息时才应启用。建议设置为“无审核”。
- 审核特权使用：该项用于确定是否对用户行使用户权限的每个实例进行审核，但除跳过遍历检查、调试程序、创建标记对象、替换进程级别标记、生成安全审核、备份文件和目录、还原文件和目录等权限。建议设置为“不审核”。
- 审核系统事件：用于确定当用户重新启动或关闭计算机时，或者对系统安全或安全日志有影响的事件发生时，是否予以审核。这些事件信息是非常重要的，所以建议设置为“成功”和“失败”。

- 审核账户登录事件：该设置用于确定当用户登录到其他计算机（该计算机用于验证其他计算机中的账户）或从中注销时，是否进行审核。建议设置为“成功”和“失败”。
- 审核账户管理：用于确定是否对计算机上的每个账户管理事件，如重命名、禁用或启用用户账户、创建、修改或删除用户账户或管理事件进行审核。建议设置为“成功”和“失败”。

（2）用户权利指派

用户权利指派主要是确定哪些用户或组被允许做哪些事情，如图 5-16 所示。

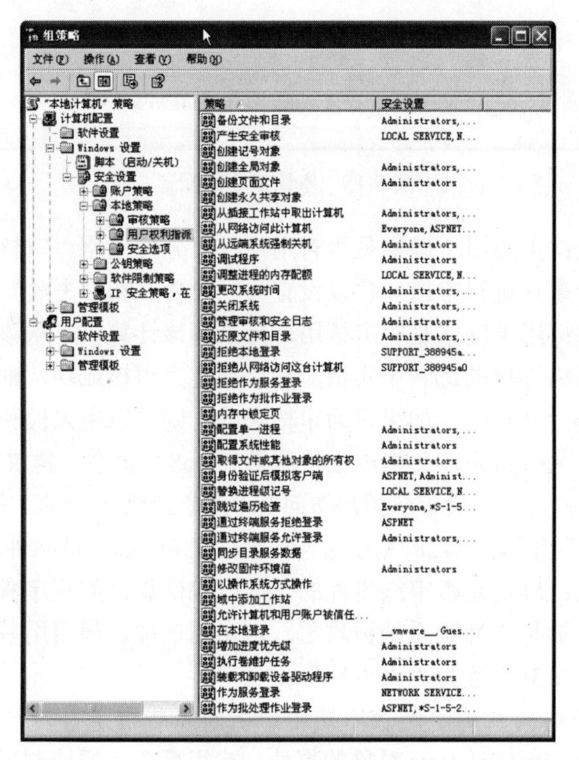

图 5-16　用户权利指派

具体设置方法是：

- 双击某项策略，在弹出“属性”窗口中，首先选中“在模板中定义这些策略设置”；
- 单击“添加用户或组”按钮就会出现“选择用户或组”窗口，先点击“对象类型”选择对象的类型，再点击“位置”选择查找的位置，最后在“输入对象名称来选择”下的空白栏中输入用户或组的名称，输完后可单击“检查名称”按钮来检查名称是否正确；

- 最后单击“确定”按钮即可将输入的对象添加到用户列表中。

（3）安全选项

在这里可以启用或禁用计算机的安全设置，如数据的数字签名、Administrator 和 Guest 账户的名称、软盘驱动器和 CD-ROM 驱动器访问、驱动程序安装行为和登录提示等。

下面介绍几个适合于一般用户使用的设置。

- 防止用户安装打印机驱动程序。对于要打印到网络打印机的计算机，网络打印机的驱动程序必须安装在本地打印机上。该安全设置确定了允许哪些人安装作为添加网络打印机一部分的打印机驱动程序。使用该设置可防止未授权的用户下载和安装不可信的打印机驱动程序。

双击“设备：防止用户安装打印机驱动程序”项，会弹出“属性”窗口，首先选中“在模板中定义这个策略设置”项，然后将“已启用”选中，最后单击“确定”按钮。这样只有管理员和超级用户才可以安装作为添加网络打印机一部分的打印机驱动程序。

- 无提示安装未经签名的驱动程序。当试图安装未经 Windows 硬件质量实验室（WHQL）颁发的设备驱动程序时，系统默认会弹出警告窗口，然后让用户选择是否安装，这样很麻烦，你可以将其设置为无提示就直接安装。

双击“设备：未签名驱动程序的安装操作”项，在出现的“属性”窗口中，选中“在模板中定义这个策略设置”项，然后单击后面的下拉按钮，选择“默认安装”，最后单击“确定”按钮即可。

- 登录时显示消息文字。指定用户登录时显示的文本消息。利用这个警告消息设置，可以警告用户不得以任何方式滥用公司信息或者警告用户其操作可能会受到审核，从而更好地保护系统数据。

双击“交互式登录：用户试图登录时消息文字”项，进入“属性”窗口，先将“在模板中定义这个策略设置”选中，然后在下面的空白输入框中输入消息文字，最多可以输入 512 个字符，最后单击“确定”按钮。这样，用户在登录到控制台之前就会看到这个警告消息对话框，如图 5-17 所示。

3. 设置注册表

这里允许管理员定义注册表项的访问权限（关于 DACL）和审核设置（关于 SACL）。DACL 即任意访问控制列表，它赋予或拒绝特定用户或组访问某个对象的权限的对象安全描述符的组成部分。只有某个对象的所有者才可以更改 DACL 中赋予或拒绝的权限，这样，此对象的所有者就可以自由访问该对象。SACL 即系统访问控制列表，它表示部分对象的安全描述符的列表，该安全描述符指定了每个用户或组的哪个事件将被审核。基本设置过程如图 5-18 所示。

图 5-17 安全选项

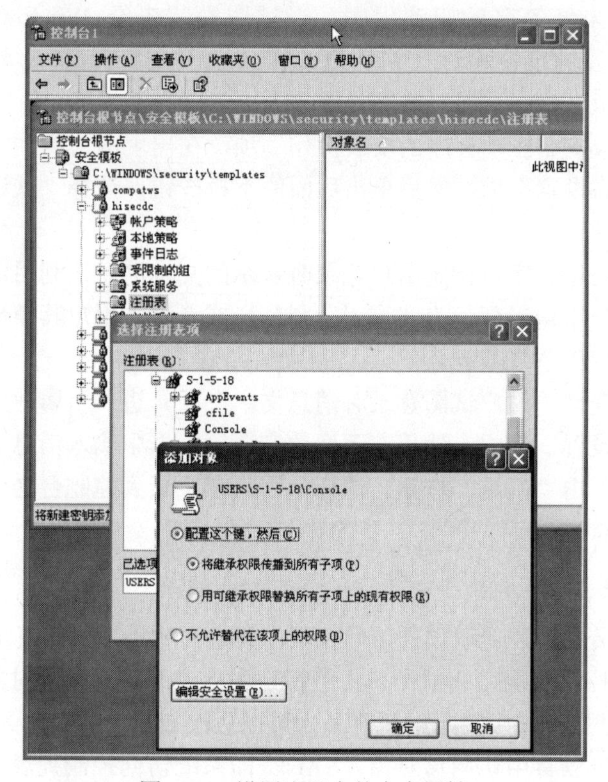

图 5-18 设置注册表的安全属性

（1）在控制台树中，用鼠标右键点击“注册表”节点，在弹出的快捷菜单中选择“添加密钥”；

（2）在“选择注册表项”对话框中，选择好要添加密钥的注册表项，然后单击“确定”按钮；

（3）在“数据库安全设置”对话框中，为该注册表项选择合适的权限，然后单击“确定”按钮；

（4）在“模板安全策略设置”对话框中，选择需要的继承权限方式，最后单击“确定”按钮。

5.5　小结

本章介绍了 Windows XP 的高阶安全问题。文中首先介绍了 Windows XP 的进程管理的基本知识，然后介绍了 Windows XP 的日志与审计的基本方法和原理、网络排错，最后介绍了 Windows XP 的安全模板的设置与使用。

习题 5

一、判断题

1．Windows XP 的所有进程都能终止。　(　　)

2．Windows XP 的进程都能通过任务管理器看到。　(　　)

3．Windows XP 事件查看器收集有关硬件、软件、系统问题方面的信息。　(　　)

4．Windows XP 不能限制软件的执行。　(　　)

5．Ping 命令能够追踪你访问网络中某个节点时所走的路径。　(　　)

二、单选题

1．下列关于文件叙述中，错误的是（　　）

A．Windows XP 系统的有些进程是无法终止的。

B．Windows XP 系统的部分服务是通过 svchost.exe 启动的。

C．Windows XP 系统可以提供丰富的安全模板。

D．Windows XP 系统通过事件查看器能发现所有的异常行为。

2．系统对有效和无效的登录尝试等安全事件记录在以下哪种日志类型里？（　　）

A．系统日志　　　　B．应用程序日志

C．诊断日志　　D．安全性日志

3．哪一个不是安全模板（　　）

A．Compatws.inf　　B．Hisec*.inf

C．Rootsec.inf　　D．App.inf

三、多选题

1．以下属于基本系统进程的有哪些？（　　）

A．CSRSS.EXE

B．TASK.EXE

C．WORD.EXE

D．System Idle Process

E．Explorer.exe

F．系统杀毒软件进程

2．安全模板是一种可以定义安全策略的文件表示方式，安全模板可用于定义的内容包括以下哪些（　　）

A．账户策略

B．本地策略

C．受限制的组

D．控制面板

E．系统服务和时间日志

F．注册表和文件系统

四、思考题

1．请根据 Windows 系统自带工具命令，简要描述网络连接故障的排错过程。

2．简要描述安全模板的设置过程。

CHAPTER 6

第6章　Internet上网安全

引言

截至2007年6月，中国网民总人数达到1.62亿，仅次于美国2.11亿的网民规模，位居世界第二。伴随着Internet网络的广泛应用，网络用户在上网过程中经常会遇到各种各样的安全问题。

小王对Internet有着无尽的兴趣，上网浏览新闻、网上下载软件、网络论坛都少不了他的光顾，周围的同学也大多是这个情况，有些寝室没电脑的同学，甚至会花钱到校外的网吧上网，同学们有时互相开玩笑说，现在一天不吃饭可以，一天不上网可不行。

可是，上网带来便利的同时，同学们也发现了来自网络的各种烦恼和困扰。安博士的课程在讲授完操作系统的安全后，将会介绍关于Internet上网的安全问题，同学们可是从内心想借这门课程，在老师的指引下，能做到安全上网。我们还是先看看安博士给我们确定的本章学习目标吧。

本章目标

- 接入Internet可能面临的安全威胁；
- 部分经典安全工具的配置和使用；
- 网络浏览和搜索时应注意的安全问题。

6.1　Internet接入安全

Internet网络给大家提供了一个网络资源宝库，无论是在办公室还是在家中，用户接入Internet已成为普遍的应用。安全问题伴随着接入Internet网络的产生而产生，像病毒入侵和黑客攻击之类的网络安全事件，几乎每时每刻都在发生。除此之外，还有用户的非法访问和操作，用户邮件的非法截取和更改等都是普遍存在的安全事实。

6.1.1 安全威胁

网络安全事件所带来的危害，相信我们每个计算机用户都或多或少地亲身体验过一些。轻则使电脑系统运行不正常，重则使整个计算机系统中的磁盘数据全盘覆灭，甚至导致磁盘、计算机等硬件的损害。本节我们将列举导致这些网络安全事件的安全威胁，包括恶意程序、流氓软件和黑客入侵。

1. 恶意程序

恶意程序通常是指带有攻击意图所编写的一段程序。

图 6-1 提供了软件威胁或恶意程序的完整分类。这些威胁可以分成两个类别：需要宿主程序的威胁和彼此独立的威胁。前者基本上是不能独立于某个实际的应用程序、实用程序或系统程序的程序片段；后者是可以被操作系统调度和运行的程序。

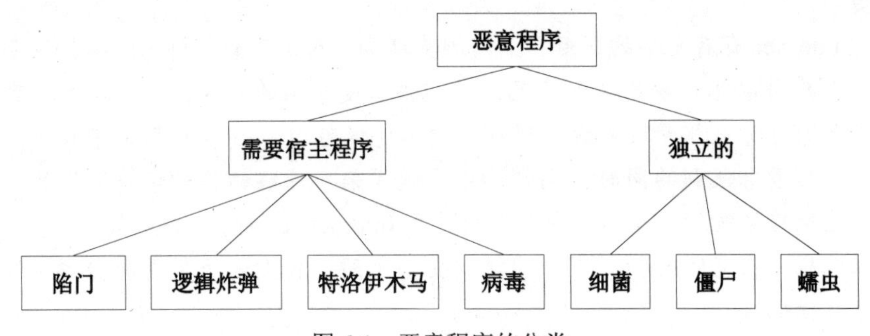

图 6-1　恶意程序的分类

恶意程序主要包括：陷门、逻辑炸弹、特洛伊木马、蠕虫、细菌、僵尸、病毒等。

（1）陷门：计算机操作的陷门设置是指进入程序的秘密入口，它使得知道陷门的人可以不经过通常的安全检查访问过程而获得访问。当陷门被无所顾忌的程序员用来获得非授权访问时，陷门就变成了威胁。

（2）逻辑炸弹：在病毒和蠕虫之前最古老的程序威胁之一是逻辑炸弹。逻辑炸弹是嵌入在某个合法程序里面的一段代码，被设置成当满足特定条件时就会发作，也可理解为“爆炸”，它具有计算机病毒明显的潜伏性。一旦触发，逻辑炸弹的危害性可能改变或删除数据或文件，引起机器关机或完成某种特定的破坏工作。

（3）特洛伊木马：特洛伊木马是一个有用的，或表面上有用的程序或命令过程，包含了一段隐藏的、激活时进行某种不想要的或者有害的功能的代码。它的危害性是可以用来直接地完成一些非授权用户不能直接完成的功能。特洛伊木马的另一动机是数据破坏，程序看起来是在完成有用的功能（如：计算器程序），但它也可能悄悄地在删除用户文件，直至破坏数据文件，这是一种非常常见的病毒攻击。

注　关于木马知识，本教程后续章节有更详细的内容介绍。

（4）蠕虫：网络蠕虫程序是一种使用网络连接从一个系统传播到另一个系统的感染病毒程序。一旦这种程序在系统中被激活，网络蠕虫可以表现得像计算机病毒或细菌，或者可以注入特洛伊木马程序，或者进行任何次数的破坏或毁灭行动。网络蠕虫传播主要靠网络载体实现。如：

- 电子邮件机制：蠕虫将自己的复制品通过邮件发送到另一系统。
- 远程执行的能力：蠕虫执行自身在另一系统中的副本。
- 远程注册的能力：蠕虫作为一个用户注册到另一个远程系统中去，然后使用命令将自己从一个系统复制到另一系统。网络蠕虫程序靠新的复制品作用接着就在远程系统中运行，除了在那个系统中执行非法功能外，它继续以同样的方式进行恶意传播和扩散。

（5）细菌：计算机中的细菌是一些并不明显破坏文件的程序，它们的唯一目的就是繁殖自己。一个典型的细菌程序可能什么也不做，除了在多道程序系统中同时执行自己的两个副本，或者可能创建两个新的文件外，每一个细菌都在重复地复制自己，而且是以指数级地复制，最终耗尽了所有的系统资源（如 CPU、RAM、硬盘等），从而拒绝用户访问这些可用的系统资源。

（6）病毒：病毒是一种攻击性程序，采用把自己的副本嵌入到其他文件中的方式来感染计算机系统。当被感染文件加载进内存时，这些副本就会执行去感染其他文件，如此不断进行下去。典型的病毒获得计算机磁盘操作系统的临时控制，然后，每当受感染的计算机接触一个没被感染的软件时，病毒就将新的副本传到该程序中。因此，通过正常用户间的交换磁盘以及向网络上的另一用户发送程序的行为，感染就有可能从一台计算机传到另一台计算机。在网络环境中，访问其他计算机上的应用程序和系统服务的能力为病毒的传播提供了滋生的基础。

注　关于病毒知识，本教程后续章节有更详细的内容介绍。

（7）僵尸：僵尸程序秘密接管对网络上其他机器的控制权，之后以被劫持的机器为跳板实施攻击行为，这使得发现真正的攻击者变得较为困难，僵尸程序可以应用于拒绝服务攻击，这种攻击的一个典型实例是攻击 Web 站点。攻击者将僵尸程序植入到数百台可信的第三方团体的计算机中，之后控制这些机器一起向受攻击的Web站点发动难于抵挡的流量冲击，使得该站点陷入拒绝服务状态，达到攻击的目的。

2. 流氓软件

流氓软件是对破坏或者影响系统正常运行的软件的统称，具备部分病毒和黑客特征，例如，导致IE浏览缓慢、CPU资源占用高、不断弹出网页、系统频繁死机等。流氓软件属于正常软件和病毒之间的灰色地带，杀毒软件一般不作处理。

> **注** 这些软件也可能被称为恶意广告软件（adware）、间谍软件（spyware）、恶意共享软件（malicious shareware）。

2006年底，在新西兰召开的国际反病毒大会上，来自微软公司的安全研究响应小组公布的报告显示，中国的流氓软件数量居世界第八，美国居第一。在会上微软公布了中国的十大流氓软件：CNSMIN （3721）、CNNIC Chinese keywords（CNNIC 关键字搜索）、Baidu.Sobar（百度搜霸）、Sogou（搜狗）、Baigoo（百狗）、DuduAccelerator（DUDU 加速器）、Caishow（彩秀）、DMCast（桌面传媒）、HDTBar （一种网页工具条）以及 Real VNC（一种远程控制软件）。

中国互联网协会于2006年11月23日正式公布了经过调查后确定的流氓软件的定义：流氓软件是在未明确提示用户或未经用户许可的情况下，在用户计算机或其他终端上安装运行侵害用户合法权益的软件，但不包含中国法律、法规规定的计算机病毒。流氓软件的主要特征表现为以下几个方面。

（1）强制安装：未明确提示用户或未经用户许可，在用户计算机或其他终端上安装软件；

（2）难以卸载：未提供通用的卸载方式，或者在不受其他软件影响、人为破坏的情况下，卸载后仍然有活动程序的行为；

（3）浏览器劫持：未经用户许可，修改用户浏览器或其他相关配置，迫使用户访问特定网站或导致用户无法正常上网的行为；

（4）广告弹出：未明确提示用户或未经用户许可，利用安装在用户计算机或其他终端上的软件弹出广告的行为。

随着流氓软件的恶意行为愈演愈烈，国内也展开了相应的反流氓软件对策，奇虎公司是倡导者。图6-2为新浪网与奇虎公司面向网民的关于流氓软件的联合调查。

3. 黑客入侵

所谓入侵，可以直观地理解为未授权的访问，要想在未授权的情况下访问主机，就需要借助一些非常规的手段，即通常所说的利用主机上的漏洞。人们对蠕虫、病毒和木马等恶意代码已经司空见惯，可是这些恶意代码为什么会存在和流行？这是因为系统和软件存在可利用的缺陷，即漏洞。

>>你认为下面哪些属于流氓软件？(联合奇虎调查)

很棒小秘书	实用网址导航 (酷站导航)	酷客娱乐平台	短信狂人
DMCast桌面传媒/IE-BAR	Deskipn桌面传媒	每步直达网址	阿里巴巴商务直通车
开心运程速递插件	SOLO99	易趣购物按钮	娱乐心空
TargetAD	Hotbar	8848天下搜索	17lele
WinStdup	Media Access广告软件	网址极限	Xbar图铃随E下
网络实名	WebMisc	8848搜索助手	播霸/猫眼网络电视迷你版
百度搜索伴侣	WinCtlAd	如意搜	天天搜索/My网蜜
网络猪	搜易财富火箭	百搜工具条	小蜜蜂
中文上网	Yayad	surfaccuracy	电鹰搜索
无忧上网	U88财富快车	HarrySou ToolBar	NavExcel Adware
windows adtools	划词搜索	3721下载专家	访问加速
中搜地址栏搜索案	一搜工具条	CopySo拷贝搜	彩秀
网络猪后台安装	3721上网助手	太极天下搜索	风雷影音搜索
百度超级搜霸	ACCOONA 工具栏	完美网译通	快搜
博采网摘	使用搜索	虎翼DIY吧	易虎
ISC广告插件	Dudu下载加速器	迷你PP	spoolsv
	17key.net Winkld	i&Bar	wincup

提交　查看

图 6-2　流氓软件调查

在计算机安全中，漏洞是指自动化系统安全过程、管理控制以及内部控制等中的缺陷，它能够被威胁利用，从而获得对信息的非授权访问或者破坏关键数据处理。要保障接入 Internet 主机的安全，必须要保证系统及软件版本处于最新的状态。

为了使得操作系统版本处于最新状态，用户必须打开系统的自动更新功能，如图 6-3 所示，一共有四个选项，笔者建议选择第三个“有可用下载时通知我，但是不要自动下载或安装更新”，我们能自己选择下载安装更新的时间。当有安全更新时，任务栏右下角有图示，鼠标左键点击图标，会弹出如图 6-4 所示的窗口，窗口中会显示本次需要更新的内容。

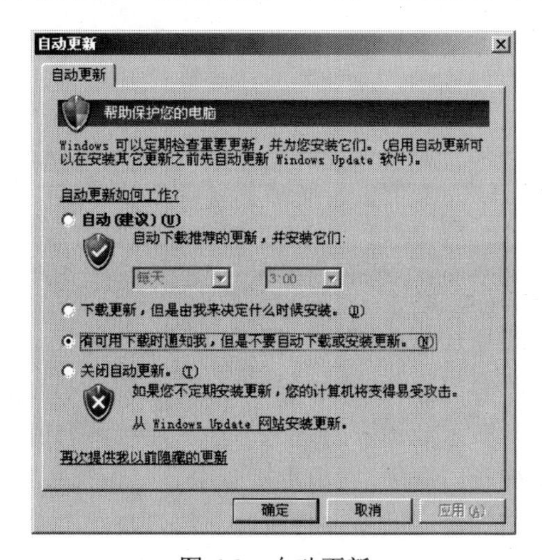

图 6-3　自动更新

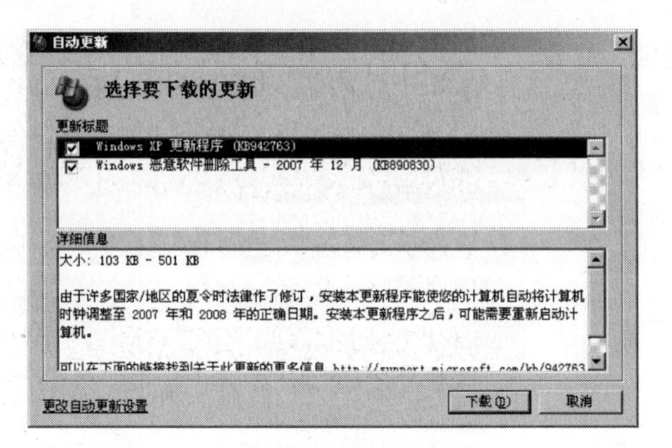

图 6-4　选择要下载的更新

选择您要下载的内容后，单击“下载”按钮，下载完成后，会弹出如图 6-5 所示的“安装更新”窗口，笔者建议选择“快速安装”对更新进行安装。

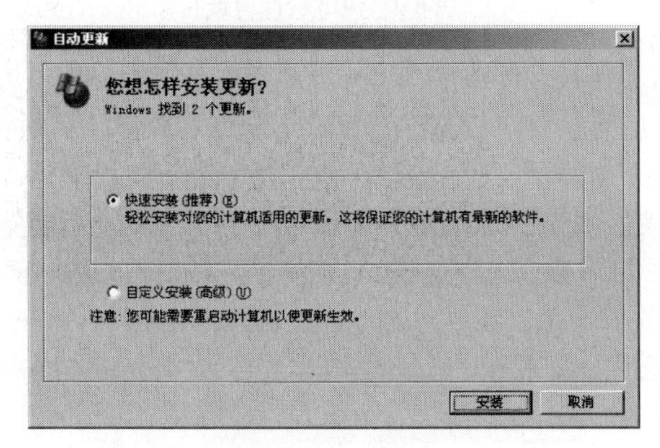

图 6-5　安装更新

用户也可以定期到微软官方网站去检查自身软件的更新，点击“开始”菜单中的“Windows Update”，转到微软的安全更新网站主页。

6.1.2　个人防火墙

防火墙有助于使计算机更加安全。防火墙可以限制从其他计算机传入您的计算机的信息，使您可以更好地控制计算机上的资料。另外，防火墙还可以提供一道防线，防止他人或程序（包括病毒和蠕虫）在未经邀请的情况下尝试连接到您的计算机。

您可以将防火墙想象成一道屏障，它负责检查来自 Internet 或网络的信息（又称通信）。防火墙既可以将通信拒之门外也可以允许它通过，具体取决于您的防火墙设定。

1．Windows XP 防火墙

Microsoft Windows XP Service Pack 2（SP2）引入了一种新的防火墙，可有助于保护系统，更好地抵御恶意用户或恶意软件的攻击。

在 Microsoft XP Service Pack 2 （SP2）中，您可以关闭或打开 Windows 防火墙。默认情况下，系统会为所有的网络接口启用 Windows 防火墙。此配置可以为新的 Windows XP 安装和升级提供网络保护。这种默认配置还有助于保护您的计算机不受系统中新加入的网络连接的影响。

用户可通过“控制面板”进入防火墙配置，在经典的控制面板视图中，能够直接链接到“Windows 防火墙”（或者在控制面板的分类视图中，通过安全中心进入 Windows 防火墙），如图 6-6 所示。

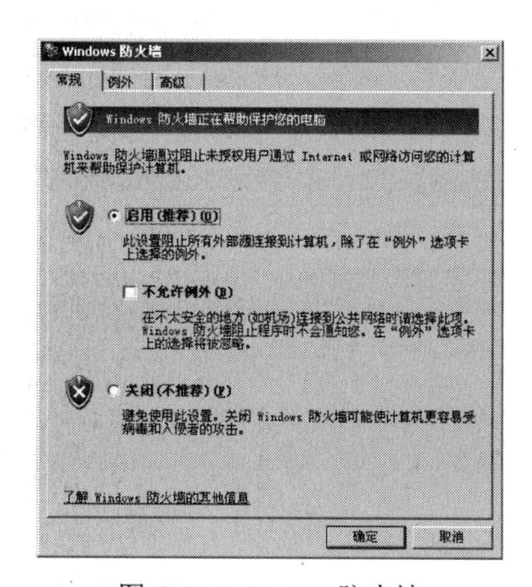

图 6-6　Windows 防火墙

图 6-6 为“Windows 防火墙”配置页面，包括以下选项卡：

- 常规
- 例外
- 高级

（1）“常规”选项卡

在“常规”选项卡包括以下设定：

- 启用（推荐）

当您单击选中“不允许例外”时，Windows 防火墙将阻止所有连接到您的计算机的请求，即使请求来自“例外”选项卡上列出的程序或服务也是如此。防火墙还会阻止发现网络设备、文件共享和打印机共享。当您连接到公用网络（例如，与机场或旅馆相关的网络）

时，“不允许例外”选项十分有用。此设定可以阻止所有连接到您的计算机的尝试，因而有助于保护您的计算机。当您使用 Windows 防火墙并启用了“不允许例外”选项时，您仍然可以查看网页、收发电子邮件或使用实时消息传递程序。

- 关闭（不推荐）

（2）“例外”选项卡

在“例外”选项卡中，使您可以添加程序和端口例外，以允许特定类型的传入通信，如图 6-7 所示。

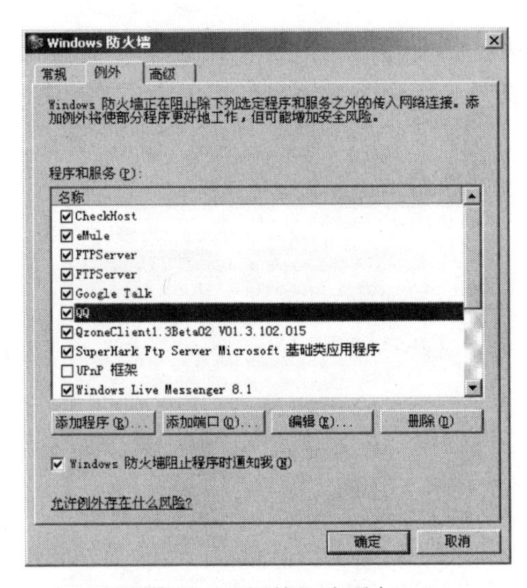

图 6-7 “例外”选项卡

您可以为每个例外设定范围，对于家庭和小型办公室网络，我们建议您在可能的条件下，将范围设定为仅限局域网内部。这样配置可以使同一个子网上的计算机可以与此计算机上的程序连接，但拒绝源自远程网络的通信。

以 QQ 为例，首先选中图 6-7 中的 QQ，然后单击“编辑”按钮，弹出如图 6-8 所示的“编辑程序”窗口，单击左下角的“更改范围”按钮，如图 6-9 所示。

图 6-8 编辑程序

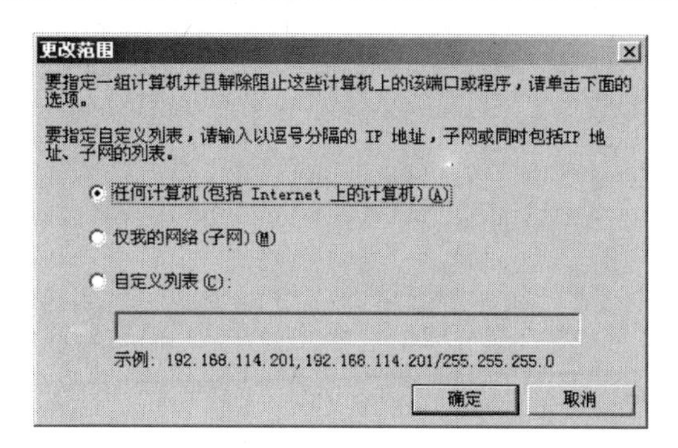

图 6-9　更改范围

（3）“高级”选项卡

“高级”选项卡允许您进行以下配置，如图 6-10 所示。

- 为每个网络接口应用特定于连接的规则，这样就可以为不同的网络制定不同的访问规则；
- 安全日志记录，将成功的连接写入日志，如图 6-11 所示。
- 应用于 ICMP 通信的全局 Internet 控制消息协议（ICMP）规则（此通信用于错误和状态信息的传递）。
- 默认设定，将所有 Windows 防火墙的设置还原为默认状态。

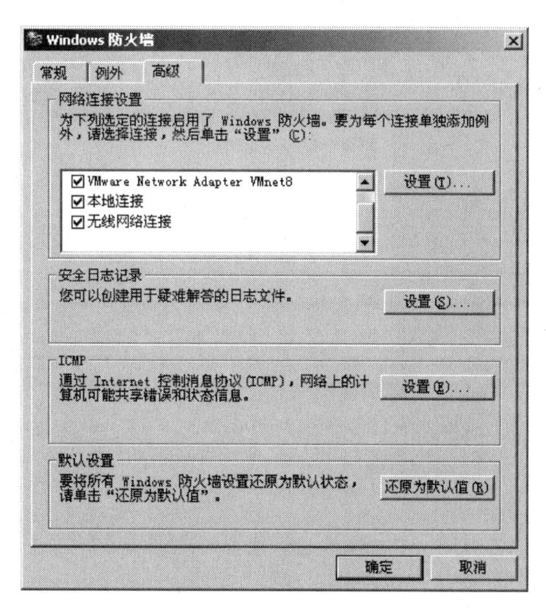

图 6-10　高级选项卡

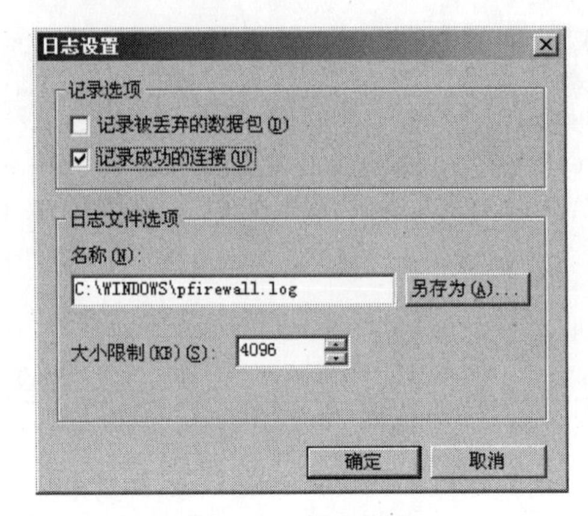

图 6-11　日志设置

2．天网防火墙个人版

天网防火墙个人版（简称为天网防火墙）是一款由天网安全实验室制作的给个人电脑使用的网络安全程序。它根据系统管理者设定的安全规则把守网络，提供强大的访问控制、应用选通、信息过滤等功能。它可以帮你抵挡网络入侵和攻击，防止信息泄露，并可与天网安全实验室的网站相配合，根据可疑的攻击信息，来找到攻击者。天网防火墙把网络分为本地网和互联网，可以针对来自不同网络的信息，来设置不同的安全方案。

当安装完成后，天网防火墙会弹出“天网防火墙设置向导”，如图 6-12 所示。该向导能够帮助用户快速地完成一些基本的安全配置。

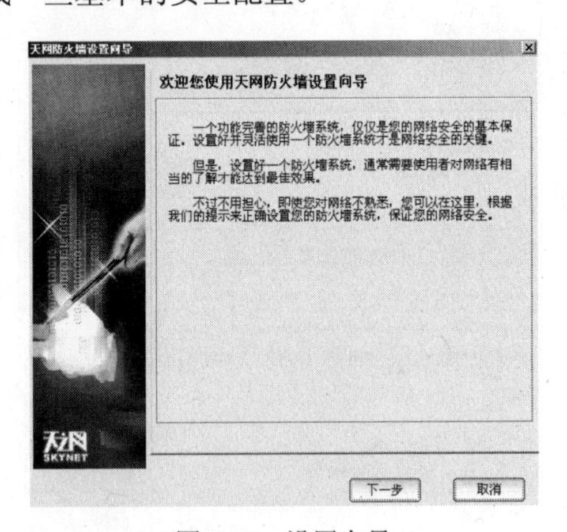

图 6-12　设置向导

单击“下一步”按钮，会继续“防火墙级别设置”，如图 6-13 所示。天网个人版防火墙安全级别分为高、中、低、自定义，默认的安全等级为中，其中各自的安全设置如下。

（1）低：所有应用程序初次访问网络时都将询问，已经被认可的程序则按照设置的相应规则运作。计算机将完全信任局域网，允许局域网内部的机器访问自己提供的各种服务（文件、打印机共享服务），但禁止互联网上的机器访问这些服务。

（2）中：所有应用程序初次访问网络时都将询问，已经被认可的程序则按照设置的相应规则运作。禁止局域网内部和互联网的机器访问自己提供的网络共享服务（文件、打印机共享服务），局域网和互联网上的机器将无法看到本机器。开放动态规则管理，允许授权运行程序开放端口。

（3）高：所有应用程序初次访问网络时都将询问，已经被认可的程序则按照设置的相应规则运作。禁止局域网内部和互联网的机器访问自己提供的网络共享服务（文件、打印机共享服务），局域网和互联网上的机器将无法看到本机器。除了是由已经被认可的程序打开的端口，系统会屏蔽掉向外部开放的所有端口。

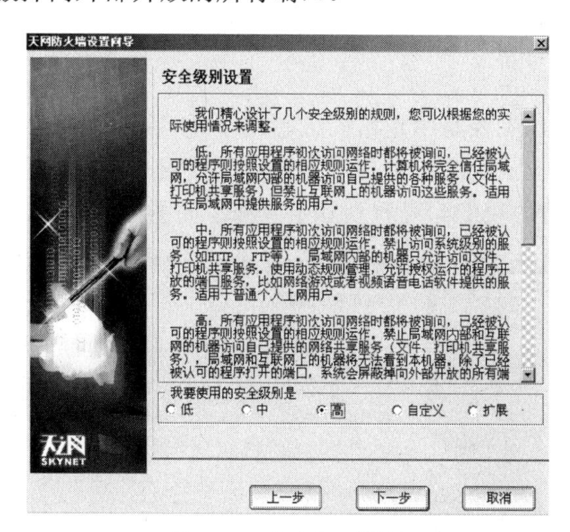

图 6-13　安全级别设置

对于一般的初级用户，可以把安全级别定在中或者高，用天网这两个设定的安全级别，即可以放心拦截绝大多数网络攻击。在有特殊应用的时候，如别人需要通过局域网访问你的共享文件夹，这时再通过主界面，如图 6-14 所示，把安全级别定回到低。对于一些对网络安全有一定了解的用户还可以选择自定义级别。

继续我们的安全向导配置，点击图 6-13 中的“下一步”按钮跳转到“局域网信息设置”窗口，如图 6-15 所示。我们可以看到有两个复选框“开机的时候自动启动防火墙”和“我的电脑在局域网中使用”，另外天网防火墙自动检测出本机的 IP 地址，并显示出来，如果防火墙检测出的 IP 地址不正确，用户还需自己手动修改。我们在上述两个复选框中，都勾选上，并点击“下一步”按钮，进入“常用应用程序设置”页面，如图 6-16 所示。

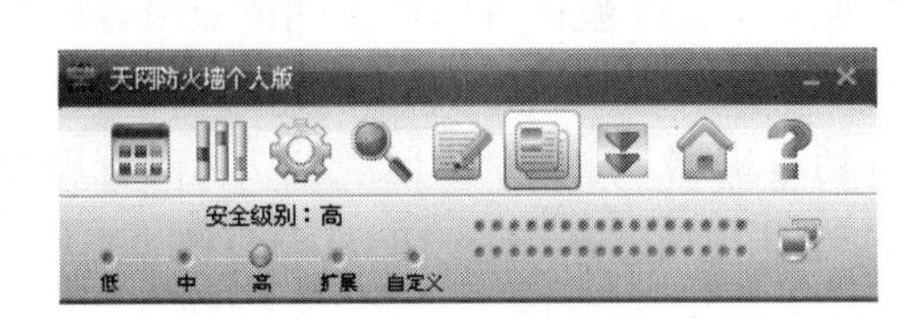

图 6-14　主界面

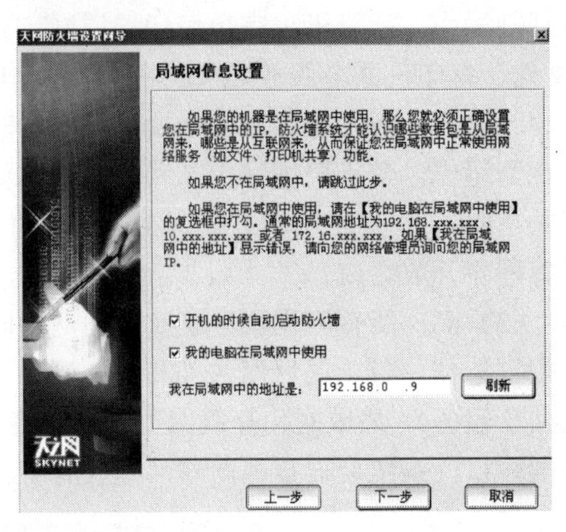

图 6-15　局域网信息设置

常用应用程序设置，主要是给正常的应用程序开放访问网络的权限，从而防止一些恶意程序（例如木马）的非法行为。单击“下一步”按钮即完成了此次“天网防火墙设置向导”。重新启动计算机后，我们即可看到其主界面，如图 6-16 所示。

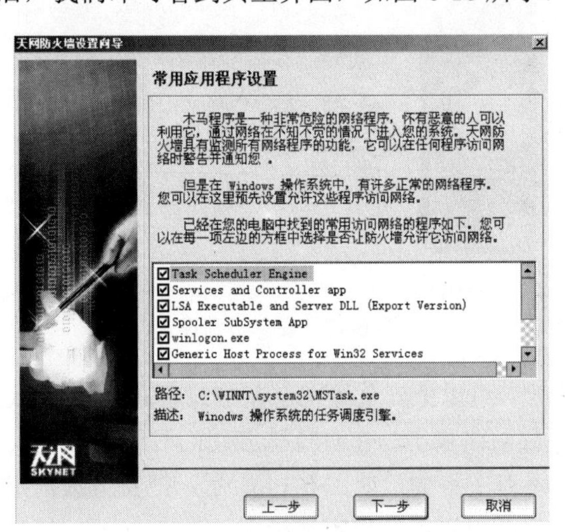

图 6-16　常用应用程序设置

在防火墙的使用过程中，当一个新的应用程序访问网络时，都会经过天网防火墙，如图 6-17 所示，即当 Firefox 浏览器访问网络时，天网防火墙弹出的提示窗口。因为我们知道，Firefox 是一个正常的网络应用程序，因此我们选中“该程序以后都按照这次的操作运行”复选框，并单击“允许”按钮，使得 Firefox 正常运行。防火墙的此项功能能够一定程度上防止一些恶意程序访问网络，当天网防火墙弹出某个警告信息是，用户看到是某个不熟知应用程序时，建议通过 Google 或者 Baidu 查询一下程序的合法性，然后再作进一步的操作。

天网防火墙的应用程序访问网络规则就是为了弥补传统基于IP包过滤的防火墙的无法控制内部应用程序的缺陷而设计的。它是专门用于防火墙对用户计算机内部的应用程序访问网络做审核，使得潜藏于计算机内部的后门软件或者非法进程无法对用户的计算机造成危害。当然，也可以对某个应用程序进行更高级的“访问规则设置”。单击主界面按钮，可以查看到防火墙所有允许访问网络的应用程序列表，单击相应某个应用程序的“选项”按钮，即可对其规则进行高级配置，图 6-18 为 Firefox 的高级设置页面。

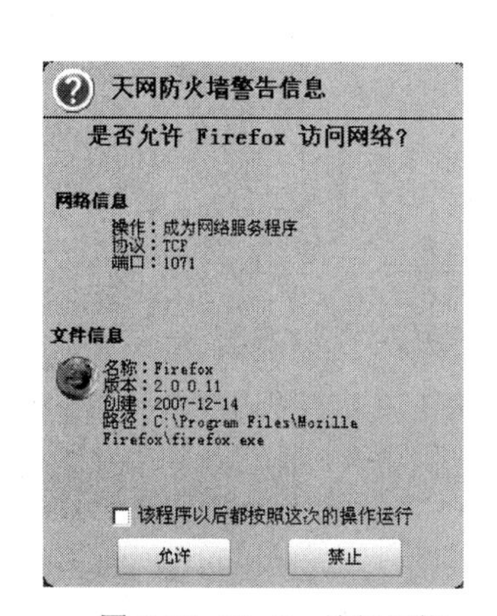

图 6-17　Firefox 访问网络

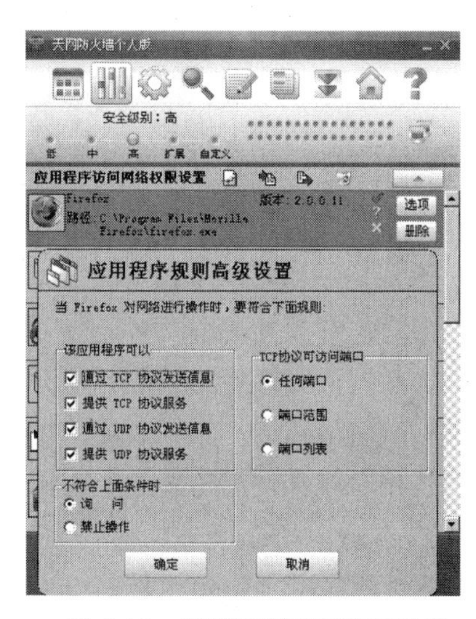

图 6-18　应用程序规则高级设置

天网个人版防火墙将会把所有不合规则的数据包拦截并且记录下来，每条记录从左到右分别是发送/接受时间、发送 IP 地址、数据包类型、本机通讯端口、对方通讯端口、标志位。天网个人版防火墙可以拦截绝大多数网络攻击数据包和一些病毒感染攻击数据包，如木马攻击、Floop 攻击等，这些数据被拦截后，会被记录在日志上，你可以通过查看日志很快找出攻击者的攻击时间和 IP 地址。单击主界面标志，可看到最新日志，如图 6-19 所示。

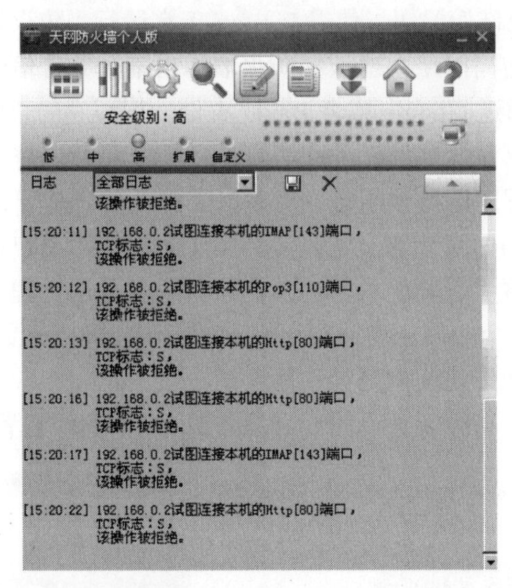

图 6-19　安全日志

6.1.3　网络病毒防范

用户电脑连接到 Internet 网络之后，就等于打开了通向网络世界的大门，计算机网络病毒也将乘虚而入，网络病毒是一种新型病毒，它的传播媒介不再仅仅是移动式载体，而是更多通过网络通道传播，这种病毒的传染能力更强，破坏力更大。同时有关调查显示，通过电子邮件和网络进行病毒传播的比例正逐步攀升，它们给人们的工作和生活带来了很多麻烦。

对于大多数普通电脑用户来说，主要还是通过选用专门的杀毒软件自动防护和清除。

现在杀毒软件能做到不仅仅是查杀病毒，目前大多数杀毒软件已经具备实时监控、主动防御、反垃圾邮件等更多功能。目前用于个人电脑上的杀毒软件的种类非常多，如国内的瑞星杀毒软件、江民杀毒软件等，国外俄罗斯的卡巴斯基、美国的 McAfee 和诺顿等。

注　本教程中有专门章节介绍如何防范病毒，在本节中不再展开介绍。

6.1.4　安全工具

拥有了防火墙和杀毒软件，再将系统的自动更新功能打开，一定程度上保证了主机的安全。当然为了使得对某些安全操作更加方便快捷，我们还需要其他第三方安全工具的帮助。本节我们将介绍奇虎公司的“360 安全卫士”。

360 安全卫士是由奇虎公司推出的完全免费的安全类上网辅助工具软件，它拥有查杀流行木马、清理恶意系统插件、管理应用软件、卡巴斯基杀毒、系统实时保护、修复系统漏洞等数个强劲功能，同时还提供系统全面诊断、弹出插件免疫、清理使用痕迹以及系统还原等特定辅助功能，并且提供对系统的全面诊断报告，方便用户及时定位问题所在，真正为每一位用户提供全方位系统安全保护，是一款非常实用的安全辅助工具，本部分我们将详细介绍一下此工具的漏洞修复、清除流氓软件等功能。

1．漏洞修复

如果你安装了 360 安全卫士，那么你有没有打开系统的自动更新功能便无所谓了，因为，360 安全卫士将会自动帮助你检查系统是否有最新的安全漏洞需要修复，并且会提供非常便捷的方式让你能够将漏洞修复。

为了能够让安全卫士实时地提示漏洞信息，首先我们必须对其配置为“实时保护”，如图 6-20 所示，单击菜单栏中的“保护”→“开启实时保护”，我们会看到一共有四种实时保护功能：“恶评软件入侵拦截”、“恶意网站及钓鱼网站拦截”、“系统关键位置保护”和“系统漏洞及其他信息提示”。为了保证系统的安全，用户最好将这四种实时保护功能全部开启。

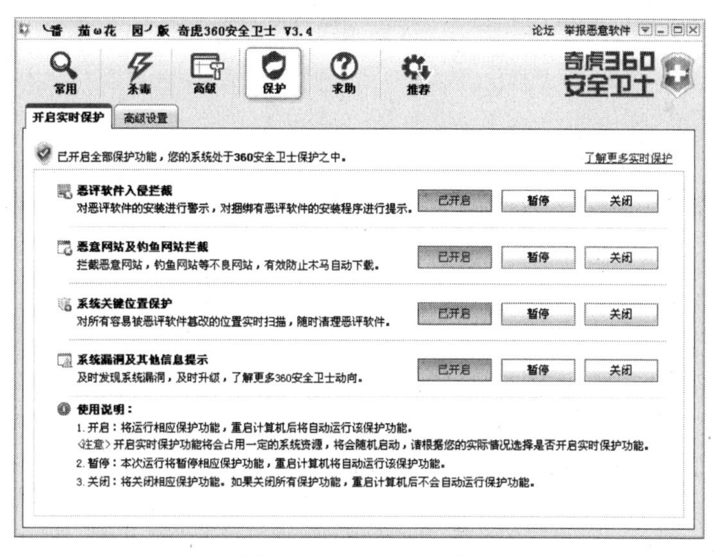

图 6-20　开启实时保护

当“系统漏洞及其他信息提示”实时保护功能开启后，当有新的系统漏洞补丁存在时，360 安全卫士便会自动弹出如图 6-21 所示的补丁提示窗口，提示用户下载并修复漏洞。

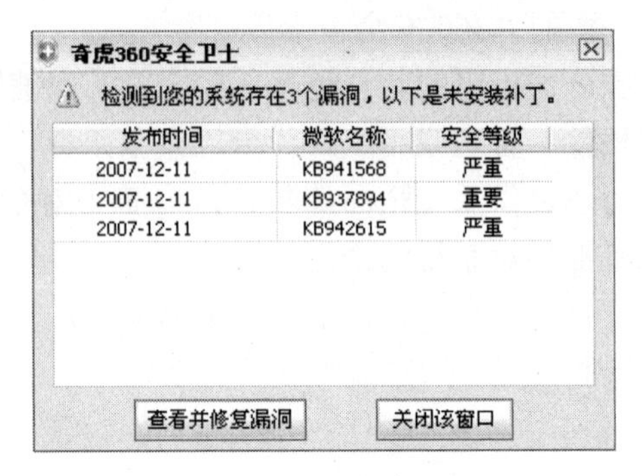

图 6-21　漏洞提示

用户点击图 6-21 中的“查看并修复漏洞”按钮时，360 安全卫士会弹出如图 6-22 所示的窗口，将要修复的安全漏洞信息呈现出来，这些信息包括“安全等级”、“漏洞公告号”、“补丁名称”、“修复的漏洞的名称”、“补丁发布时间”和“安全要求”。

图 6-22　漏洞列表

将要修复的补丁全选，并选择“下载并修复”，安全卫士会自动地将所有的漏洞补丁一个一个从官方网站上下载下来，当把所有的补丁都下载完成后，安全卫士会逐个地将补丁进行安装。

另外，除了等待安全卫士自动的弹出窗口提示进行漏洞修复的同时，用户也可以通过菜单栏中的“常用”→“修复系统漏洞”来自行查看并修复漏洞，如图 6-23 所示，我们可以单击“重新扫描”按钮，定期对系统漏洞或者新的补丁进行扫描。

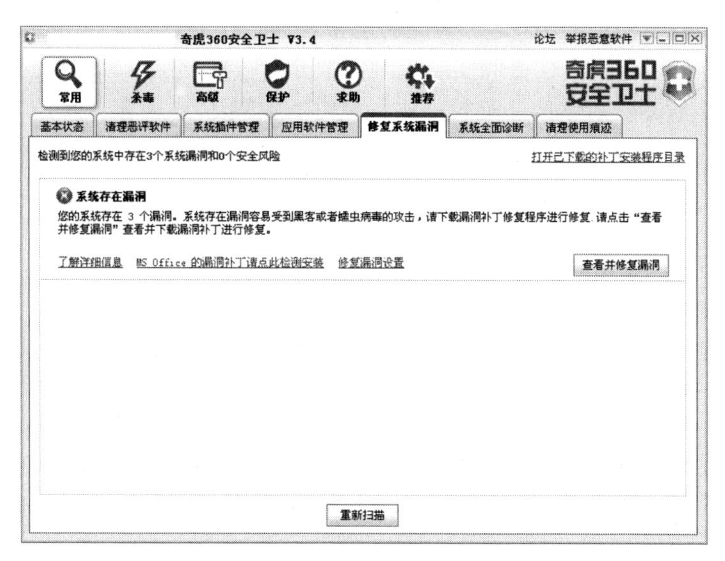

图 6-23　修复系统漏洞

2. 清除流氓软件

如图 6-24 所示，通过菜单栏中“常用”→“清理恶评软件”，我们转到扫描流氓软件界面。360 安全卫士拥有自己的流氓软件特征库，安全卫士，会一一在系统中比对并试图发现某种流氓软件的存在。

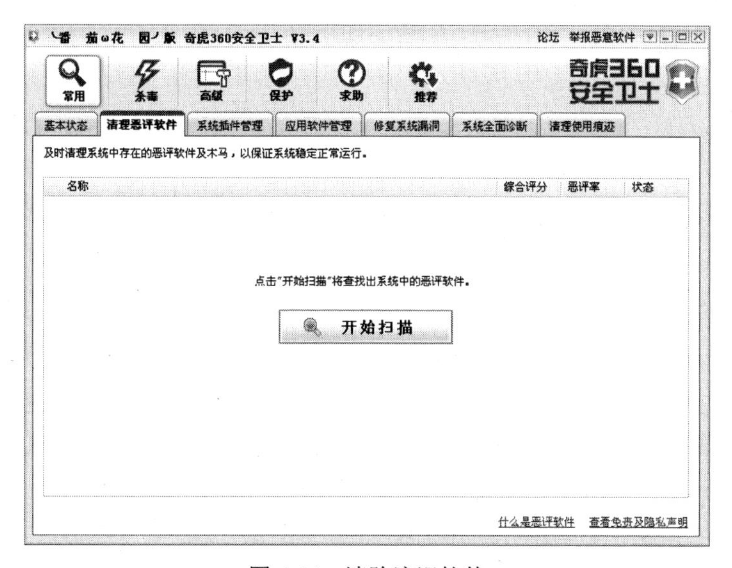

图 6-24　清除流氓软件

上面我们也提到，在“实时保护”的功能中，有一个实时保护功能是“恶评软件入侵拦截”，此功能对于预防流氓软件的安装起到了十分有效的功能。另外我们通过菜单栏中的“高级”→“插件免疫”对某些流氓软件进行免疫，如图 6-25 所示。

图 6-25　插件免疫

6.2　网络浏览

许多用户在浏览网页时，只是特别关注浏览器显示的内容，而对浏览器内部究竟发生了什么没有过多的想法，从而很容易给自己的计算机带来安全危险。当浏览网页或者用 E-mail 客户端收发 E-mail 时，活动内容（Active content）和 Cookie 是常见的两种容易导致安全威胁的因素。

1．什么是活动内容？

为了给自己的网页增加功能或装饰，网站往往依赖可以在 Web 浏览器中执行的脚本程序。这种活动内容，可以用来制造各种漂亮的页面，也可以制作下拉式选择选单。不幸的是，这些脚本往往给恶意攻击者提供了在用户的计算机里下载或执行恶意代码的机会。

JavaScript——JavaScript 是一种被广泛认可并被使用的 Web 脚本，当然 Web 脚本不止 JavaScript 一种，例如 VBScript、ECMAScript 和 JScript 也都是 Web 脚本，JavaScript 和其他脚本几乎用在所有的 Web 站点上。JavaScript 和其他 Web 脚本之所以会这么流行，是因为用户期望它们所提供的功能及视觉效果，而且它们与浏览器能够很好地结合，目前大多数建立 Web 站点的工具都能够提供 JavaScript 的特性。正因为 JavaScript 和其他脚本如此的流行及其强大的功能，恶意攻击者能够利用它们达到自己的非法目的。最常见的一个攻击手段是网站的重定向，即攻击者使用户正在访问的正常的站点重定向到一个非法的恶意站点，并且从此恶意站点下载病毒木马或者流氓软件到用户的机器里。

Java 和 ActiveX 控件——与 JavaScript 不同，Java 和 ActiveX 控件是存放在用户机器里实际的程序，或者可以通过网络下载到用户的浏览器中。如果某些不可信任的 ActiveX 控件被恶意攻击者执行，那么恶意攻击者可以在用户的机器里执行任何操作，例如运行间谍软件收集用户的敏感信息，将用户的机器通过网络连接到其他的计算机上，或者删除用户的一些重要资料等。一般来说，Java 的小程序运行在受限的环境中运行，但是如果那个环境是不安全的，那么就会给恶意的 Java 程序提供了攻击的机会。

JavaScript 和其他形式的活动内容并不总是危险的，但它们的确是恶意攻击者的攻击工具。用户可以在大多数的情况下阻止活动内容的运行，不过在保证了安全的同时，也一定程度上限制了站点原有的功能，用户可能无法完全体验网站原有的面貌。当用户点击浏览一个陌生或者自己不信任的站点时，为了保证自身的安全，最好阻止一切活动内容。

2. 什么是 Cookie？

当用户在 Internet 上浏览时，用户的计算机信息可能会被收集并且保存。被保存的信息可能是用户计算机上最常规的信息，例如 IP 地址、用户常常连接的域名（edu、com、net 等）或者用户使用的浏览器的类型；被保存的信息也可能是非常具体的信息，例如用户最后一次访问的站点是什么，用户在该站点上都有哪些行为等。

Cookie 可以有不同的保存时间。

Session Cookie——Session Cookie 保存信息的时间与用户使用浏览器的时间相同，一旦用户关闭了浏览器，则 Session Cookie 里保存的信息会被清除。Session Cookie 最初的目的是用于网站的导航，例如标识哪些页面用户曾经浏览过，哪些没浏览过。

Persistent Cookie——Persistent Cookie 将会保存用户的个人爱好在计算机里，在多数的浏览器里，用户都可以设定 Persistent Cookie 有效期。怎样的信息会保存在 Persistent Cookie 里呢？例如，用户在 Hotmail 主页登录邮箱时保存的用户名和密码都是存放在 Persistent Cookie 里的。如果某个恶意攻击者获取到了访问计算机的权限，那么恶意攻击者将会通过 Cookie 文件来收集你的个人信息。

为了增强安全等级，用户可以调整你的隐私和安全策略设置，来阻止或者限制浏览器中的 Cookie 功能。要确保其他网站不会在你不知道的情况下收集你的个人资料，请选择只在你访问过的网站开启 Cookie 功能。如果你使用的是公共计算机，你应当确认 Cookie 是被禁止的，这样就能防止其他人访问或者使用你的个人信息了。

6.2.1 浏览器安全

浏览器（browser）是客户端的一个应用程序，它的主要功能是向Web服务器发送各种请求，并对从服务器发来的由HTML语言定义的超文本信息和各种多媒体数据进行解释执行。早期的浏览器只是用来阅读HTML语言编写的文档，对于网络并没有构成威胁。但是，随着新技术的不断发展，特别是JavaScript、VBScript、Java应用程序及ActiveX控件的广泛应用，使浏览器的功能大大增强，丰富了网上资源，却也给网络带了新的安全问题。因此，浏览器的安全对用户的网络浏览的安全保护具有重要的意义。

1. Internet Explorer

Internet Explorer是微软公司开发的网络浏览器软件，目前的最新版本为7.0，建议用户使用最新版本的IE浏览器，以便在网络浏览时降低安全攻击的威胁。

Internet Explorer 7.0在安全方面增加了多项功能特性，其中包括：

（1）加载项管理

用户可以查看并管理 IE 中已经安装的各种加载项。

（2）隐私保护

在老版本IE中，要删除历史记录、Cookie以及IE缓存内容，用户必须在不同的选项下操作，不仅麻烦，而且容易造成遗漏。在IE7中有一个专门的选项，可以让用户选择性删除某些或者全部隐私数据。

（3）过滤钓鱼欺诈页面（Phishing Filter）

当你浏览的页面有模仿被信任站点的嫌疑时，Phishing Filter功能将首先核实网页地址，并和微软官方数据库进行对照，如果该站点出现于微软的Phishing站点数据库，IE会向用户做出警告。

（4）安全证书识别

很多网站（尤其是涉及金融等服务的网站）为了保护访客的私人信息，往往会使用SSL技术对网络通讯进行加密。然而加密所用的证书是可能被仿造的，为了防范这种问题，IE7中包含了一个安全证书识别功能。

IE安全的安全设置通常需要使用者进行需要权衡。一方面，需要将IE设置得足够安全以让浏览器不被那些恶意的间谍软件或脚本、病毒等侵入。另一方面，如果IE安全设置过于严密，在浏览网站时就有可能带来许多不便。

IE提供了受信任的站点、受限制的站点、Internet网络以及本地Internet四个安全分区，如图6-26所示。IE允许用户给每个分区设定不同的安全级别。对于IE的安全设置，其中非常重要的就是创建安全有效的安全分区。

- 受信任的站点

受信任的站点是用户绝对信任的网络站点的分区。该分区的安全默认设置为低。同时，你应该把分区安全设置调到最高以减少被攻击的可能。受信任的站点应该只有哪些绝对信任的站点，但是要强调的是，没有几个站点是值得绝对信任的。一般这个分区只能包括那些可以直接控制的站点。

- 受限制的站点

受限分区中是用户不能信任的站点。如果一个站点在受限分区的话，IE 虽然不会阻止用户在分区站点中登录，但会将用户认为的恶意站点作标记。

显然，IE 将受限分区的默认级别设置到最高。最好的方法是把那些恶意网站站点的列表加入到受限分区中。

- Internet 网络

常见站点默认都是在 Internet 网络分区里。这一分区中的安全级别默认设置为中等，大多数网站在该级别下可以顺利显示并不会带来太大的破坏。当然也有计算机因为访问恶意网站而被间谍程序入侵的案例，因此中等的安全级别是不足够防御很多的风险的。当然用户可以降低这一安全级别，甚至可以将其设为最低，但是建议把所有关于 Active X 的选项全部取消。很少的合法网站会使用 Active X，但是 ActiveX 程序却是间谍程序最喜欢使用的攻击方式之一。

- 本地 Intranet

局域网中有着较为宽松的许可设置，如果单位内部有局域网，可以将它的 URL 加入到本地 Intranet 分区。如果单位内部没有局域网，建议把本地 Intranet 分区的安全级别设为最高。同样，这就可以降低一些人把未获准的站点加入本地 Intranet 列表而使浏览器受攻击的风险。

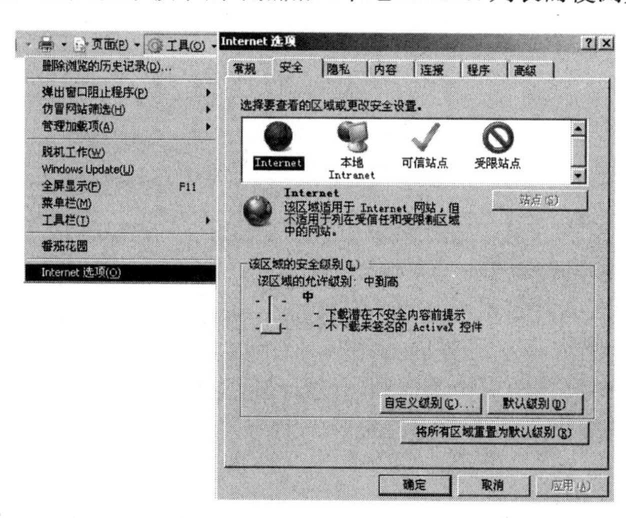

图 6-26　Internet 安全选项

2．Firefox

Firefox 是 Mozilla 基金会开发的一个轻便、快速、简单和高扩展性的浏览器，用开源代码开发，它也是目前比较主流的浏览器，最近也推出了新的版本——Firefox 2.0。它使用 Gecko 核心引擎技术，打开网页速度更加迅速。Gecko 核心引擎技术是由 Netscape Navigator 公司和 Mozilla 组织研究开发专门用于网页浏览方面的技术，使得网页解译速度更快，安全性更高。它能完全支持各种最新版本的网页语言，也被很多人视为革命性的下一代浏览器引擎。

相比于微软的 IE 浏览器，由于 Firefox 没有被整合到 Windows 操作系统中，很大程度降低了被病毒和黑客利用的机会。同时 Firefox 不支持 VBScript 和 ActiveX，使用者对 cookie 等个人隐私信息也有完全的控制权，所以也提升了安全性。不过随着用户数的大量增加，像 IE 浏览器那样 Firefox 也开始暴露出很多安全漏洞。同时正如 IE 中的 Active 控件存在很多漏洞一样，Firefox 也遭受这样的情况，如 Greasemonkey，这个插件可以部分改变网站的设计以符合用户的需求，但同时也可以被恶意程序利用来读取和定位用户机上的文件，或者列出某个目录里的内容，所以 Firefox 的安全性能也越来越受到人们的质疑。

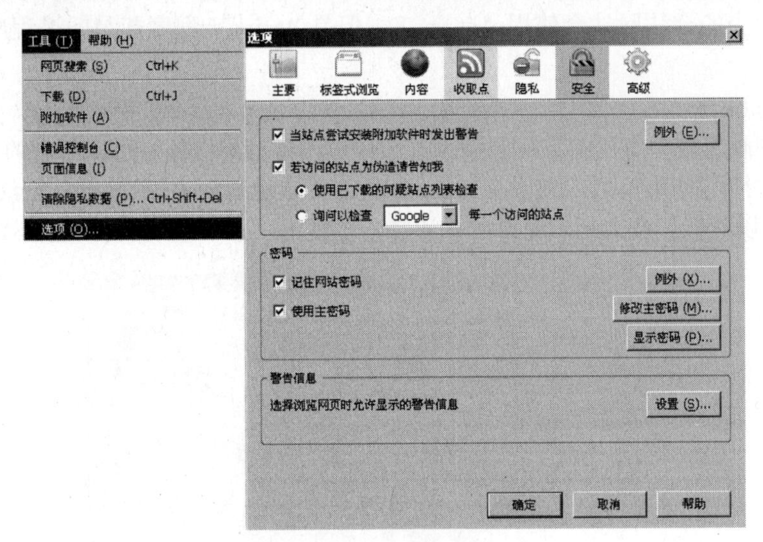

图 6-27　Firefox 选项

我们通过 Firefox 浏览器中“工具”→“选项”来对其进行安全配置，如图 6-27 所示。一般来说，我们按照其默认配置即可，有两个地方仍需注意一下。

（1）主密码

Firefox 可以使用主密码加密保护像保存的密码或证书等这样的敏感信息。我们通过点击图 6-27 中的“修改主密码”按钮来弹出如图 6-28 所示的修改主密码界面。

如果用户创建了主密码，每次启动 Firefox 的时候都会要求您输入初次读取保存的密码或证书所需要的密码，如图 6-29 所示。

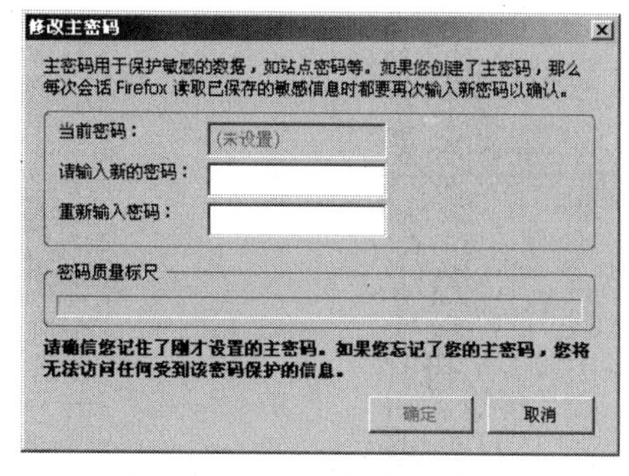

图 6-28　设置主密码

图 6-29　需要密码

（2）安全警告

单击图 6-27 中警告信息“设置”按钮，弹出如图 6-30 所示的安全警告设置页面。我们可以看到有如下几个选项。

- 我将访问加密页时

启用此选项首选项时，Firefox 会在您每次要查看加密页面时通知您。例如，如果选择此项功能，那么当用户访问了加密网页，则 Firefox 会弹出如图 6-31 所示的安全警告提示。

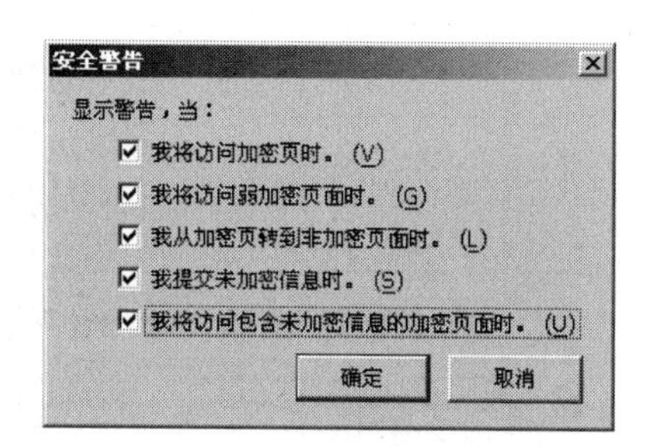

图 6-30　安全警告设置

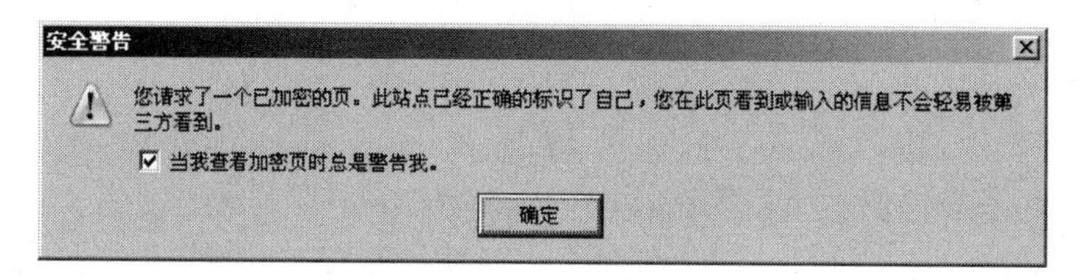

图 6-31　安全警告提示

- 我将访问弱加密页面时

启用此选项首选项时，Firefox 会在您访问使用弱加密算法的页面时警告您。

- 我从加密页转到非加密页面时

如果启用此选项首选项，当您通过选择页面上的链接、选择书签或在地址栏输入一个新的地址，从非加密页面转到加密页时，Firefox 每次都会警告您。

- 我提交未加密信息时

启用此选项首选项时，Firefox 会在您通过未加密表单提交数据时警告您。

- 我将访问包含未加密信息的加密页面时

启用此选项首选项时，Firefox 会在您查看的页面包含加密和未加密混合内容时警告您。如果某个加密页面包含未加密数据，您在输入敏感数据之前应该验证页面身份。

Firefox 对安全警告的默认配置是全部选中（如图 6-30 所示），但是在默认配置的情况下，会对网页浏览有一定的影响。如果用户对某种安全警告感兴趣，请定制相应的配置，而不要全部选中。

6.2.2 个人隐私保护

在浏览 Web 时，浏览器会存储有关您访问的网站的信息，并存储经常要求您提供的信息（例如您的姓名和地址）。以下是浏览器存储的信息类型列表。

1. 临时 Internet 文件。

2. Cookie，Cookie 是存储在您的计算机上的一段文本信息，它由互联网站点创建，并含有诸如您的浏览偏好一类的信息。

3. 曾经访问的网站的历史记录。

4. 您曾经输入网站或地址栏的信息（这称为“保存的表单数据”，包括名称、地址和您以前访问的网站地址等内容）。

5. 密码。

6. 浏览器加载项存储的临时信息。

通常，将此信息存储在计算机上是有用的，因为它可以提高 Web 浏览速度，或自动提供信息，以便您无须多次重复键入信息。如果您正在清理计算机，或您正在使用公用计算机，不希望留下任何个人信息，则可能需要删除该信息。

以 Cookie 为例，由于 Cookie 中包含了个人身份的信息，因此为了保护个人隐私，我们应该控制 Cookie，选择屏蔽某些网站的 Cookie 或删除系统中的无用 Cookie。IE7 用户可以通过点击“页面”→“网页隐私策略”转到“隐私报告”窗口，如图 6-32 所示。

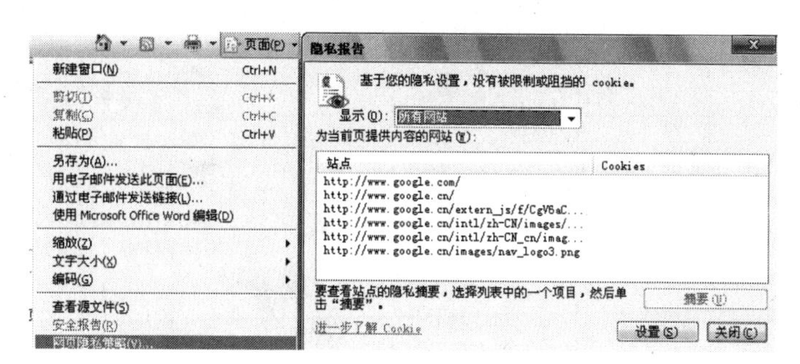

图 6-32　隐私报告

为了保护用户的个人隐私，用户需要通过浏览器提供的一些功能手动对上述信息进行清除。在 IE7 浏览器中，通过“工具”→“Internet 选项”→“浏览历史记录”，如图 6-33 所示，单击“删除”按钮弹出图 6-34 所示的窗口，从而可以删除相应的记录。

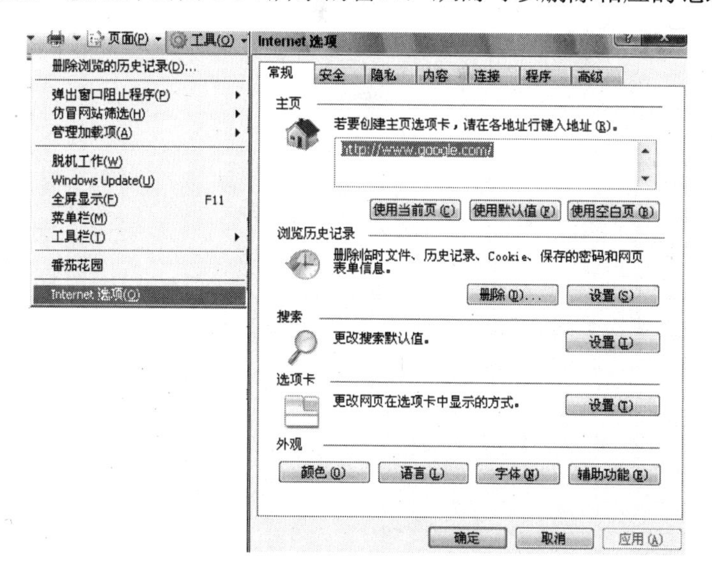

图 6-33　Internet 选项

在 Firefox 浏览器中，点击“工具”→“清除隐私数据”，弹出“清除私有信息”的窗口，如图 6-35 所示，用户可以根据自己的需要清空部分记录。

除了直接通过浏览器进行删除相关记录外，我们还可以借助一些安全工具，例如我们上面提到的安全卫士 360，如图 6-36 所示，通过“常用”→“清理使用痕迹”→“立即清理”来达到保护个人隐私的目的。在图 6-36 中，我们可以看到要清理的内容包含了许多项，因此使用安全卫士 360 之类的安全工具比一个一个手动清除要高效得多。

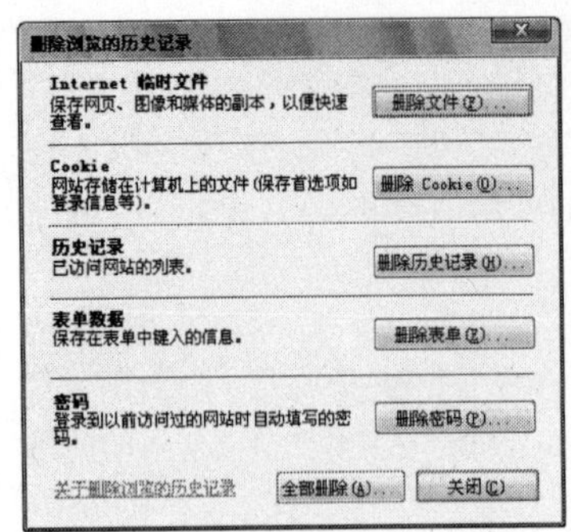

图 6-34　删除浏览的历史记录

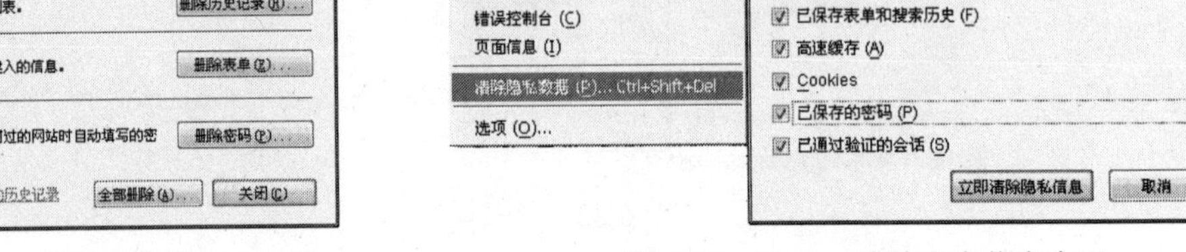

图 6-35　Firefox 清除私有信息窗口

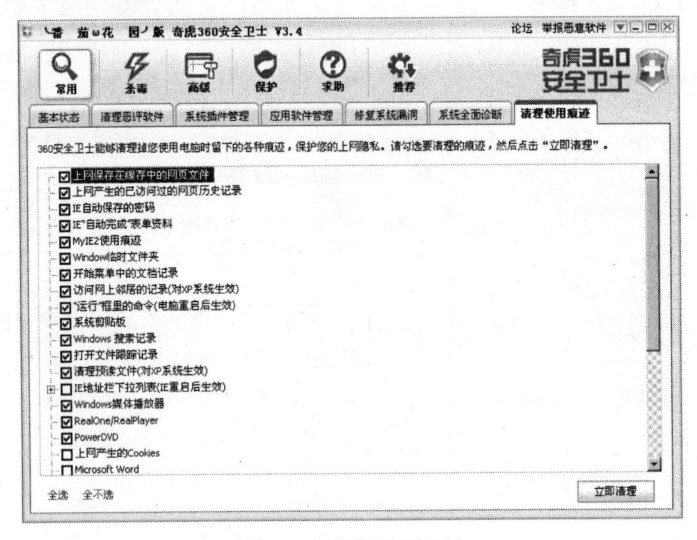

图 6-36　清除使用痕迹

6.3　网络搜索

网络搜索是指通过网络搜索引擎获取想要的网络信息。搜索引擎指自动从 Internet 搜集信息，经过一定整理以后，提供给用户进行查询的系统。Internet 上的信息浩瀚万千，而且毫无秩序，就像汪洋上的一个个小岛，网页链接是这些小岛之间纵横交错的桥梁，而搜索引擎，则为你绘制一幅一目了然的信息地图，供你随时查阅。目前网络上有多款搜索引擎，如图 6-37 所示。

搜索引擎列表

搜索引擎			
百度全球中文搜索引擎	Google 搜索	雅虎中国	中国搜索
新浪爱问	搜狗	北大天网	3721 实名搜索
Openfind(繁体)	盖世引擎(繁体)	Yahoo(英文)	MSN(英文)
特色搜索			
百度新闻搜索	百度MP3搜索	百度图片搜索	百度地图搜索
飞客 BT 搜索引擎	搜游游戏搜索	DIGDIG软件搜索	天空软件搜索
8684公交网	新浪本地	驱动程序搜索	IT搜索
股票行情搜索	电视剧剧情搜索引擎	电视及视频搜索引擎	TVix--视频搜索
搜职网	搜房	39健康搜索	中国政网搜索
字典搜索	成语搜索	诗歌搜索	国家标准查询
中国专利信息网	中国国家药品监督管理局	天网商搜	中国家谱网
Joyes 手机搜索引擎	慧聪网行业搜索	中文RSS搜索引擎	搜索引擎分类目录
Qseek 法律搜索	百度黄页搜索	soaso 多元 搜 索	中搜论坛-论坛搜索
软件搜索吧			
搜索工具及其他			
中文搜索引擎指南网	百度超级搜霸	Google Toolbar	百度帮助中心电子书

图 6-37　搜索引擎列表

网络搜索返回出来的一般都是网络链接，用户如果想获取信息，就必须自己点击提供的链接去访问目标网站。但是，在网络安全形势越来越严重的今天，谁又能保证你将要点击的网页会是安全的呢？

我们以“搜索***观园”为关键字，通过 Baidu（www.baidu.com）搜索，得到如图 6-38 所示的结果，点击图片中显示最后一个结果时，卡巴斯基 Web 反病毒跳出警告窗口，如图 6-39 所示，我们单击“拒绝”，得到如图 6-40 所示的页面，页面中显示了你请求访问的页面及页面中包含的恶意代码名称。如果用户没能安装卡巴斯基（或者其他反病毒软件），那么后果可想而知，你的主机将会被恶意程序感染。通过这个实例，一定程度上反映了网络搜索时应该时刻警惕安全问题，同时也反映了安装一些安全工具（例如杀毒软件等）的重要性。

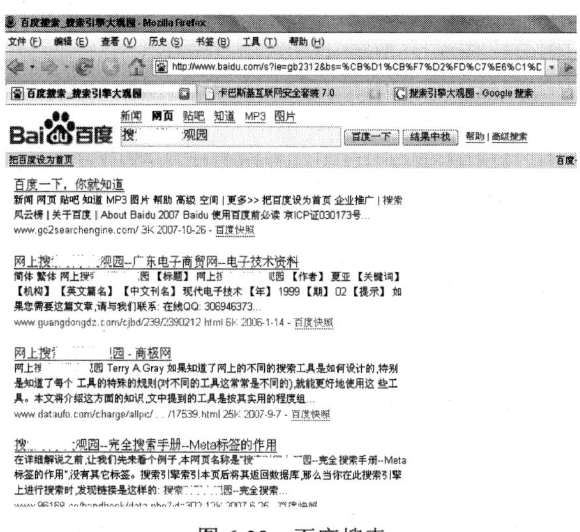

图 6-38　百度搜索

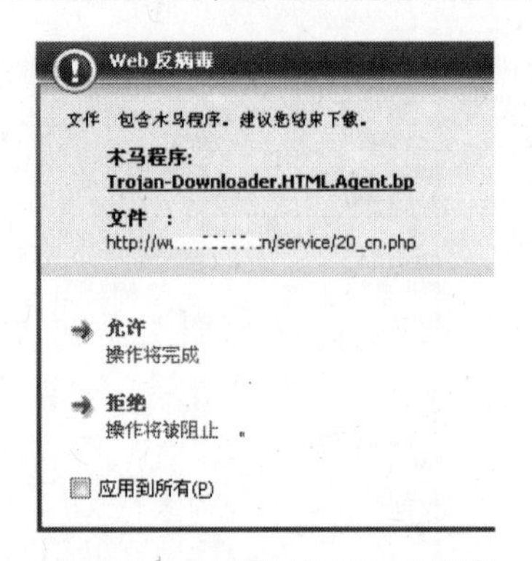

图 6-39 卡巴斯基 Web 反病毒

图 6-40 经过卡巴过滤后的恶意网页

鉴于搜索引擎返回出来的网页可能包含有恶意程序，一些搜索引擎服务商开始提供这种恶意程序检测功能，例如 Google（谷歌，www.google.cn 或者 www.g.cn），Google 会在自己返回的结果里面，对可能含有恶意程序的网页进行提示，如图 6-41 所示，我们同样使用上述关键字利用 Google 搜索，返回的页面中，即对上述页面给出了安全提示——“该网站可能含有恶意软件，有可能会危害您的电脑”。

图 6-41 Google 搜索

目前一些安全公司开始意识到网络搜索中存在的安全问题，并为此推出了相应的产品。

6.4　小结

随着计算机网络的迅速发展，网络安全问题也日益突出，因此当用户的个人电脑接入 Internet 时必须采取一定的安全保护措施。

本章列举了 Internet 接入时可能存在的安全问题，介绍了个人防火墙、安全卫士 360 等安全工具以及 IE 和 Firefox 两款浏览器的安全配置，从而一定程度上保障了用户网页浏览及搜索时的安全，并且提高了用户的网络安全防范意识。

习题 6

一、判断题

1．网络蠕虫传播主要靠网络载体实现。（　　）
2．病毒不需要把自己的副本嵌入到其他文件中，即可感染计算机系统。（　　）
3．计算机系统上的安全漏洞不会给电脑带来安全问题。（　　）
4．防火墙一定程度上可以限制从其他计算机传入你的计算机上的信息。（　　）
5．浏览器的安全对用户的网络浏览的安全保护具有重要的意义。（　　）

二、选择题

1．**[单选题]**下列关于流氓软件的说法错误的是（　　）
（A）是对破坏或者影响系统正常运行的软件的统称；
（B）具备部分病毒和黑客特征，例如不断弹出网页；
（C）流氓软件一般是强制安装并且难以卸载；
（D）流氓软件的存在对用户不会有任何影响。
2．**[单选题]**下面关于活动内容（Active content）说法错误的是（　　）
（A）活动内容可以用来制造各种漂亮的页面，也可以制作下拉式选择选单；
（B）JavaScript 和其他形式的活动内容是绝对安全的；
（C）JavaScript 和其他形式的活动内容一定程度上是恶意攻击者的攻击工具；
（D）当用户浏览一个自己不信任的站点时，为了保证自身的安全，最好阻止一切活动内容。

3. **[单选题]**关于恶意程序的说法正确的是（　）

（A）所有的恶意程序都需要宿主程序才能运行；

（B）所有的恶意程序不需要宿主程序就能运行；

（C）病毒和蠕虫是一回事；

（D）僵尸程序可以应用于拒绝服务攻击。

4. **[多选题]**计算机接入 Internet 后，可能存在的安全威胁包括（　　）

（A）被病毒感染计算机上的应用程序；

（B）被黑客入侵；

（C）流氓软件侵袭；

（D）机器中木马，被黑客远程控制；

（E）沦为僵尸网络中的一员；

（F）个人隐私被泄露。

5. **[多选题]**浏览器存储的信息类型包括（ ）

（A）临时 Internet 文件；

（B）Cookie；

（C）曾经访问的网站的历史记录；

（D）您曾经输入网站或地址栏的信息；

（E）密码；

（F）浏览器加载项存储的临时信息。

三、思考题

1. 查阅更多的相关资料，了解并描述不同恶意程序的特征及相互之间的区别。

2. 为自己的个人电脑设计一个安全配置方案，包括个人防火墙、杀毒软件和安全工具的安装和使用。

CHAPTER

7

第 7 章　Internet 网络应用安全

引言

随着信息技术的发展，Internet 网络出现了更多的应用，例如电子邮件、网络聊天、网上银行、网络购物等，这些新的应用给人们的生活带了巨大的变化。然而随着网络安全形势的日益严峻，新的应用也出现了各种各样的安全问题。

安博士今天要围绕网络聊天等应用服务，给同学们介绍相关的安全问题，为了达到比较好的教学效果，安博士决定从大家熟悉的身边事入题讲述，正好安博士以前在报纸上读到的一则新闻，是关于一名白领女士因为网络聊天隐私受到监控愤而辞职的事件报道，新闻报道内容是这样的，以下是其中一部分：

莉莎在某银行的 26 楼上班，办公室的 4 名女同事都装了 MSN。主管主任曾对员工说，这个 MSN 禁止私聊，是工作用的，如果 26 楼的文件要发到 20 楼，直接用 MSN 就行了，很方便。主任的话，大家谁也没怎么放在心上。

莉莎给自己的 MSN 起了个“玉面狐”的名字。用惯了 MSN，银行员工连说话都懒了，即便是中午吃饭，莉莎也用 MSN 联系就坐在对面的同事：“去吃饭了。”对方常回答：“好吧，我也饿了，吃什么？”整个办公室里没有多少语言的传递，只能听到键盘的“哒哒”声。MSN 成了白领交流的重要渠道。莉莎的 MSN 上也挂着男朋友，两人在工作空隙常用 MSN 沟通。喜欢发嗲的莉莎每天在 MSN 上跟男友撒娇，表达恩爱。

今年 9 月底的一天中午，等待着“十·一”长假的莉莎，看到男友上网，边吃着外卖送来的米粉，边问男友“十·一”期间想做什么。对方回答：“国庆放 7 天假啊，希望天天在床上。”

莉莎羞红了脸，看四周并没有同事注意，便说：“讨厌，也不知道含蓄一点啊。”后面又跟上一个微笑的脸谱。

“你教我吧，我不会含蓄啊。”男友调笑说。

莉莎抬头看到午餐，就开玩笑说：“你说你‘要吃米粉’，我就懂了。”

“哈哈……”男友在MSN里笑了起来：“国庆放假，我要吃7天米粉啊……”

莉莎发了个生气的脸谱：“你不怕撑死啊！”

国庆长假后的第一个上班日，莉莎在电梯里遇到了银行技术部门的3名男员工，看到莉莎，3人相视而笑，其中一高个子员工忍不住，突然哈的一声大笑起来。莉莎怪怪地看着他们，心想，第一天上班，是不是见到精神病了。面对莉莎的冷面孔，这3人笑得更欢了，一名男员工忍不住问：“今天你吃米粉了吗？”

莉莎突然想起国庆假期前的那次聊天，不由得红晕上脸，但转念一想，自己跟男友调情，别人怎么知道，无非是一次巧合，心里有鬼，处处见鬼而已。

事情并没有像她想象得那么轻松。几天后，很多人见到莉莎都会有意无意地说起“米粉”。很多同事见面相互开玩笑，一个问：“你今天吃米粉了吗？”另一个回答：“吃多了会撑死的！”

莉莎终于明白，这些玩笑的来源是那次自己跟男友的聊天。

讲到这里，安博士停顿了下来，同学们对后续事情的发展有些好奇，齐声问“后来呢？事情怎么解决？侵犯个人隐私啊！”安博士看了大家一眼，“听了这个新闻，大家对网络隐私有什么想法啊？这是我们今天要和大家探讨的内容，下面我们了解下本章的学习目标。”

本章目标

- 电子邮件中的安全威胁及对策；
- 网络聊天中的安全问题及对策；
- 电子商务交易的安全防范措施及相关设置。

7.1 电子邮件

电子邮件（electronic mail，简称E-mail，标志：@）是一种通过Internet提供信息交换的通信方式。随着互联网的迅速发展，电子邮件已经成为现代信息社会沟通与联系的重要工具。电子邮件的安全威胁主要来自哪些方面呢？本节主要介绍这个问题。

7.1.1 电子邮件安全威胁

1. 垃圾邮件

世界著名反垃圾邮件组织 Spamhaus 的统计数据表明，中国是仅次于美国的垃圾邮件“盛产大国”。笔者一个邮箱深受垃圾邮箱所害，每天将会收到来自国内外将近50封垃圾邮件，如图7-1所示。由于电子邮件的各种不安全因素，垃圾邮件就像一场瘟疫仍在肆虐，网易在邮箱登录窗口总是赫然地显示着“垃圾邮件有效拦截率 98%”，如图 7-2 所示，其真实性我们暂且不谈，但其用意是很明显的，无非是给用户打一针强心剂。

收件箱
发件箱
已发送邮件箱
垃圾邮件箱 (872)
废件箱

发件人	主题	时间
Jordan Chatman	[!! SPAM] Chatting online	2007年12月20日 20:49
Alonzo Lockhart	Energy fur ihren Schwanz, kaufen und 85% sparen	2007年12月20日 20:42
Breitling Wat...	[?? Probable Spam] Replica Watches	2007年12月20日 20:37
Instant.Boost...	[!! SPAM] How would You like to divert 1000s ...	2007年12月20日 20:30
brade caryl	Лучшие Елки столицы для ва...	2007年12月20日 20:22
Турарен...	Новый Год в Подмосковье!	2007年12月20日 19:57
Exquisite Rep...	[!! SPAM] Tag Heuer Replica Models	2007年12月20日 19:31
derwin anatole	Поздравляем с наступающим ...	2007年12月20日 19:23
claire hauhua	Подарок на Новый год!	2007年12月20日 19:20
emory leah	Подарок на Новый год!	2007年12月20日 19:11
Скрылен...	Re: Резюме на вакансию: Води...	2007年12月20日 18:46
lesley uriah	Новейшие базы данных	2007年12月20日 18:25
gerri hyacinthe	[!! SPAM] Did you forget to take your meds li...	2007年12月20日 18:20
beaufort soma...	Клиенты спрашивают про САЙТ?	2007年12月20日 17:54
(提升人才...		2007年12月20日 17:31
George Phillips	[?? Probable Spam] Photoshop, Windows, Office	2007年12月20日 17:07
gerald amos	Продажа участков от собств...	2007年12月20日 17:03
gardie suranet	Предлагаем более 2200 мультфил...	2007年12月20日 16:59
bard christy	Отопление.	2007年12月20日 16:35
dill fereydoo	Легенды Ретро FM	2007年12月20日 16:13
Marta Daniel	Ficken wie ein Weltmeister ?	2007年12月20日 16:12
chevalier ior...	Лучшие Елки столицы для ва...	2007年12月20日 16:10

图 7-1　垃圾邮件实例

图 7-2　网易邮箱

2．钓鱼攻击

网络钓鱼，专门用来盗取消费者的个人信息。它们经常使用捏造的虚假欺诈性消息，哄骗收件人泄漏私人信息，诸如信用卡号码、账号用户名、密码，甚至是社会保险（social security，美国的一种社会保障系统）号。网上银行和电子商务通常是安全的，但要始终小心不要在互联网上随意泄漏个人信息和公司信息。钓鱼消息常常夸耀自己拥有真实理念，出自名门组织，可事实上那些消息往往不过是做些侵犯版权和伪造地址的勾当。其实，邮件钓鱼的形式是多种多样的，最常见的是利用可以匿名的邮件发送端发送具有引诱力的邮件，比如某天你收到一个可以让你兴奋的邮件，内容大致是说明你获得了 QQ 会员资格或者说你中奖了等。这类邮件的特点就是标题或者内容太具有诱惑力，使一些贪心者上当。

另外黑客还能利用系统自带的Outlook Express实现任意邮件名发信。启动Outlook Express，如果添加一个具有诱惑力的账户则可以达到目的，比如假冒腾讯公司服务邮件service@tentent.com或者 10000@qq.com等。如果用户把该邮件当成是系统来信，轻易阅读，你就不知不觉沦为黑客的“肉鸡”了。

3. 邮件病毒

邮件病毒指通过电子邮件传播的病毒。一般是夹在邮件的附件中，在用户运行了附件中的病毒程序后，就会使电脑染毒。需要说明的是，电子邮件本身不会产生病毒，只是病毒的寄生场所。

4. 邮件炸弹

谈起“炸弹”，脑海中马上会出现一种战争场面，而所谓的电子邮件炸弹，危害与炸弹是一样的，只不过是电子的，邮件炸弹具体说指的是邮件发送者利用特殊的电子邮件软件，在很短的时间内连续不断地将邮件邮寄给同一个收信人，在这些数以千万计的大容量信件面前收件箱肯定不堪重负，而最终“爆炸身亡”。

邮件炸弹可以说是目前网络中最“流行”的一种恶作剧，而用来制作恶作剧的特殊程序也称为E-mail Bomber。当某人所作所为引起了好事者不满时，好事者就可以通过这种手段来发动进攻。这种攻击手段不仅会干扰用户的电子邮件系统的正常使用，甚至它还能影响到邮件系统所在的服务器系统的安全，造成整个网络系统全部瘫痪，所以邮件炸弹具有很大危害。

7.1.2 Web邮箱安全配置

通过上一节的电子邮件安全威胁的介绍，我们可以看到在电子邮件的使用过程中的确要注意安全的操作，本部分主要介绍Web邮箱的安全配置。

1. 防密码嗅探

以163的邮箱为例，如图7-3所示，在登录时选择“增强安全性”，能够对即将传输的用户名和密码进行加密，从而避免用户名和密码被恶意嗅探。

2. 邮箱的自动过滤功能

通过Web上网收发邮件的朋友可以使用邮箱提供的自动过滤邮件功能，如图7-4所示。这样不仅能够防止垃圾邮件，还可以过滤掉一些带病毒邮件不进入收件箱中，同时也减少了病毒感染的机会，把陌生的邮件发送人地址列入自动过滤，以后就不会再有相同地址的邮件出现了。

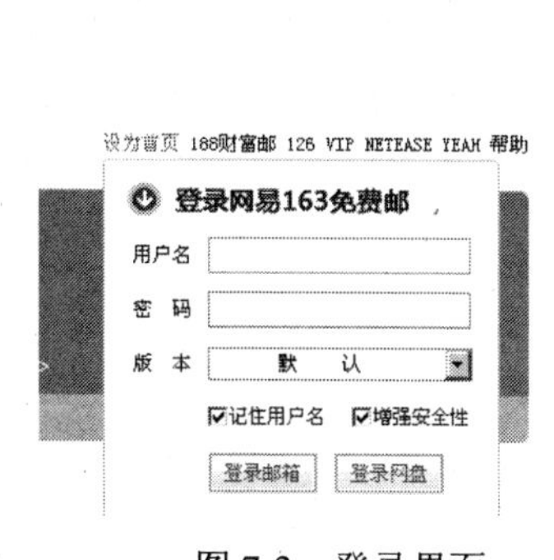

图 7-3　登录界面

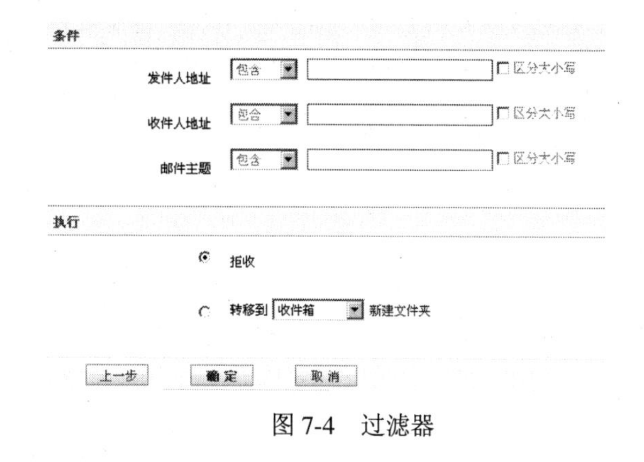

图 7-4　过滤器

3. 反垃圾邮件设置

有些服务商提供的邮箱默认就具有反垃圾邮件的功能，例如网易邮箱，如图 7-5 所示，用户可以设置反垃圾邮件的级别，推荐用户使用系统提供的默认级别。当然，如果用户仅仅是希望接受已知地址的 E-mail，那么建议将反垃圾邮件级别设置为“高级”。

选项 >> **反垃圾级别**　(设置个性化的反垃圾功能级别)

网易邮箱为每一位用户提供默认的反垃圾功能。
除此之外，你还可以根据你个人的需要，设置个性化的反垃圾功能级别

第1步：请选择个性化反垃圾功能级别

低级	不管是不是垃圾邮件，都发到收件箱
默认（推荐）	提供系统默认的反垃圾功能
中级	如果发来的邮件，“发件人”不在你的[通信录]或者[白名单]，并且“收件人”和“抄送人”不包含你的邮箱地址，就被认为是垃圾邮件
高级（谨慎）	如果发来的邮件，“发件人”不在你的[通信录]或者[白名单]，就被认为是垃圾邮件

图 7-5　反垃圾邮件设置级别

由于邮箱的反垃圾邮件功能并非做到百分之百准确，被系统识别为垃圾邮件的邮件中，有可能有些并非垃圾邮件，因此，建议将收到的垃圾邮件保存在“垃圾邮件”文件夹中保持 7 天，当有特殊情况发生时，用户还有 7 天的时间去翻阅垃圾邮件，如图 7-6 所示。

4. 黑名单和白名单

黑名单即那些你认为不可信的邮件地址，并且不打算接受这些地址的邮件，或者将其标记为垃圾邮件放入垃圾邮件箱里；白名单与黑名单的意思相反，即那些可信的邮件地址，从这些邮件地址发送过来的邮件，都是正常的邮件。图 7-7 和图 7-8 分别为黑名单及白名

单的设置过程。

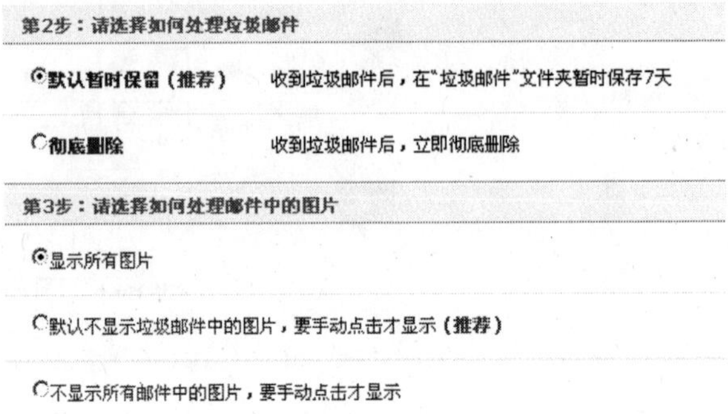

第2步：请选择如何处理垃圾邮件

默认暂时保留（推荐）　收到垃圾邮件后，在“垃圾邮件”文件夹暂时保存7天

彻底删除　收到垃圾邮件后，立即彻底删除

第3步：请选择如何处理邮件中的图片

显示所有图片

默认不显示垃圾邮件中的图片，要手动点击才显示（推荐）

不显示所有邮件中的图片，要手动点击才显示

图 7-6　如何处理垃圾邮件

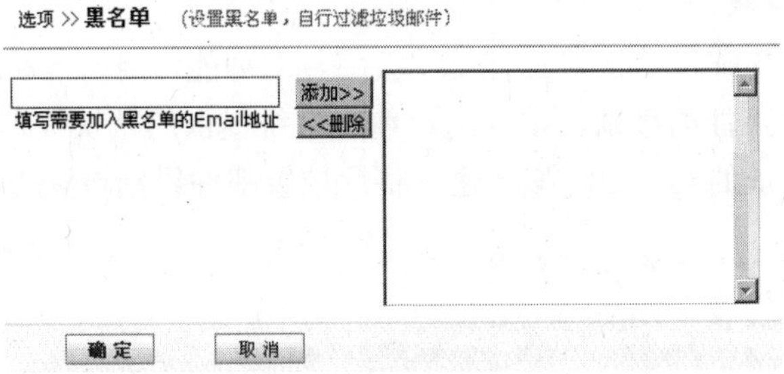

选项 >> 黑名单　（设置黑名单，自行过滤垃圾邮件）

填写需要加入黑名单的Email地址　添加>>　<<删除

确定　取消

图 7-7　黑名单

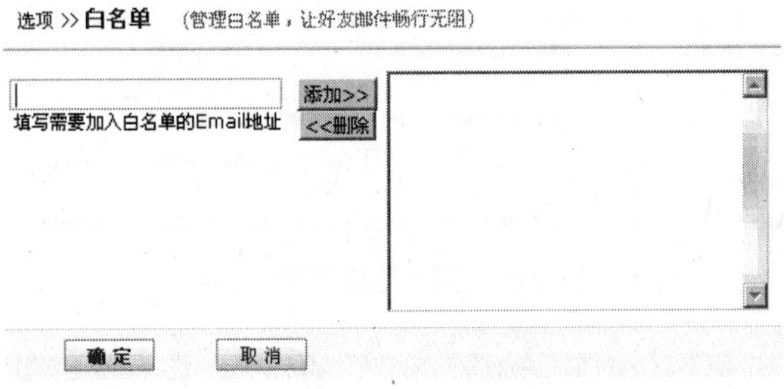

选项 >> 白名单　（管理白名单，让好友邮件畅行无阻）

填写需要加入白名单的Email地址　添加>>　<<删除

确定　取消

图 7-8　白名单

5. 邮件杀毒

有些邮箱的高级用户会拥有邮箱在线杀毒的功能，从而保证邮件远离恶意程序的侵袭。图 7-9 所示为邮件杀毒的设置选项。

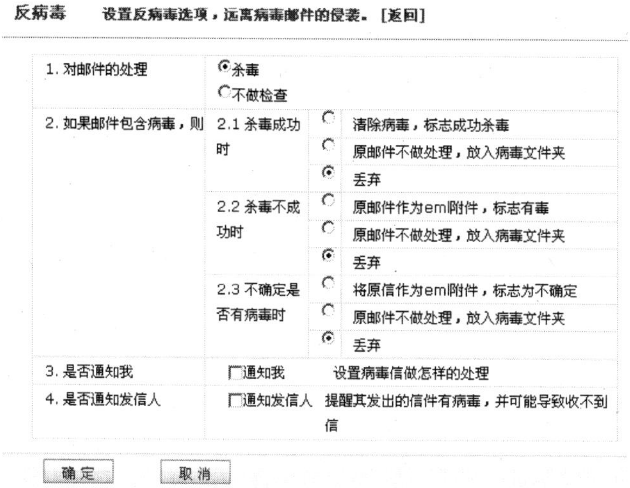

反病毒　　设置反病毒选项，远离病毒邮件的侵袭。[返回]

1. 对邮件的处理	◉杀毒 ○不做检查		
2. 如果邮件包含病毒，则	2.1 杀毒成功时	○	清除病毒，标志成功杀毒
		○	原邮件不做处理，放入病毒文件夹
		◉	丢弃
	2.2 杀毒不成功时	○	原邮件作为eml附件，标志有毒
		○	原邮件不做处理，放入病毒文件夹
		◉	丢弃
	2.3 不确定是否有病毒时	○	将原信作为eml附件，标志为不确定
		○	原邮件不做处理，放入病毒文件夹
		◉	丢弃
3. 是否通知我	□通知我	设置病毒信做怎样的处理	
4. 是否通知发信人	□通知发信人	提醒其发出的信件有病毒，并可能导致收不到信	

确定　　取消

图 7-9　邮件杀毒

有人以为只要采用了邮箱中的杀毒服务，就不用再购置杀毒软件了，其实，这是非常危险的想法。我们可以从性能、查杀能力、病毒处理方式等几个方面来比较。

（1）性能

用户安装在本机上的杀毒软件，占用本机的系统资源，防范可能侵害到本机的所有类型的病毒，当然也包括了邮箱病毒。邮箱防毒是集成第三方杀毒厂商的邮件服务端杀毒软件，集成方式主要有内嵌和外置两种。内嵌是指把邮件杀毒软件与邮件系统安装在一个系统上，外置是将杀毒软件独立作为杀毒服务器。

（2）杀毒能力

许多邮件系统所采用的查毒引擎基于 UNIX/Linux 系统，它的优劣如何，笔者不敢妄加论断，但可以肯定的是，基于 Windows 平台的本地杀毒软件技术相对更成熟些。杀毒厂商基本上都能对本地杀毒软件用户提供及时、快捷、简便的升级服务，用户并不需要高深的计算机知识，只需简单的几步操作就能对杀毒软件进行自动在线升级，而邮箱防毒则是依赖于第三方。另外，几乎所有对未知病毒的检测方法都需要先将带毒文件在系统中运行，然后才能通过行为监测、感染实验等方法检测出未知病毒。然而邮件系统服务端杀毒软件几乎不可能让每封邮件都执行、监测、做感染实验等，所以很难做到对未知病毒的查杀。

（3）病毒处理方式比较

在对病毒的处理方式上，邮箱防毒服务存在如下不足：

- 不能报知查出的是什么病毒
- 不合理的预置病毒处理方式

邮箱防毒服务会预先在 Webmail 中配置好对病毒的处理方式，而事实上用户很难预先判断对每封带毒邮件将要采取什么样的处理方式。

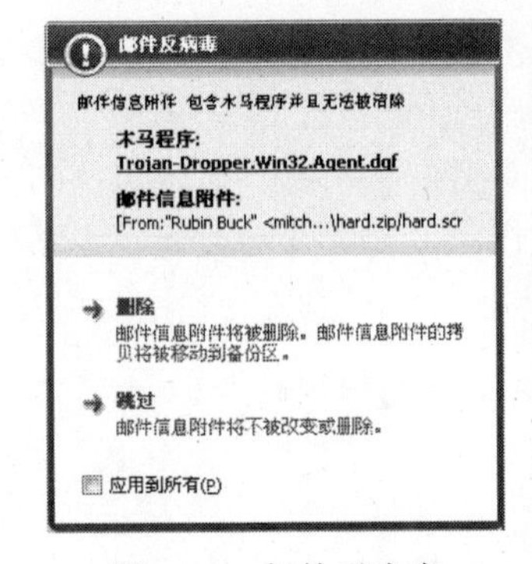

图 7-10　邮件反病毒

7.1.3　邮件客户端安全配置

使用邮件客户端可以不用登录 Web，即可从客户端收邮件。如果在客户端设置为自动登录，那么只需点一下，就可以进入邮件收发。如果有多个 Web 邮箱，可以集中到同一个客户端下，省掉了一个一个登录邮箱的麻烦。如果你的电脑装了杀毒软件，它还可以在收邮件时进行杀毒，图 7-10 为卡巴斯基的邮件反病毒功能，而 Web 邮件的杀毒只能靠服务商。上述种种优点使得目前有不少企业和用户使用邮件客户端进行日常的电子邮件处理事务。目前国内使用比较多的邮件客户端有两种：Foxmail 和 Outlook，本节我们主要介绍一下 Foxmail 这款软件的安全配置。

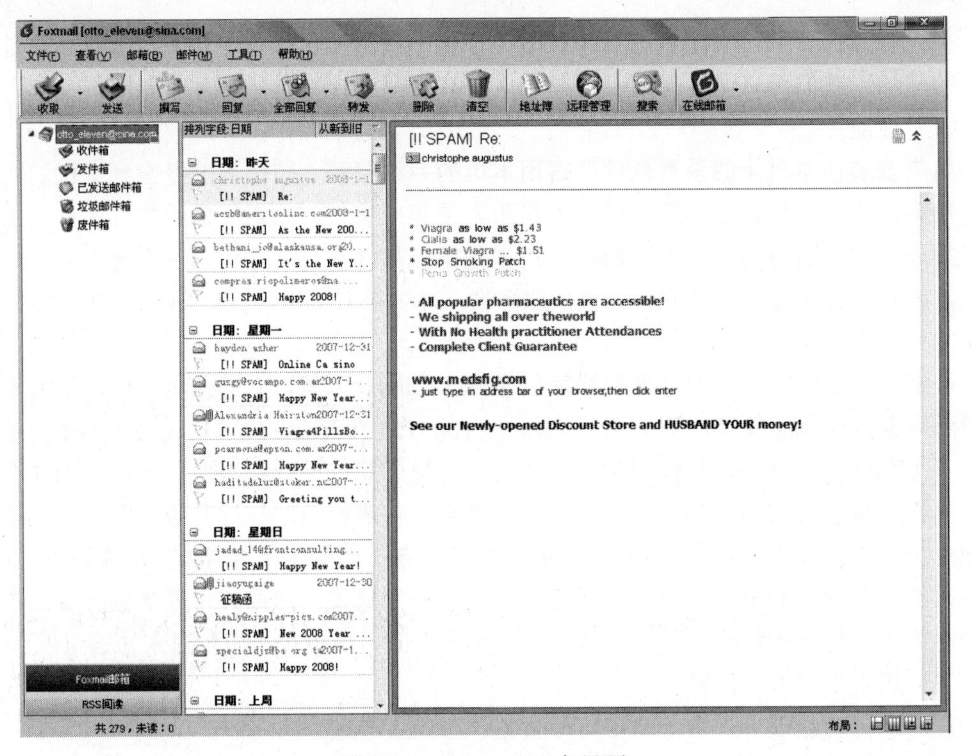

图 7-11　Foxmail 6.0 主界面

Foxmail 是常用电子邮件客户端软件之一，Foxmail 设置简单使用方便，深受广大互联网用户欢迎，Foxmail 也成为中文免费软件的经典作品之一。Foxmail 的最新版本 Foxmail 6.0 是 Foxmail 被腾讯公司收购后发布的首个电子邮件客户端软件产品，Foxmail 6.0 致力于提供更便捷、更舒适的 Foxmail 产品使用体验，其主界面如图 7-11 所示。本部分我们主要介绍一下 Foxmail 中的一些安全配置。

1．邮箱访问口令

由于邮件客户端将多个电子邮件账户实时登录在电脑上，因此为了保障当自己离开电脑时被人非法查阅邮件信息，我们最好为邮箱设置账户访问口令，如图 7-12 所示。通过菜单的"邮箱"→"设置邮箱账户访问口令"，如图 7-13 所示。当用户再一次登录访问后设置完口令的邮箱时，则被 Foxmail 要求输入口令，如图 7-14 所示，从而保证了邮箱的安全。

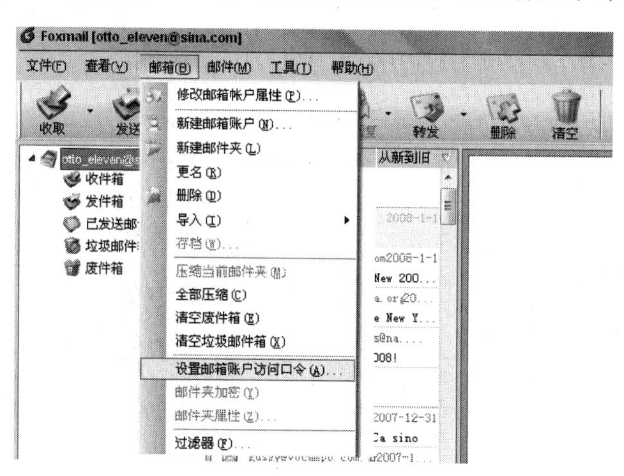

图 7-12 访问口令

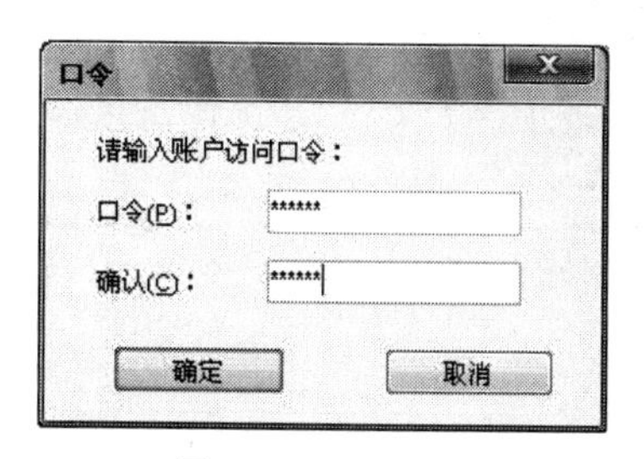

图 7-13 设置口令

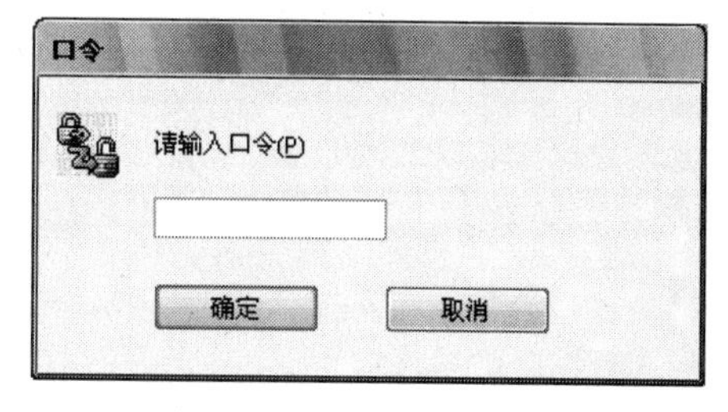

图 7-14 访问时输入口令

2．垃圾邮件设置

Foxmail 6.0 中提供了强大的反垃圾邮件功能，我们可以通过规则过滤、贝叶斯法则等方法对接收的邮件进行判断识别出是否为垃圾邮件，如果是垃圾邮件，将会被自动分配到垃圾邮件箱中，从而最大限度地实现与垃圾邮件对抗的效果，如图 7-15 所示。我们可以通过“工具”→“反垃圾邮件功能设置”来配置 Foxmail 的反垃圾邮件功能。

在“反垃圾邮件设置”中，共有“常规”、“规则过滤”、“贝叶斯过滤”、“黑名单”和“白名单”等选项卡。图 7-16 为反垃圾邮件的常规选项卡，从图中可以看到我们将接收到的邮件中，被自动判断为垃圾邮件的邮件自动转移到垃圾邮件箱，并且被手工标记为垃圾邮件的邮件也放入到垃圾邮件箱，而不是将其删除。

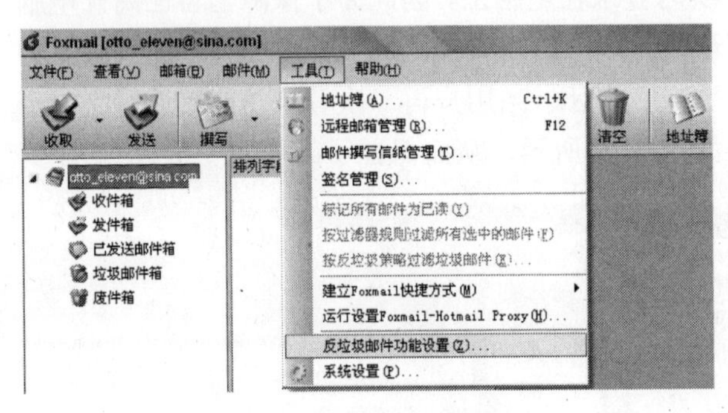

图 7-15　反垃圾邮件设置

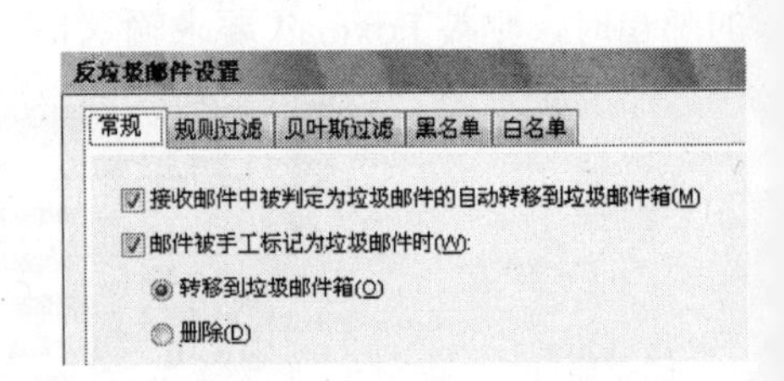

图 7-16　反垃圾邮件常规选项

如图 7-17 所示，为反垃圾邮件设置中的“规则过滤”设置窗口。这里的规则设置是指 Foxmail 6.0 使用内置的“规则库”对邮件进行对照评估。点击勾选“使用规则判定接收到的邮件是否为垃圾邮件”前的复选框后，然后再根据当前邮箱遭受垃圾邮件“骚扰”的程度来决定“过滤强度”的强弱，如果垃圾邮件是“铺天盖地”，那么设置强度为“高”当然最合适不过。

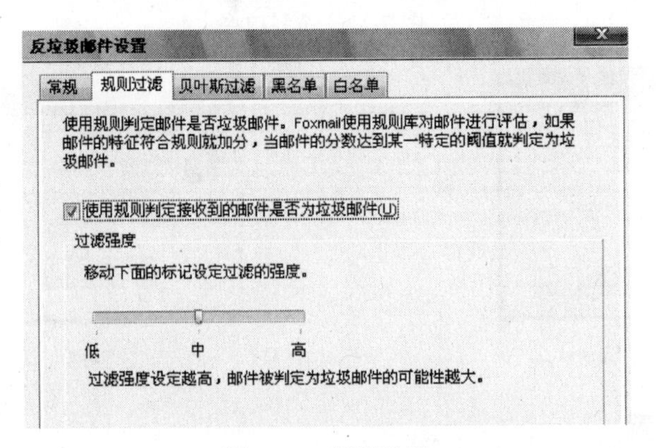

图 7-17　规则设置

图 7-18 所示为“贝叶斯过滤”选项卡，这是一种智能型的反垃圾邮件设计，它通过让 Foxmail 不懈地对垃圾与非垃圾邮件的分析学习，来提高自身对垃圾邮件的识别准确率。单击“学习”按钮，弹出如图 7-19 所示的邮件学习向导。

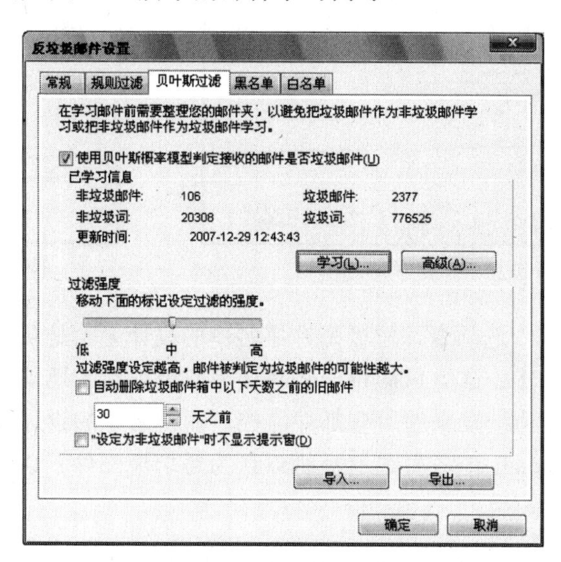

图 7-18　贝叶斯过滤

首先我们必须通过“浏览”选择要学习的内容，这里我们选择“垃圾邮件箱”的内容作为示例，要学习的类型是“按垃圾邮件标记学习”。为了保证此次学习过程的准确性和时效性，我们跳过已学过的邮件。单击“下一步”按钮，弹出如图 7-20 所示的学习过程。

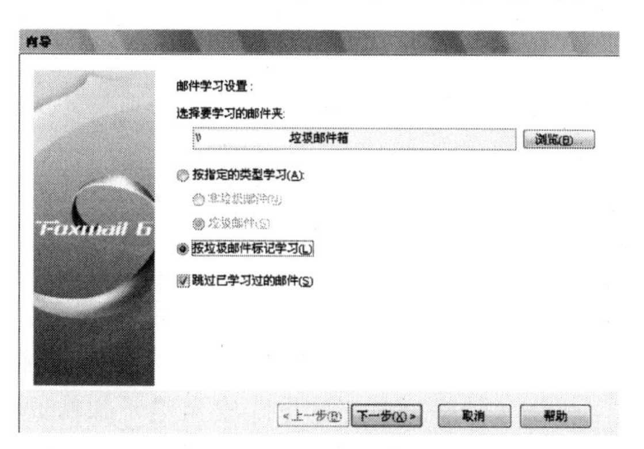

图 7-19　邮件学习向导

当然，如果将来的某一天，发现此次学习结果不再有用，那么就可以通过单击图 7-18 中的“高级”按钮，清除学习记录，如图 7-21 所示。

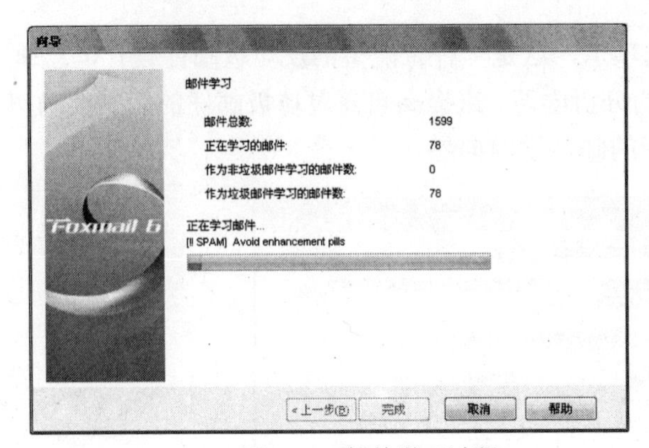

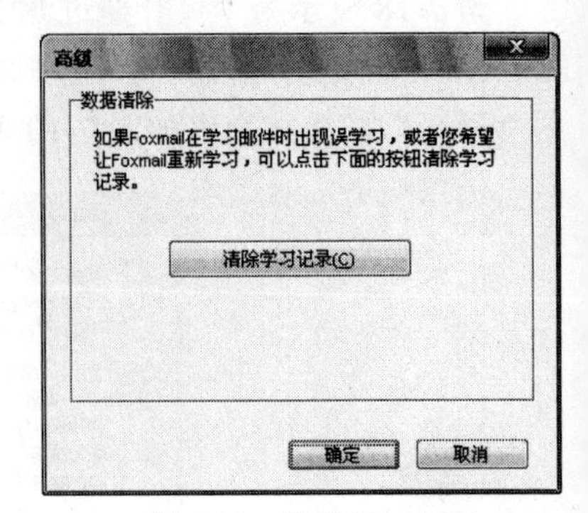

图 7-20　邮件学习过程　　图 7-21　清除学习记录

图 7-22 为“黑名单”选项卡，垃圾邮件黑名单的设计无论是从名称上还是实际的设置上，均可以让人一目了然。这里只需将一些确认为垃圾邮件的地址输入到垃圾邮件黑名单中，即可完成对该邮件地址发来的所有邮件监控。而白名单的设计是为了防止一些亲朋好友发来的邮件，被 Foxmail 的各种过滤规则误认为是垃圾邮件。这是一种强制性认为是非垃圾邮件的设计，非常实用。

图 7-22　黑名单

3. 邮件加密

由于越来越多的人通过电子邮件进行重要的商务活动和发送机密信息，因此保证邮件的真实性（即能够鉴别是否是伪造）以及邮件不被其他人截取和偷阅也变得日趋重要。安全电子邮件通过使用数字标识（数字证书，这里即安全电子邮件证书），对邮件进行数字签名和加密，以确保电子邮件的真实性和保密性。Foxmail 全面支持安全电子邮件技术，兼容多种加密、解密算法，可应用于各种重要商务活动处理机密信息时接收和发送数字签名、加密邮件。

在能够发送带有数字签名的邮件之前，用户必须获得数字标识（也称为数字证书）。所谓数字标识是指由独立的授权机构发放的，证明您在 Internet 上身份的证件，是您在因特网上的身份证，是用户收发电子邮件时采用证书机制保证安全所必须具备的证书。

数字标识包括“私人密钥”（简称“私钥”）和“公用密钥”（简称“公钥”）。私钥是保密的，由证书申请人独自掌握，需要妥善保管。私钥一旦泄漏，应当尽快注销该证书，以免被他人冒用您的身份；公钥是公开的，您可以把它发送给别人，别人也可以从证书颁发机构处获得。下面我们主要介绍一下如何申请数字证书。

选择一个邮箱账户，右键出现快捷菜单，如图 7-23 所示，单击“属性”选项，弹出如图 7-24 所示的“邮箱账户设置”窗口。在“安全”选项卡中，单击“选择”按钮，弹出如图 7-25 的提示窗口，提示没有数字证书的用户去申请。单击“确定”按钮将会转到申请页面，如图 7-26 所示。当然，用户也可以直接通过浏览器访问 http://ca.foxmail.com.cn/页面去申请数字证书。

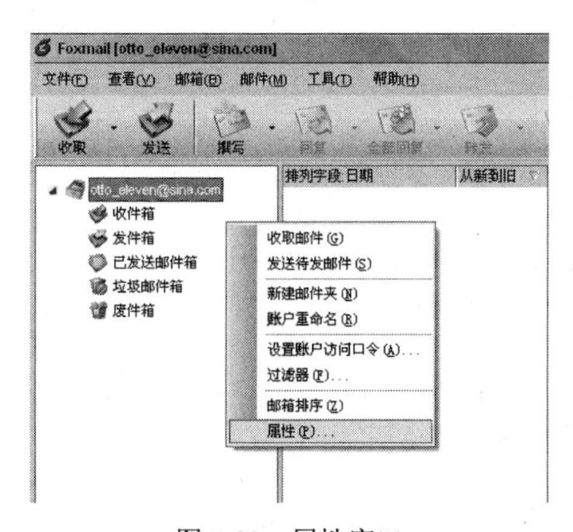

图 7-23　属性窗口

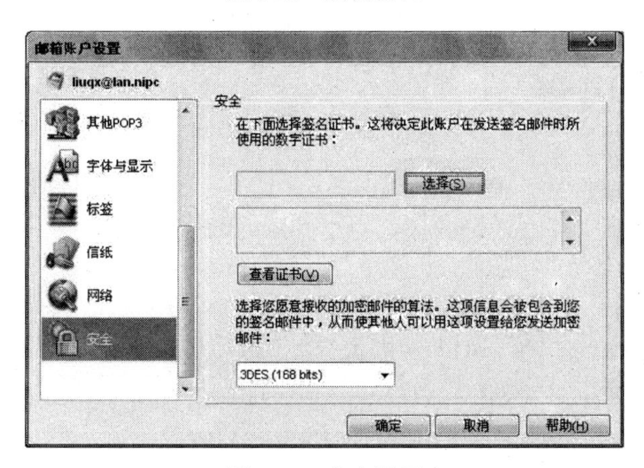

图 7-24　安全设置

图 7-25 申请数字证书

第一次申请数字证书需要经过如下几个步骤。

（1）安装 CA 根证书，只有安装了试用 CA 证书链的计算机，才能完成后面的申请证书和正常使用用户申请的数字证书；

（2）申请证书，证书向对方表明您的身份，可以免费申请电子认证服务；

（3）下载并安装您的证书，如果用户已经提出了证书申请，并获得了通过 E-mail 发来的受理信息，请在这里下载并安装证书。

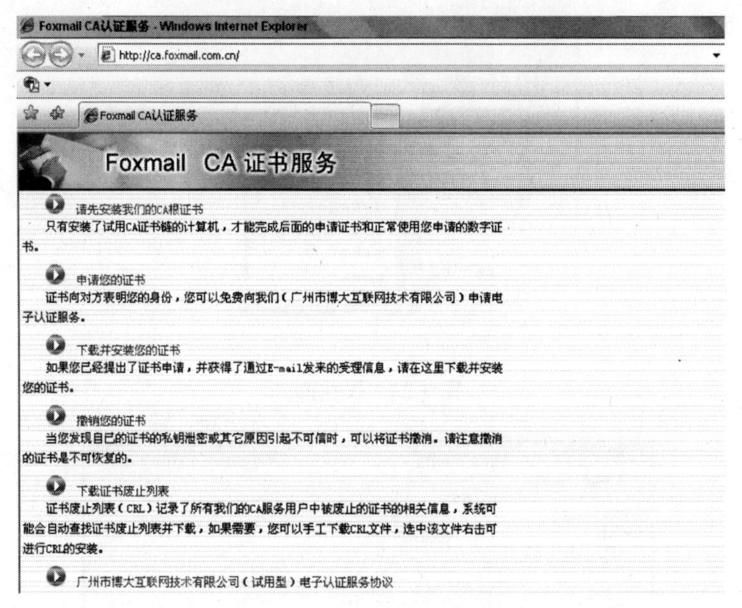

图 7-26 数字证书申请页面

点击图 7-26 中的“请先安装我们的 CA 根证书”进行第一步操作，我们会看到浏览器弹出如图 7-27 所示的安全警告窗口，单击“是”按钮进行证书链的安装。图 7-28 显示了证书链下载并安装完成。

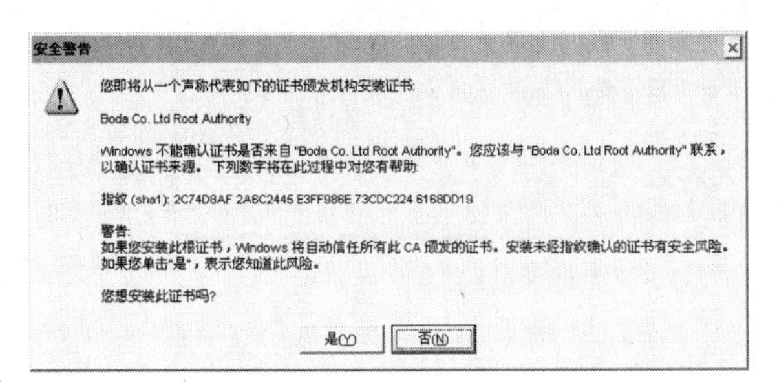

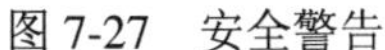

图 7-27　安全警告

图 7-28　证书链

第二步操作即申请个人数字证书。点击图 7-26 中的“申请您的证书”进行第二步操作，转到用户协议页面，单击“同意”按钮转到如图 7-29 所示的“个人信息填写”页面。在填写过程中，务必将要申请数字证书的电子邮件填入其中，而不能填写其他邮件。

申请个人数字证书

证书向对方表明您的身份，您可以免费向我们（广州市博大互联网技术有限公司）申请电子认证服务。

只有安装了我们的试用CA根证书的计算机，才能进行下面的申请。

注意申请、下载安装和使用数字证书必须在同一部计算机上完成。

请输入以下各栏信息，注意不可填写特殊字符。信息请正确填写，否则可能无法完成下面的申请步骤。

您的基本信息：（必填）	
请输入您的姓名：	otto_eleven
请输入您的电子邮件地址：	otto_eleven@sina.com
确认您的电子邮件地址：	otto_eleven@sina.com

图 7-29　个人信息填写

填写完基本信息后，页面要求选择加密服务提供程序（CSP），如图 7-30 所示，其中，CSP 负责创建密钥、吊销密钥以及使用密钥执行各种加、解密操作。每个 CSP 都提供了不同的实现方式。某些提供了更强大的加密算法，而另一些则包含硬件组件，例如智能 IC 卡或 USB 电子令牌。我们选择“Microsoft Base Cryptographic Provider v1.0”和“512”（当然选择其他组合也是可以的）。将上述信息提交后，会弹出如图 7-31 所示的窗口，单击“是”按钮请求证书。

请选择加密服务提供程序(CSP)：

CSP负责创建密钥、吊销密钥，以及使用密钥执行各种加、解密操作。每个CSP都提供了不同的实现方式。某些提供了更强大的加密算法，而另一些则包含硬件组件，例如智能IC卡或USB电子令牌。

当您使用特别的数字证书存储介质存储数字证书及其相应的私有密钥时，请在下面的下拉框中选择该存储介质生产厂商提供的CSP。

请选择CSP：	Microsoft Base Cryptographic Provider v1.0
请选择密匙长度:	512

图 7-30　选择 CSP

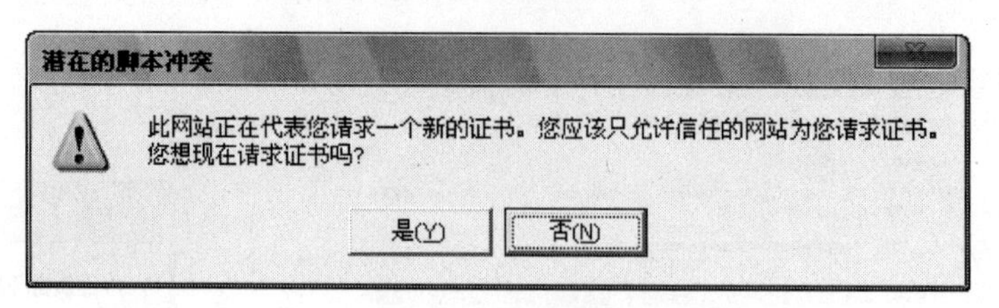

图 7-31　发生证书请求

请求证书后，服务器会发送一个 E-mail 到刚才我们注册的电子邮件地址，电子邮件里会包含一个证书下载号和密码，如图 7-32 所示。

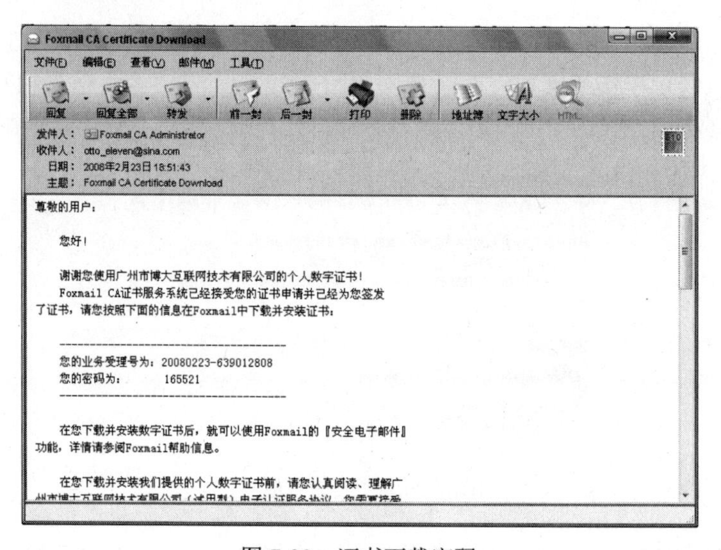

图 7-32　证书下载密码

点击图 7-26 中的“下载并安装您的证书”进行第三步操作，将上述 E-mail 中的证书下载号和密码填入，如图 7-33 所示，并点击“安装证书”按钮。至此，数字证书申请结束。

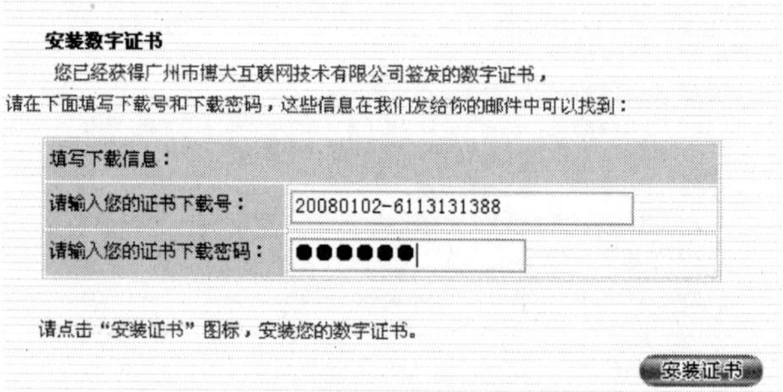

安装数字证书

您已经获得广州市博大互联网技术有限公司签发的数字证书，
请在下面填写下载号和下载密码，这些信息在我们发给你的邮件中可以找到：

填写下载信息：	
请输入您的证书下载号：	20080102-6113131388
请输入您的证书下载密码：	●●●●●●

请点击“安装证书”图标，安装您的数字证书。

安装证书

图 7-33　安装证书

选择上述注册数字证书的邮箱账号，右键出现快捷菜单，点击“属性”选项，弹出如图 7-34 所示的“邮箱账户设置”窗口。在“安全”选项卡中我们即可看到我们刚才申请并安装完成的数字证书。该邮箱便可以给同样拥有数字证书的邮箱发送“加密且签名”的电子邮件了。

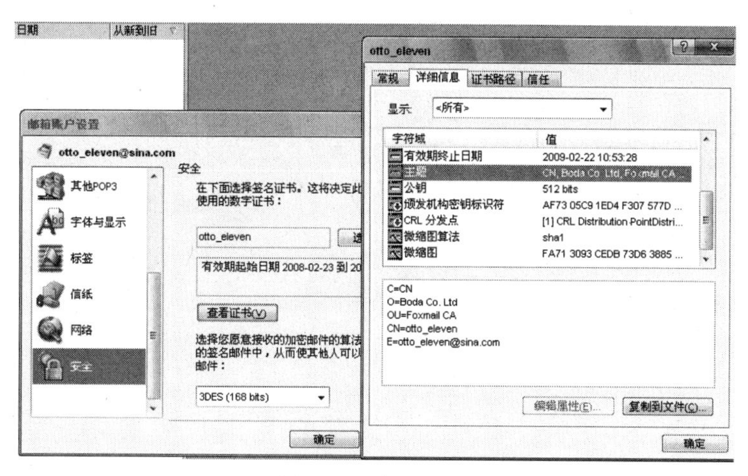

图 7-34　查看证书

> **注**　什么是加密与签名?
>
> 加密：要向收件人发送加密邮件，并且对方可以正确解密，首先必须获得该收件人的公钥。发送邮件时，使用公钥对邮件进行加密。当收件人收到加密邮件后，使用对应的私钥才能对邮件进行解密，阅读邮件。其他人即使窃取到邮件，由于没有对应的私钥，也无法解读。
>
> 签名：申请到数字证书之后，使用证书的私钥，可以向任何邮件地址发送数字签名邮件。通过数字签名，收件人可以验证您的身份，确认邮件是由您发出的，并且中途没有被篡改过。从而防止他人冒用您的身份发送邮件，或者中途篡改邮件。

那么我们又怎么能够用 Foxmail 发送加密且签名的邮件呢？通过 Foxmail 主界面“工具”→“系统设置”→“安全”选项卡，如图 7-35 和图 7-36 所示。

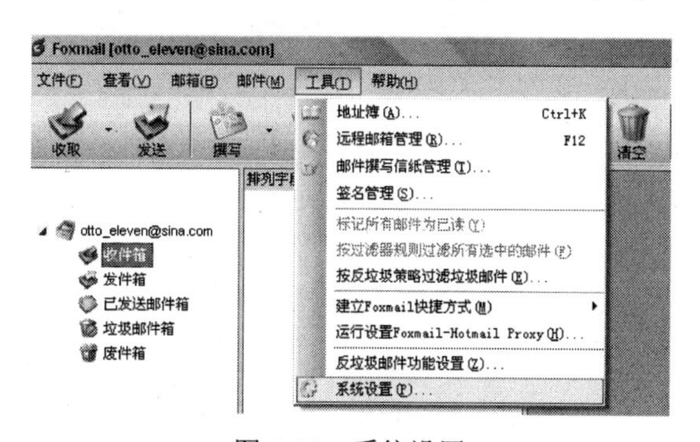

图 7-35　系统设置

在发送安全的邮件选项中，我们将“对所有待发邮件的内容和附件进行加密”、“对所有待发邮件进行签名”前面打钩。这样一些机密的邮件就可以安全地发送到对方了。下面我们以一次加密和签名的邮件发送过程为例，来说明一下数字证书的用法。

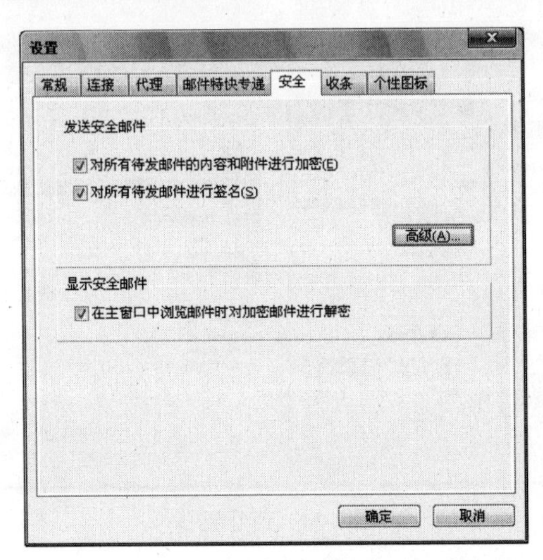

图 7-36　安全设置

如图 7-37 所示，当写好收件人地址（收件人必须也有数字证书），单击“发送”按钮会弹出“选择证书”的按钮，此处选择证书为收件人的，用于对邮件内容进行加密。接着会弹出如图 7-38 所示的“选择证书”窗口，此处的证书是发件人的，用于对邮件内容的签名。

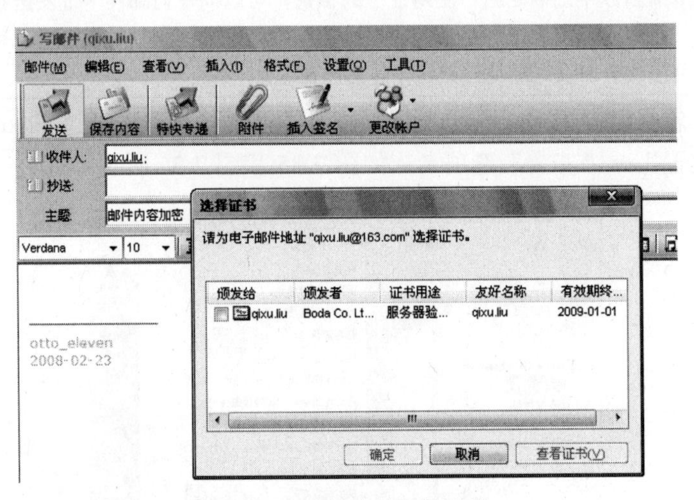

图 7-37　选择收件人的证书

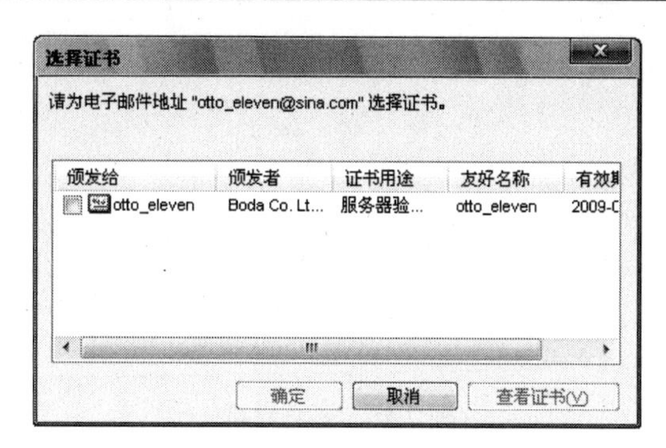

图 7-38　选择发件人的证书

7.2　网络聊天

7.2.1　安全威胁

伴随 QQ、MSN 等网络即时聊天工具的普及，关于聊天工具的安全问题日益突出。本节将介绍一些存在于网络聊天过程中的安全威胁。

1. 病毒木马

各类聊天工具常常会出现一些安全漏洞，这些漏洞如果遭到黑客软件攻击，隐私和聊天记录都会被侵入者通过控制你的机器而获取。甚至有些攻击者利用被控制的聊天工具将用户隐私的对话和视频录制下来。攻击者或病毒也可能利用联系人列表中的相关信息对受害者的朋友进行所示的攻击，发送病毒照片（如图 7-39 所示）、带毒网站链接或各种广告信息（如图 7-40）等，给用户及朋友带来很多的安全问题。因此聊天工具的安全防范也日趋重要。

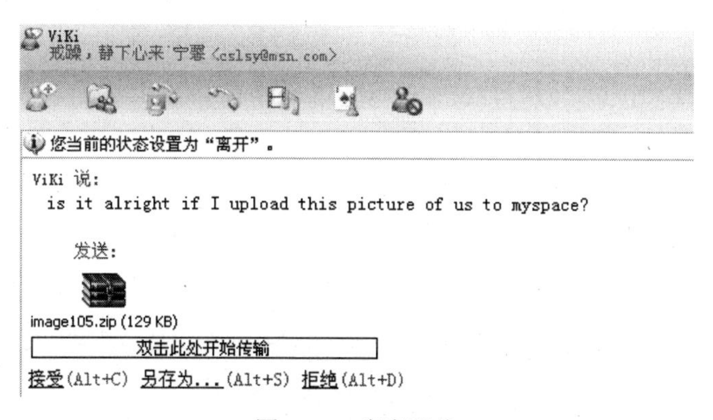

图 7-39　病毒照片

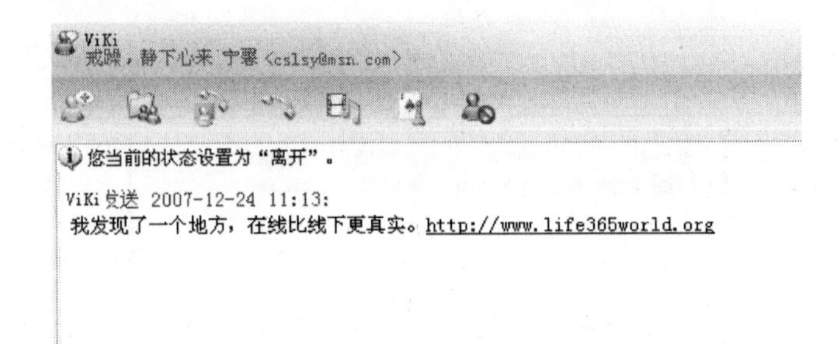

图 7-40　恶意链接

2. 内容嗅探

MSN 随之而来的问题也很多，非法用户会通过聊天记录来获取你的隐私，有些公司甚至还会通过各种手段监视员工的 MSN 聊天内容（比如著名的嗅探软件 MSN Chat Monitor 和 MSN Sniffer，它们不仅可以记录局域网络中所有正在传输的 MSN 聊天内容和 IP 地址，嗅探到的聊天内容将以明文显示，而且可以设置将聊天记录保存到硬盘，甚至可以将聊天记录以电子邮件的形式发送给嗅探者）。

在官方网站 http://www.awinsoft.com/可以下载 Msn Chat Monitor & Sniffer 的免费试用版。我们使用 MSN Chat Monitor & SnifferV3.8 版，演示一下嗅探 MSN 聊天过程。运行 MSN Chat Monitor & Sniffer，程序的界面如图 7-41 所示。

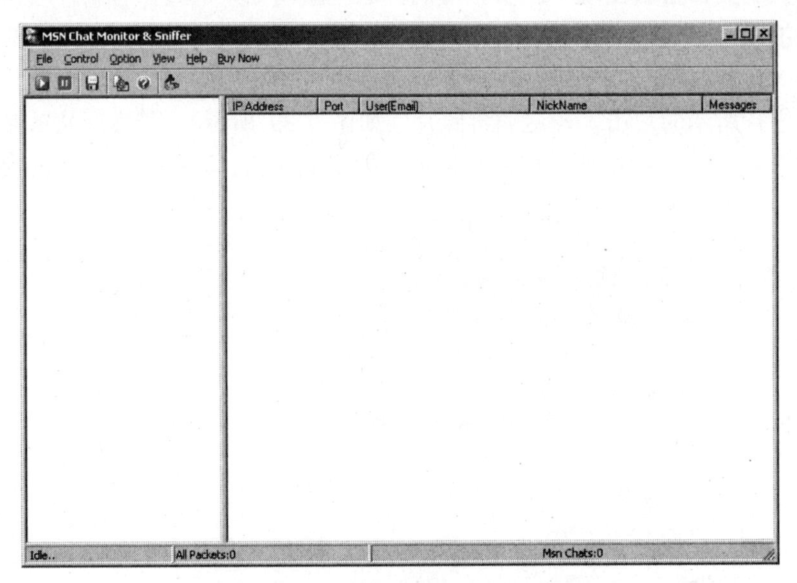

图 7-41　MSN Chat Monitor & Sniffer 主界面

下面在自己的主机中运行 MSN，同时在 MSN Chat Monitor & Sniffer 中单击工具栏上的“开始”按钮，开始监听。打开 MSN，为了说明 MSN Chat Monitor & Sniffer 的使用，这里用 MSN 和小机器人 i 聊天，聊天的内容如图 7-42 所示。这时，切换到已经运行的 MSN Chat Monitor & Sniffer，如图 7-43 所示。

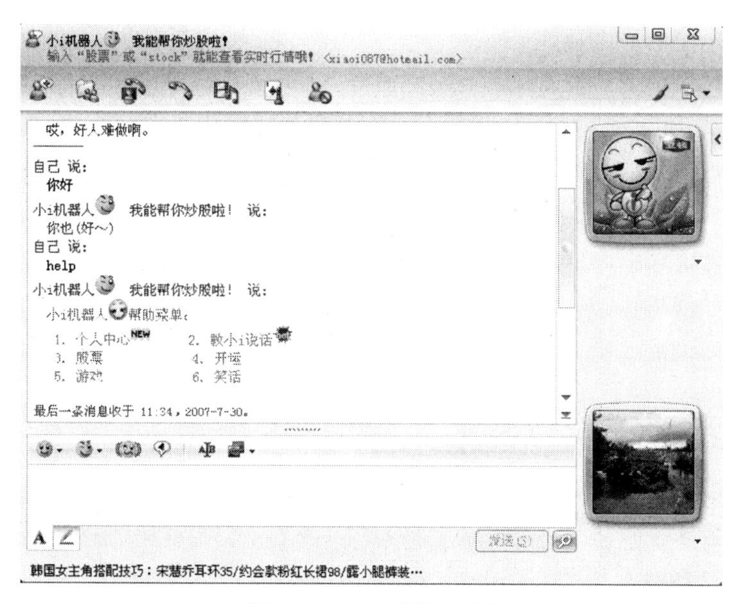

图 7-42　MSN 聊天示例

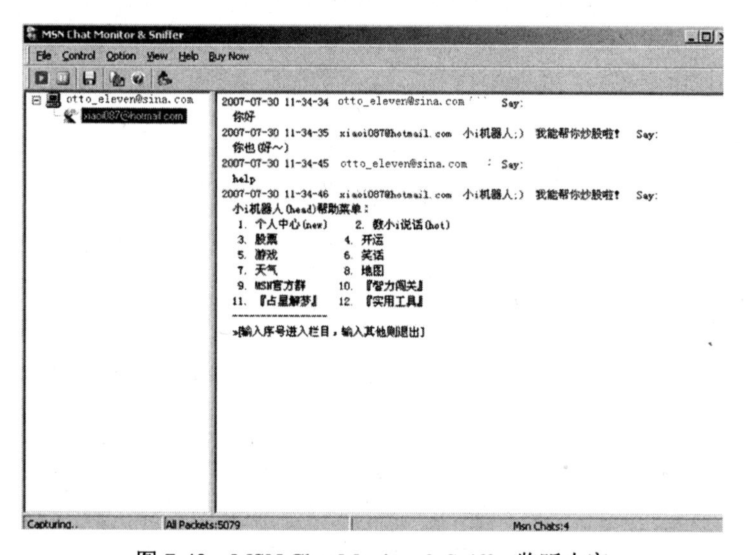

图 7-43　MSN Chat Monitor & Sniffer 监听内容

可以发现本机 MSN 的聊天内容很容易被它监听到。这款软件同时提供了保存聊天记录的功能。可以把监听到的聊天记录保存成 HTML 格式，方便以后查看，具体方法：选择 File→Save MSN Conversations 即可。

查看 HTML 格式的聊天记录如图 7-44 所示。至此，MSN 用户应该能够意识到内容嗅探的危害了。

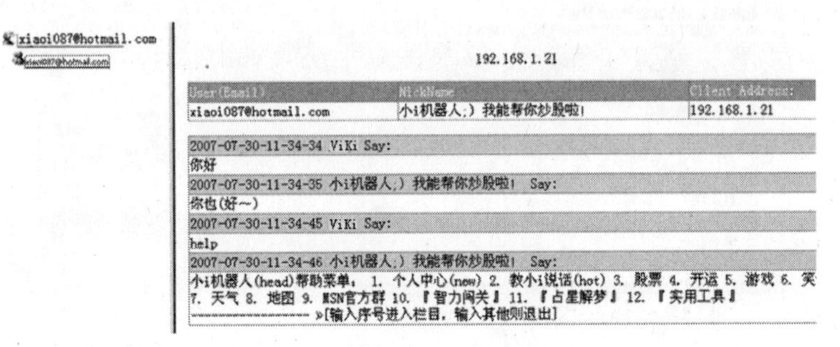

图 7-44　HTML 格式的聊天记录

7.2.2　MSN 安全配置

MSN 是目前常用的即时消息软件之一，在国内甚至认为使用 QQ 进行私人的聊天而 MSN 是商务人士使用的联系工具。本节我们将主要介绍一下 MSN 的安全配置及用法。

1．病毒木马防范

2007 年 12 月 25 日上午，金山毒霸反病毒监测中心发布圣诞节紧急病毒预警：MSN 病毒新变种（Worm.MsnBot.vx.56065）正在利用 MSN 疯狂传播。反病毒专家提醒广大用户，切忌通过 MSN 接收名为“Christmas-2007”的压缩文件（如图 7-45 所示），以防电脑沦为“肉鸡”。病毒运行后会自动连接 IRC 聊天室（INTERNET RELAY CHAT 的缩写，意思是因特网继传聊天），由 IRC 聊天室接受黑客指令进行远程控制，黑客可以盗取用户重要资料、网游账号等信息，用户主机也有沦为“肉鸡”的可能。

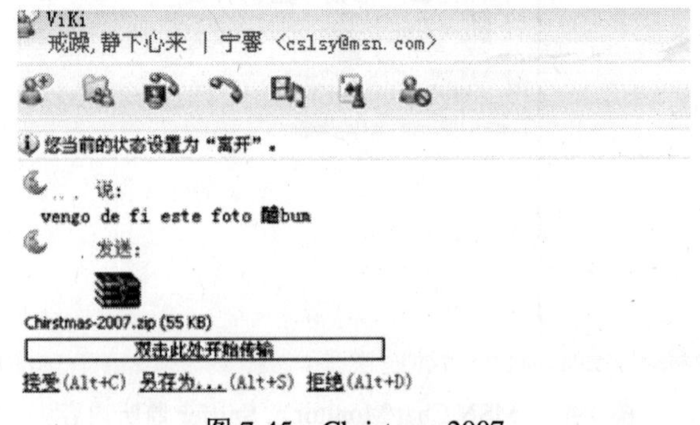

图 7-45　Christmas-2007

为了避免上述恶意程序带来的危害，首先我们必须有一定的安全意识，如果对方在没有任何提示的情况下给您发送文件，请不要接受更不要擅自去执行它，否则后果可能会很严重。当然，除了安全意识外，我们还需要借助一些安全工具的帮助，例如杀毒软件。

我们通过 MSN 菜单栏中的“工具”→“选项”→“文件传输”选项卡中，使用杀毒软件对传输的文件进行扫描，如图 7-46 所示。

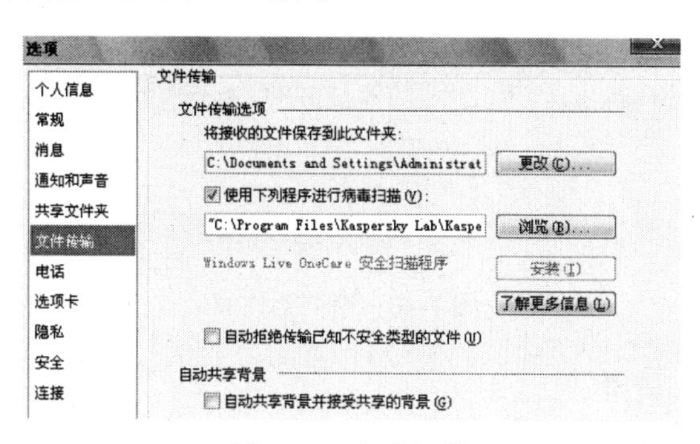

图 7-46　病毒扫描

2. MSN 聊天加密

为了避免在局域网中使用 MSN 聊天被嗅探软件获取聊天内容，虽然现在的 Windows Live Messenger 传送文本仍采用明文发送的方法，但是在 MSN Messnger 7.5 以上的版本中已经具备了文本加密功能。这样双方只要用加密方式监听者便无法通过嗅探的手段获取聊天的内容。有很多种途径可以发起加密聊天，其中最直接的就是：鼠标右键点击好友列表中的一个在线好友，选择“开始一个活动”在弹出的窗口中选择“悄悄话（加密）”即可，如图 7-47 和图 7-48 所示。

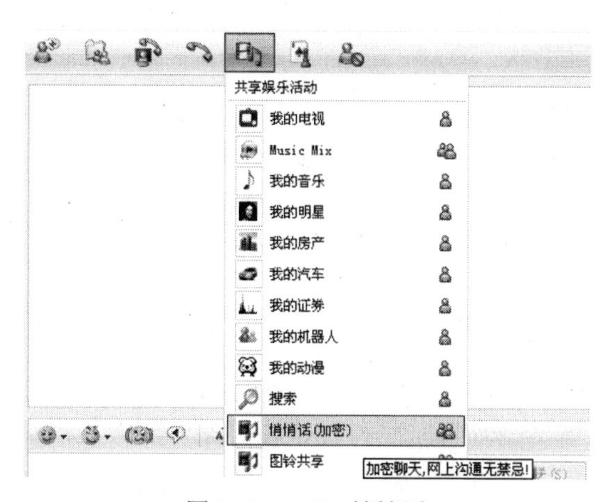

图 7-47　MSN 悄悄话

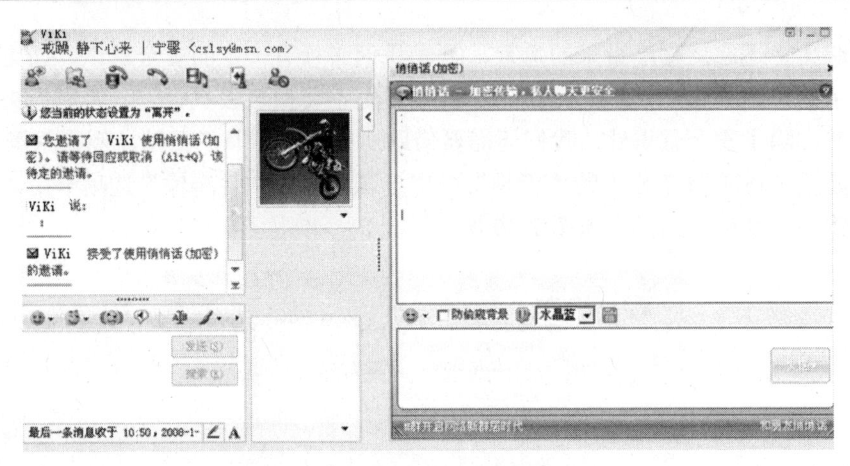

图 7-48　悄悄话界面

3. 去除 MSN 聊天记录

MSN 的聊天记录是以明文放置在硬盘上了，任何人只要进入聊天记录的文件夹，再双击相应的聊天记录文件，就能直接用 IE 查看具体的聊天内容。如果完全不生成聊天记录，那么也就不会担心聊天记录被人查看到。在 MSN 选项窗口中，在消息选项中将“自动保留对话的历史记录”上的勾选项去掉，这样以后聊天的内容就不会再记录下来，如图 7-49 所示。

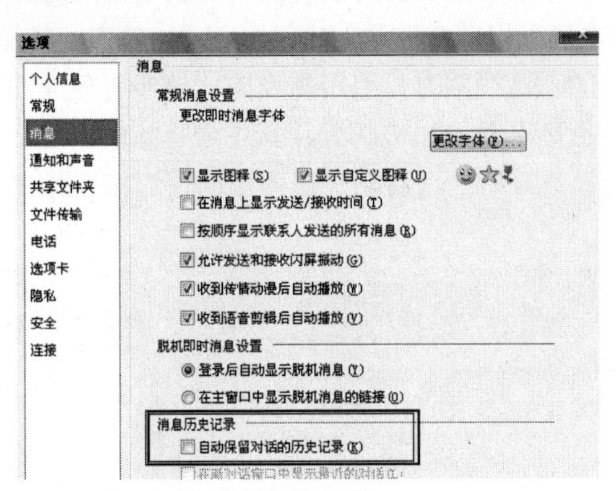

图 7-49　清除聊天记录

7.2.3　QQ 安全配置

QQ 是腾讯公司推出的基于互联网的即时通信工具，支持在线消息收发、即时传送语音、视频和文件，并且整合移动通信手段，可通过客户端发送信息给手机用户。目前 QQ 已开发出穿越防火墙、动态表情、给好友放录像、捕捉荧屏、共享文件夹、提供聊天场景、聊天时可显示图片等强大使用的功能，并且是为用户提供互联网业务、无线和固网业务的最基本平台，拥有广泛的用户群。正因为其广泛的流行度使得其安全性显得尤为重要。

QQ 官方的安全防范中心（http://safe.qq.com/）会及时地公布 QQ 出现的相关安全问题，QQ 为防止其用户遭到黑客或病毒的攻击已加入了多种安全技术，登录前的木马查杀、键盘输入保护策略、密码设置策略等。下面我们逐个介绍这些安全功能。

1．木马查杀

大家知道，目前有很多种黑客工具，木马就是其中之一，特别是针对 QQ 的木马就更多了，其中多数又是 QQ 盗号密码，那么我们怎样才能够尽量避免自己的 QQ 号码不被盗呢？首先我们要做的就是经常或者定期使用 QQ 自带的“查杀木马”工具进行木马的查杀。

如图 7-50 所示的 QQ 2007 正式版的登录界面的左下角，单击“查杀木马”按钮会出现如图 7-51 所示的窗口，图中显示了“正在扫描盗号木马”的过程。

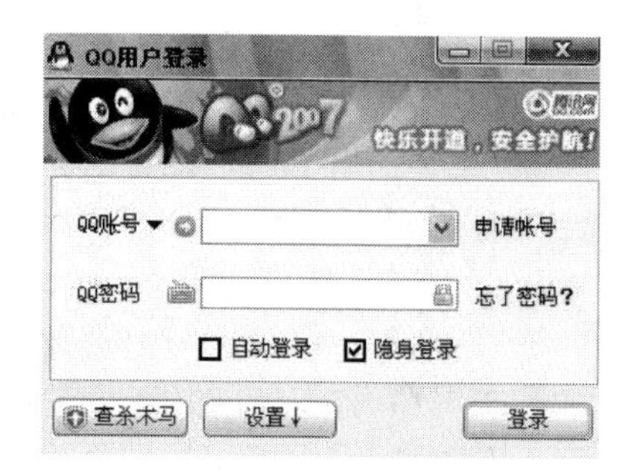

图 7-50　QQ 2007 登录界面

图 7-51　查杀木马

当发现有盗号木马或者可能被盗号木马利用的漏洞时，其结果会反映在登录的主界面上，如图 7-52 所示，并提示使用 QQ 医生对其修复。QQ 医生是腾讯公司针对盗取 QQ 密码的木马病毒所开发出的一款盗号木马专杀工具。它能够准确地扫描用户计算机上的盗号木马程序，并有效清除。QQ 医生主界面如图 7-53 所示。

图 7-52　发现漏洞

全面的QQ医生安全诊断将会包括如下内容：

（1）盗号木马和QQ尾巴病毒扫描

（2）Windows系统漏洞扫描

（3）QQ基础功能完好性扫描

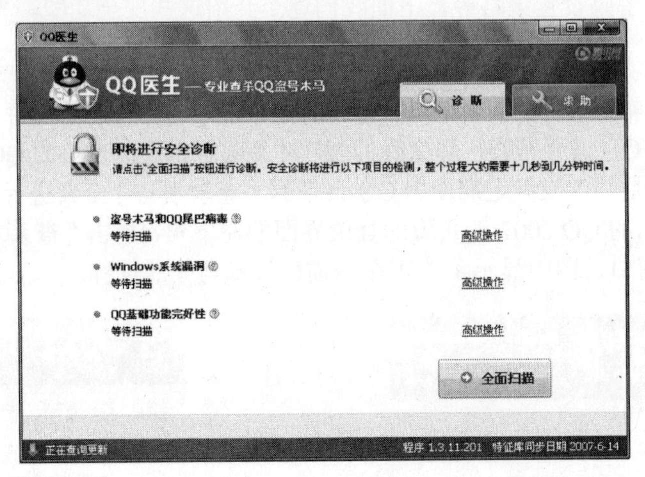

图7-53　QQ医生

单击"全面扫描"按钮，我们会看到QQ医生会把上面所有的功能执行一遍，对QQ可能造成威胁的问题进行诊断。图7-54显示了QQ医生发现了一个"Windows系统漏洞"，点击"高级操作"，弹出如图7-55所示的"Windows系统漏洞窗口"。

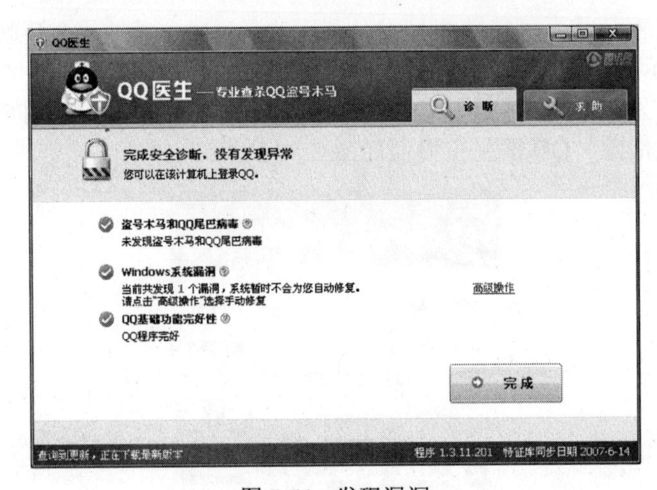

图7-54　发现漏洞

如果想查看漏洞的细节内容，请点击左下角的“漏洞详情”按钮进行查看，当然最重要的是对漏洞进行修复，通过单击“全部修复”按钮可以自动下载并安装补丁程序。

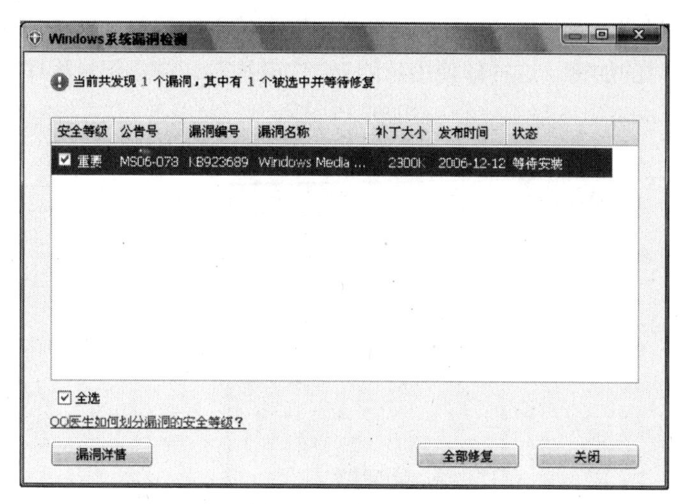

图 7-55　修复漏洞

如果用户对经常手动查杀木马感到麻烦，那么可以通过“个人设置”→“安全设置”→“查杀木马”来设置自动查杀木马的周期，如图 7-56 所示，建议将时间设置为“每周查杀一次”。

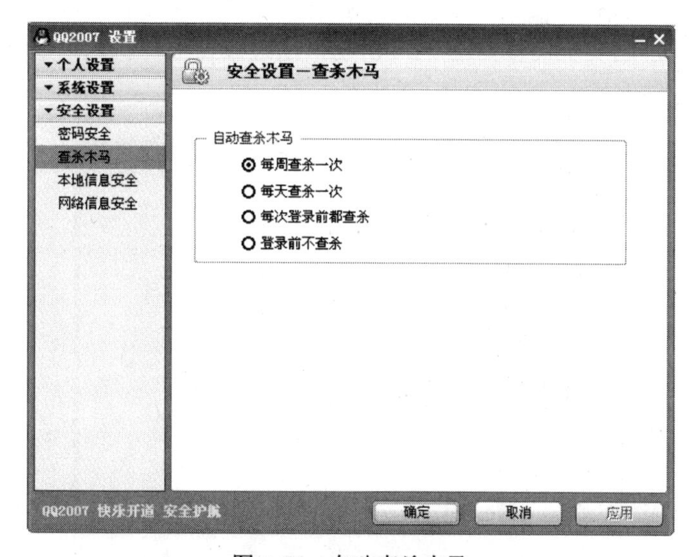

图 7-56　自动查杀木马

2. 键盘输入保护

QQ 采用了键盘加密保护技术，在启动 QQ 后，可以通过点击 QQ 登录界面的键盘图标来打开 QQ 自带的小键盘，如图 7-57 所示，当敲击键盘输入密码时，键盘加密保护系统会自动对键盘信息进行实时的加密。这样即使用户的 PC 中有病毒、键盘记录程序，也难以窃取用户的密码输入。

图 7-57　键盘保护

3. 密码安全设置

在 QQ 的安全设置中，我们可以看到“密码安全”、“查杀木马”、“本地信息安全”和“网络信息安全”。密码安全设置如图 7-58 所示，通过此窗口，我们可以修改我们的密码，并且申请 QQ 的密码保护。

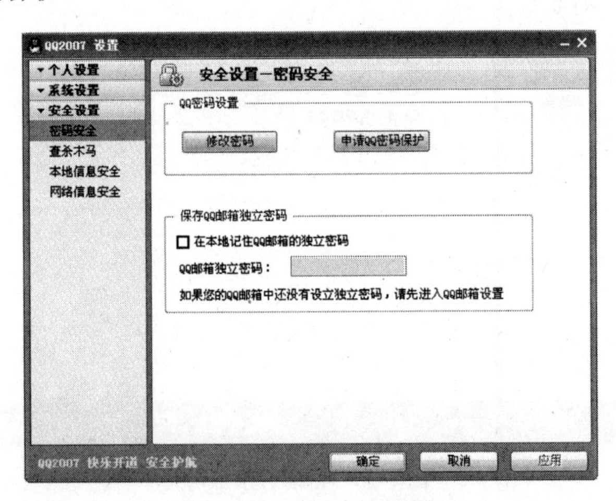

图 7-58　密码安全设置

尽管腾讯公司为了 QQ 号码安全提供了多种服务措施，但 QQ 号码是以密码为唯一有效验证的，往往由于您为您的账号设置的密码过于简单，容易被攻击者作为攻击对象，此时密码保护和号码申诉服务也不能做到万无一失。为了帮助用户建立易于自己记忆又不会被别人猜测到的密码，请您尝试以下技巧：

（1）请尽量设置长密码。可以使用完整的短语，而非单个的单词或数字作为密码，因为密码越长，则被破解的可能性就越小。

（2）尽量在单词中插入符号。例如 eleven_otto。

（3）请不要在密码中出现账号。请不要使用个人信息作为密码的内容，如生日、身份证号码、亲人或者伴侣的姓名、宿舍号等。

（4）每隔一段时间更新一次账号的密码。

4．聊天记录加密

与 MSN 一样，有时候 QQ 聊天记录也同样重要，为了保证自己的隐私或者重要信息不被恶意查阅，我们可以对聊天记录进行加密，如图 7-59 所示。一旦聊天记录加密口令生效后，用户每次登录 QQ 后，都会被要求输入“本地消息密码”，如图 7-60 所示。只有正确的输入口令的人才能登录到 QQ 并查看到聊天记录，从而保障了聊天记录的安全。

图 7-59　启用聊天记录加密

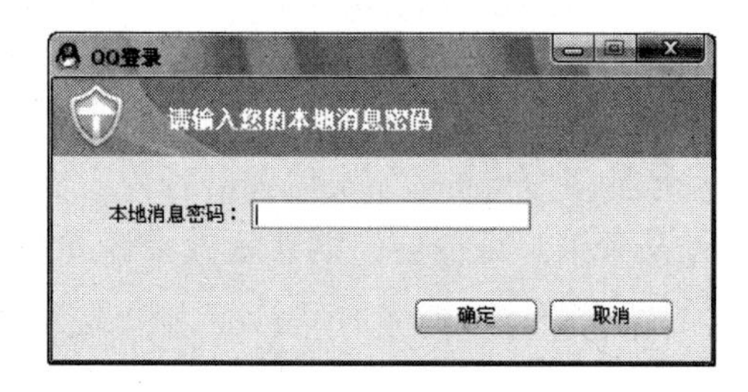

图 7-60　询问密码

7.3 电子商务

7.3.1 安全威胁

随着通信网络技术的飞速发展，特别是Internet的不断普及，人们的消费观念和整个商务系统也发生了巨大的变化，人们更希望通过网络的便利性来进行网络采购和交易，从而导致了电子商务（Electronic Commerce）的出现，并在世界范围内掀起了电子商务的热潮。随着电子商务在全球范围内的迅猛发展，电子商务中的网络安全问题日渐突出。电子商务中的安全隐患可分为如下几类。

1. 信息的截获和窃取。如果没有采用加密措施或加密强度不够，攻击者可能通过互联网、公共电话网、搭线、电磁波辐射范围内安装截收装置或在数据包通过的网关和路由器上截获数据等方式，获取输出的机密信息，或通过对信息流量和流向、通信频度和长度等参数的分析，推出有用信息，如消费者的银行账号、密码以及企业的商业机密等。

2. 信息的篡改。当攻击者熟悉了网络信息格式以后，通过各种技术方法和手段对网络传输的信息进行中途修改，并发往目的地，从而破坏信息的完整性。这种破坏手段主要有三个方面。

（1）篡改，改变信息流的次序，更改信息的内容，如购买商品的出货地址；

（2）删除，删除某个消息或消息的某些部分；

（3）插入，在消息中插入一些信息，让收方读不懂或接收错误的信息。

3. 信息假冒。当攻击者掌握了网络信息数据规律或解密商务信息以后，可以假冒合法用户或发送假冒信息来欺骗其他用户，主要有两种方式。

一是伪造电子邮件，虚开网站和商店，给用户发电子邮件，收订货单；伪造大量用户，发电子邮件，穷尽商家资源，使合法用户不能正常访问网络资源，使有严格时间要求的服务不能及时得到响应；伪造用户，发大量的电子邮件，窃取商家的商品信息和用户信用等信息。

另外一种为假冒他人身份，如冒充领导发布命令、调阅密件；冒充他人消费、栽赃；冒充主机欺骗合法主机及合法用户；冒充网络控制程序，套取或修改使用权限、通行字、密钥等信息；接管合法用户，欺骗系统，占用合法用户的资源。

4. 交易抵赖。交易抵赖包括多个方面，如发信者事后否认曾经发送过某条信息或内容；收信者事后否认曾经收到过某条消息或内容；购买者做了订货单不承认；商家卖出的商品因价格差而不承认原有的交易。

7.3.2 网上银行

网上银行是一个比较新的概念，中国的网络银行大多是对现有银行专用网的延伸和对银行传统业务方式的补充，银行增加一些软、硬件设备，使得用户可以通过家用电脑连接银行系统，进行各种普通的银行业务，以弥补传统银行业务中营业网点少和营业时间短的不足。

2007 年以来，大量的关于网上银行发生骗盗的报道不断见诸报端。不法分子通过窃取用户的卡号和密码，大量盗窃资金和冒用消费，因此虽然网银对于银行和用户都有不少好处，但是发生这些情况使得银行在推广网银面临非常巨大的风险，提高网银的安全性也是刻不容缓。多家网上银行也都相应地采取了部分安全措施，例如工商银行的预留验证信息，如图 7-61 所示，在账号最初开通网上银行服务时，要留有一个字符串用于鉴别安全性。

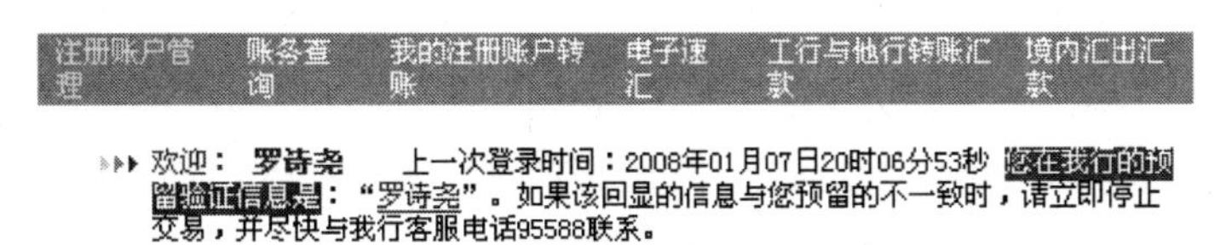

图 7-61　预留验证信息

目前的网银系统的主要问题是用户安全性过于依赖用户本身的素质，对于安全观念较差的用户，其密码很容易被盗取，因此这种“信任用户”的安全模式设计是很不合理的。例如曾经出现的工商银行网上银行的钓鱼事件。一些用户邮箱收到银行账号激活地址，如图 7-62 所示，其登录界面与真正的工商银行网上银行几乎一模一样，如图 7-63 所示。

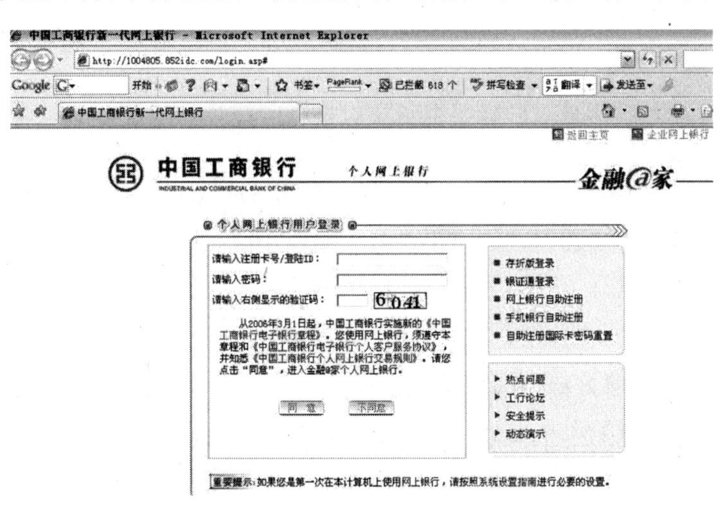

图 7-62　工商银行钓鱼网站

图 7-63　真正的工商银行网银

安全意识薄弱的用户，如果没有意识到上述网页的伪造性，而把自己的账户和密码输入进去，那么非法人员将可能完全控制您的银行账号，从而给自己带来无法估量的损失。

另外，用户的电脑可能安装木马程序，用户的一举一动都可能被监听和窃取，安全的网银系统应该设计成为这样的：假设网银的管理员是黑客，并在最终用户电脑安装木马并且可以监听用户的一切键盘鼠标操作，网银的管理员还可以进行系统管理和操作，但是网银的管理员依旧无法通过网银系统来窃取最终用户的资金。如果能做到这一点，那么这个网银系统就算是比较安全了。不管系统如何的安全，用户自身还是应该增强自身的安全意识，下面我们列举几个安全注意事项。

1. 用户应核对网址

用户在登录网上银行时，最好要留意核对自己所登录的网址与自己和银行签订的协议书中的法定网址是否一致。

“网络钓鱼”攻击者利用欺骗性的电子邮件和伪造的 Web 站点来进行诈骗活动，受骗者往往会泄露自己的财务数据，如信用卡号、账户和口令、社保编号等内容。诈骗者通常会将自己伪装成知名银行、在线零售商和信用卡公司等可信的品牌，在所有接触诈骗信息的用户中，有高达 5%的人都会对这些骗局做出响应。

2. 用户应妥善保管好自己的密码

用户切不要把自己的出生日期、家庭电话号码以及自己的身份证号码等作为密码，建议选择有代表性的数字和字母混合的方式设定密码，以提高密码破解的难度。

3. 用户应做好交易的记录

用户应对自己在网上银行办理的每一笔转账和支付交易等业务做好详细的记录，并定期查看自己的“历史交易明细”和定期打印自己的网上交易业务对账单。

4. 用户应管好数字证书

用户应避免在公用的计算机上使用网络银行交易，以防止自己的数字证书等相关机密资料落入不法分子的手中，从而让自己的网上身份识别系统遭到不法分子的蓄意破坏，使自己的网上账户被他人盗用。

5. 用户应对异常的动态提高警惕

假如用户不小心把自己的银行卡卡号和密码输入了陌生的网址上，并出现了类似于“系统维护”等提示语，用户应立即拨打银行的客服热线进行确认，一旦发现自己的资料已经被盗，必须马上修改自己的相关密码并去银行进行银行卡挂失。

6. 用户应安装防病毒软件

银行用户应为自己使用的电脑安装防火墙和防病毒软件，并经常为自己的电脑升级。

7. 用户应堵住软件漏洞

为了能够更好地防止不法分子利用软件中的漏洞进入自己的计算机窃取资料，在使用网络银行、网络游戏时必须开启杀毒软件的实时监控，并启用个人防火墙，且杀毒软件必须经常升级，下载补丁程序。

8. 安全退出

每次使用网上银行个人服务后，请选择“退出登录”选项退出，以防数字证书等机密资料落入他人之手。

7.3.3　网上购物

网上购物，就是通过互联网检索商品信息，并通过电子订购单发出购物请求，然后填上私人支票账号或信用卡的号码，厂商通过邮购的方式发货，或是通过快递公司送货上门。随着互联网在中国的进一步普及应用，网上购物逐渐成为人们的网上行为之一，然而与网上银行一样，网上购物也存在着许多问题，用户同样需要提高自己的安全意识。

淘宝网（www.taobao.com）是中国领先的个人交易网上平台，主页如图 7-64 所示。下面我们以淘宝购物为例给大家讲述一下在网络购物时应该注意的问题。

图 7-64　淘宝网主页

1. 保护自己的密码

不要提交任何关于你自己的敏感信息或私人信息，尤其是个人秘密。与网上银行一样，不要使用任何容易破解的信息作为你的密码，比如你的生日、电话号码等。你的密码最好是一串比较独特的组合，至少包含 5 个数字、字母或其他符号。为了提升淘宝会员名的安全性，防止账号密码被木马程序或病毒窃取，建议用户登录时使用登录安全控件，该安全控件实现了对关键数据进行 SSL 加密，可以有效防止木马截取键盘记录，如图 7-65 所示，单击登录界面下的“安全登录”窗口，转到如图 7-66 所示的安全登录界面。

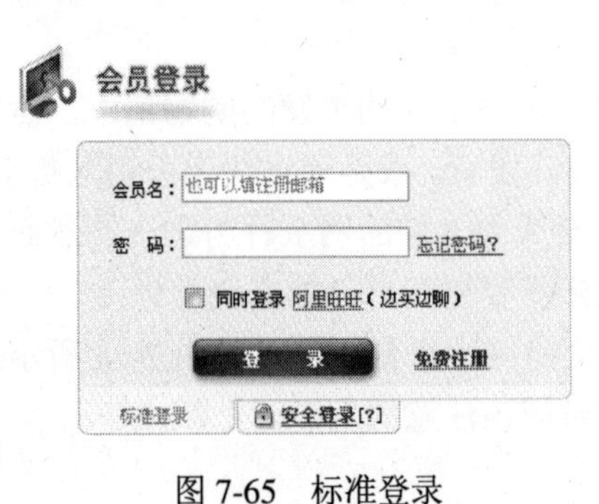

图 7-65　标准登录

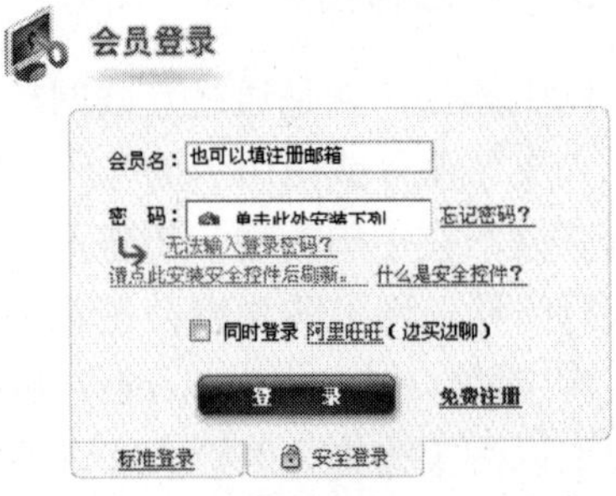

图 7-66　安全登录

从图 7-66 中我们可以看到需要安装安全控件，点击浏览器选择“安装 ActiveX 控件”，如图 7-67 所示，弹出图 7-68 所示的“支付宝网络安全控件”，单击“安装”按钮即可，从而便可以安全登录，如图 7-69 所示。

图 7-67　安装 ActiveX 控件

图 7-68　支付宝网络安全控件

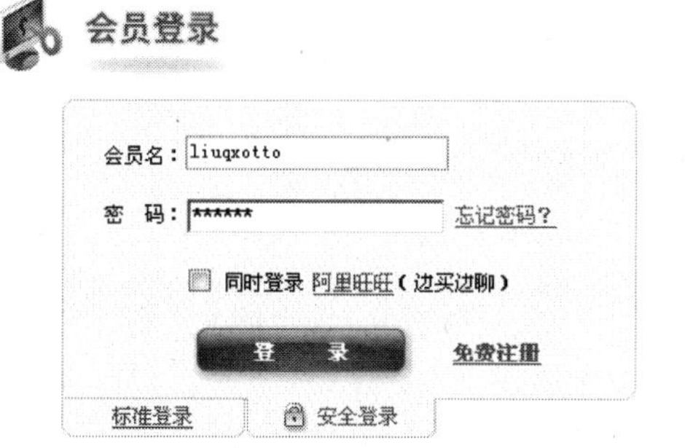

图 7-69　安全登录

2. 正确地选择卖家

网络购物问题中，欺诈行为在网络中也在所难免，对于刚刚开始网购的朋友应该注意哪些事项才能尽量避免被骗呢？

（1）看信用等级和信用评价

- 看卖家的信用等级。一般情况下，当然是信用度越高，其可信任度就越大；
- 在淘宝网有个信用评价系统，这里是淘宝买家和卖家在交易完成后，相互评价的地方。淘宝信用评价分为“好评”、“中评”、“差评”三类，每种评价对应一个信用积分，具体为“好评”加 1 分，“中评”不加分，“差评”扣 1 分。如何看信用评价呢？如图 7-70 所示，首先点击店铺首页的“信用评价”，进入店铺的信用评价系统，如图 7-71 所示。

首先，要看差评和中评，这是很重要的，要仔细看差评和中评的内容。如果在差评或者中评里面有多个不同的买家反映说东东质量有问题，而且卖家并没有回复，或者回复说得很勉强，这个店铺你就不用再考虑了，店主不会是个诚信的卖家（当然也有极少的是恶意评价）；一般一个店铺的好评率应在95%以上。

图7-70　信用评价

其次，要看好评，对于好评，许多新手买家觉得这个没必要看，其实不然。一个页面的好评一般有40个，那么你在这40个好评里面要看买家的昵称是不是有多个连续重复的，如果有，你可以点击进入他的店铺的信用评价里，看是不是存在互换好评的问题，如果有，那么这个卖家就不是一个诚信的卖家，反之也成立。

个人信息

会员名：zy1987625
阿里旺旺：和我联系
站 内 信：发送信件
地址：北京　北京
认证信息：

卖家好评率：100.0%
买家好评率：100.0%

如何作评价？
信用等级是如何分的？
如何判断“信用炒作”？
“信用炒作”如何处理？
我被人恶意评价了，可以修改吗？

卖家信用度（196）

	最近1周	最近1个月	最近6个月	6个月前	总计
好评	11	71	87	109	196
中评	0	0	0	0	0
差评	0	0	0	0	0
总计	11	71	87	109	196

买家信用度（173）

	最近1周	最近1个月	最近6个月	6个月前	总计
好评	1	10	58	115	173
中评	0	0	0	0	0
差评	0	0	0	0	0
总计	1	10	58	115	173

图7-71　信用度

（2）看卖家的宝贝详情，也就是宝贝说明

诚信的卖家会很用心去做宝贝详情的，他们为买家考虑得很周到，新手买家的许多问题和疑问在这里都能找到答案的。如宝贝的材质、大小、尺寸、购物流程、产品展示、买家必读、邮费、物流配送、联系方式、售后服务承诺等，都会给新手买家一个较为满意的说明，给人一种信任感。相反有的宝贝说明只有那么几句话，怎么让买家信任呢？

（3）看卖家店里的商品是否支持支付宝

一般卖家都支持这种既安全，又方便的工具（支付宝是淘宝网推出的专门为交易服务的在线支付工具），如果不支持支付宝，那你最好尽快去别的店铺了。

（4）看产品的图片

一个诚信的卖家会很用心去做的，所以他（她）的宝贝图片会很清晰的，当然也很好看的，我想一个连宝贝图片都拍不好的卖家，谁会去他（她）的店里淘东东呢，也无法取得买家的信任。

（5）看产品的数量

一个店里只有几十件商品和一个店里有上百件商品，如果你是买家，你认为两个比较哪个更值得信任呢？我想大家心里都有答案，就不多说啦。

（6）和卖家用旺旺等工具进行沟通

在沟通过程中，进一步了解卖家的服务态度、对商品各种属性的了解程度以及其他买家关心的问题。如果卖家对所售东东都不了解的话，你还会信任卖家吗？买家一定要把好这道关。阿里旺旺主界面如图 7-72 所示。

3. 安全地支付

在淘宝进行网络购物时，使用支付宝进行交易。支付宝交易服务从 2003 年 10 月在淘宝网推出，短短两年时间内迅速成为使用极其广泛的网上安全支付工具，深受用户喜爱，引起业界高度关注。用户覆盖了整个 C2C、B2C 以及 B2B 领域。

支付宝以其在电子商务支付领域先进的技术、风险管理与控制等能力赢得银行等合作伙伴的认同。目前已和国内工商银行、建设银行、农业银行、招商银行等各大商业银行以及 VISA 国际组织等各大金融机构建立了战略合作，成为银行在网上支付领域极为信任的合作伙伴，其使用安全交易流程如图 7-73 所示。

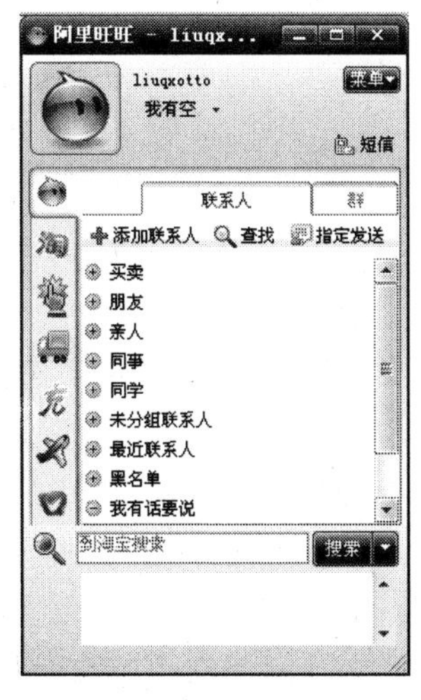

图 7-72　旺旺

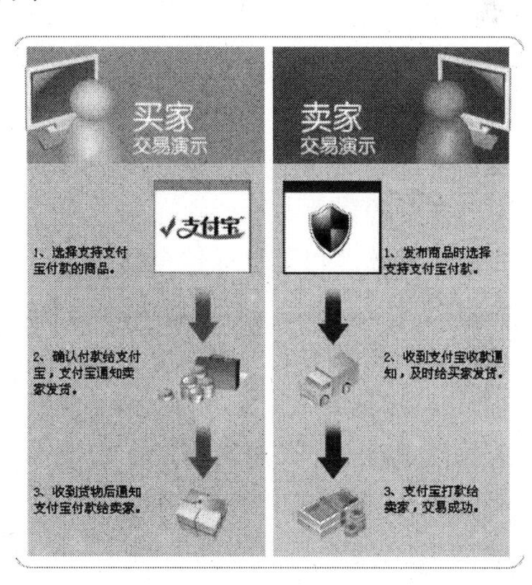

图 7-73　支付宝安全交易流程

总的来说，网上购物一般还是比较安全的，只要你按照正确的步骤做，并且注意好上述问题，一般都会顺利完成交易。

7.4 小结

本章我们主要介绍了 Internet 上的许多应用，例如电子邮件、网络聊天、网上银行、网络购物等可能面临的安全威胁，以及如何尽可能地避免这些安全问题。然而随着网络安全形势的日益严峻，这些应用将会出现其他更多的安全问题。因此，为了保证自身利益不受侵害，用户应当不断积累安全知识，增强安全意识。

习题 7

一、判断题

1．电子邮件本身不会产生病毒，只是病毒的寄生场所。（　　）

2. 邮件系统中如果自带了杀毒功能，那么自身电脑上就不需要安装杀毒软件了。（　　）

3．病毒木马等恶意程序会通过聊天工具传播。（　　）

4．MSN 聊天记录可能被人窃听。（　　）

5．网上购物不存在欺诈行为，因此选择怎么样的卖家都无所谓。（　　）

二、选择题

1．**[单选题]**下列关于电子邮件安全威胁说法错误的是（　　）

（A）垃圾邮件严重影响着邮件系统的正常使用；

（B）网络钓鱼专门用来盗取消费者的个人信息；

（C）邮件的附件中不会存在病毒程序；

（D）邮件炸弹可能造成整个网络系统全部瘫痪。

2. **[单选题]**目前国内大多数公司都采用 MSN 作为即时通工具，你认为主要原因是（　　）

（A）聊天内容明文传输，便于监控；

（B）MSN 功能强大；

（C）微软打造，必属精品；

（D）歧视 QQ 等国产软件。

3．**[单选题]**关于网上银行说法错误的是（　　）

（A）目前网上银行系统的主要问题是用户安全性过于依赖用户本身的素质；

（B）网络钓鱼事件时有发生；

（C）网上银行使用过程中应做好交易的记录；

（D）操作系统的安全漏洞与网上银行无关，因此不用在意。

4．**[多选题]**Web 邮箱安全配置手段包括（　　）

（A）安全登录，防密码嗅探；

（B）开启邮箱的自动过滤功能；

（C）对邮箱进行反垃圾邮件设置；

（D）为联系人设置黑名单和白名单；

（E）开启邮件杀毒功能；

（F）个人电脑上安装杀毒软件。

5．**[多选题]**如何正确地选择卖家？（　　）

（A）看信用等级和信用评价；

（B）看卖家的宝贝详情；

（C）看卖家店里的商品是否支持支付宝；

（D）看产品的图片；

（E）看产品的数量；

（F）和卖家用旺旺等工具进行沟通。

三、思考题

1．了解自己所使用的 Web 邮箱中的各种功能，并对其做出安全配置策略。

2．目前网络购物逐渐兴起，除了淘宝还有其他网络站点，例如 China-pub（书籍相关）、京东商城等，请选择一个网络购物站点，并调研一下如何安全地进行交易。

CHAPTER

8

第 8 章　计算机木马防范

引言

安博士这周要讲解计算机木马的专题内容，这也是很多计算机用户经常遇到的问题，为了提高大家的兴趣，安博士课程开始向同学们讲起了关于“特洛伊木马（Trojan horse）”的起源故事。

特洛伊木马（Trojan horse），最先源自古希腊神话中。相传公元前 1193 年，特洛伊国王普里阿摩斯和他俊美的王子帕里斯在希腊斯巴达王麦尼劳斯的宫中受到了盛情的款待。但是，帕里斯却和麦尼劳斯美貌的妻子海伦一见钟情并将她带出宫去，恼怒的麦尼劳斯和他的兄弟迈西尼国王阿伽门农兴兵讨伐特洛伊。

由于特洛伊城池牢固且易守难攻，希腊军队和特洛伊勇士们对峙长达 10 年之久，最后英雄奥德修斯献上妙计，让希腊士兵全部登上战船，制造出撤兵的假象，并故意在城前留下一具巨大的木马。特洛伊人高兴地把木马当作战利品抬进城去。当晚，正当特洛伊人沉湎于美酒和歌舞的时候，藏在木马腹内的 20 名希腊士兵杀出，打开城门，里应外合，特洛伊立刻被攻陷，杀掠和大火将整个城市毁灭。老国王和大多数男人被杀死，妇女和儿童被出卖为奴，海伦又被带回希腊，持续 10 年之久的战争终于结束。

在现实中网络上的恶意攻击也常借助于类似形式，将“木马程序”植入用户的计算机内，在用户不知情的情况下进行窃取信息、控制用户计算机等非法活动。

同学们学习完本章内容，将达到以下的学习目标。

本章目标

- 了解计算机木马的工作原理；
- 掌握查杀计算机木马的方法（手动方式、专用工具）；
- 了解计算机病毒危害和破坏形式，建立病毒防范意识；

● 掌握计算机病毒预防、查杀方法（手动、专用软件）；
● 了解各种远程控制手段，掌握安全配置操作。

8.1　计算机木马种类和发展

8.1.1　计算机木马种类

将计算机木马程序按照功能划分，有以下的木马种类。

1．键盘记录型木马

该类型木马主要用来截取用户的密码资料信息，类似于 QQ、MSN、魔兽世界等大多数网游或即时通讯程序的密码，当然，对于用户网上银行的资料记录，这类木马也能够记录下来。这类特洛伊木马随着 Windows 的启动而启动，图 8-1 所示界面就是网银大盗的主程序。

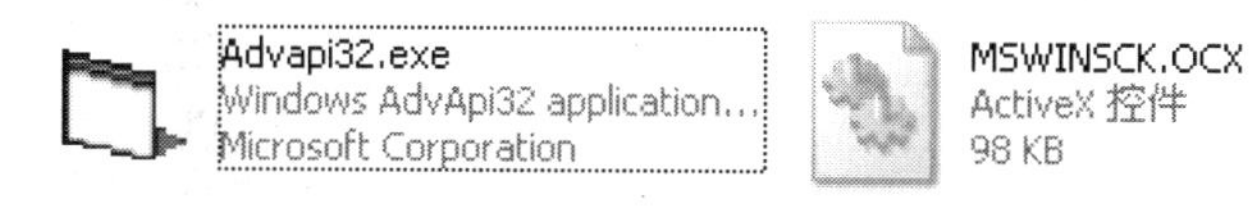

图 8-1　网银大盗主程序

该网银木马是用 VB 编写的，程序分为两个部分，一个是服务端（Advapi32.exe），用来将截取捕获的网银账户信息加密成 dll 文件并发送到攻击者指定的邮箱，为了使被盗用户的信息能够被攻击者独享，它还需要一个解密端程序（Reader.exe）对收到的 dll 文件进行解密，如图 8-2 所示。

图 8-2　网银大盗解密端程序

当服务端（Advapi32.exe）程序运行后，会在注册表 HKEY_LOCAL_MACHINE\SOFTWARE\Microsoft\Windows\CurrentVersion\Run 的启动项里新增一条该程序所在路径的信息，设置计算机开机后将自动运行此程序。同时，在该程序运行后，会自动监视 IE 所浏览的站点标题、网页 URL 中的内容，如果在 IE 的标题栏、URL 中出现“中国工商银行新一代网上银行”、“https://mybank.icbc.com/cn/icbc/ perbank/index.jsp”等敏感字符信息时，用户当前所浏览的浏览器将会被这个服务端（Advapi32.exe）所虚拟的一个新 IE 窗口替换，如图 8-3 所示。

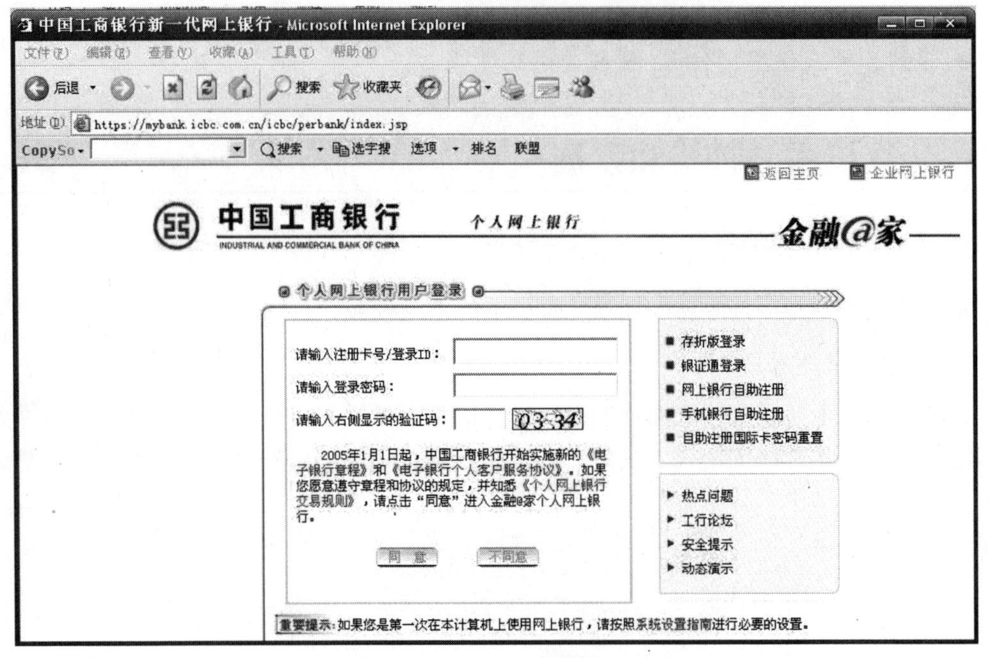

图 8-3 虚拟的 IE 浏览器窗口

值得注意的是，用户此时所看到的窗口并不是真实的 IE 浏览器，该窗口是攻击者虚拟的，如果此时用户打开任务管理器，可以发现在进程中找不到 iexplore.exe 进程，而原先打开的 IE 浏览器已经被程序关闭掉了。如果现在在该窗口输入用户的登录信息，其输入的内容将会被加密为一个 dll 文件（保存在程序运行的目录中）并发送到攻击者指定的邮箱，等待攻击者查看。

2. 远程监控型木马

这类木马是使用最为广泛的，如著名的灰鸽子。该木马可以实现远程控制、屏幕监视等功能，该类型木马的危害在于窃取用户完全的隐私，用户一切的操作均被木马所有者一览无遗，严重危害用户的权益，如图 8-4 所示为灰鸽子程序主界面。

3. DoS 攻击木马

随着 DoS 攻击越来越频繁地出现，被用作 DoS 攻击的木马也逐渐流行起来。这种木马的危害不是体现在被感染计算机上，而是体现在攻击者可以利用它来攻击一台又一台计算机，给网络造成很大的损失和伤害。图 8-5 所示为上兴网络僵尸主程序界面。

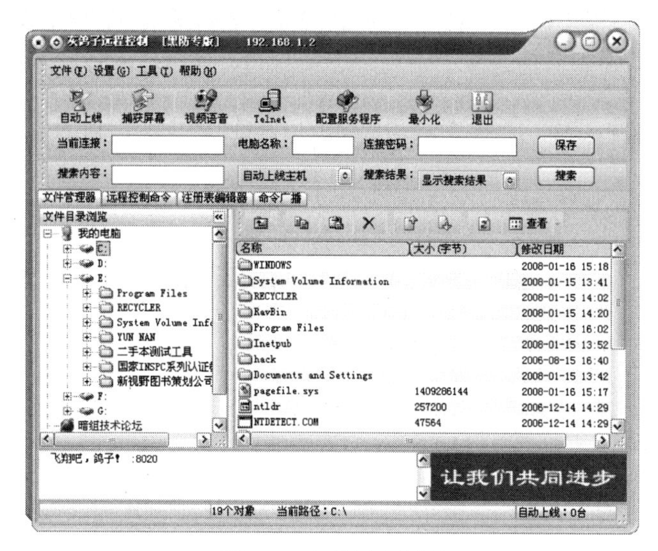

图 8-4　灰鸽子主界面

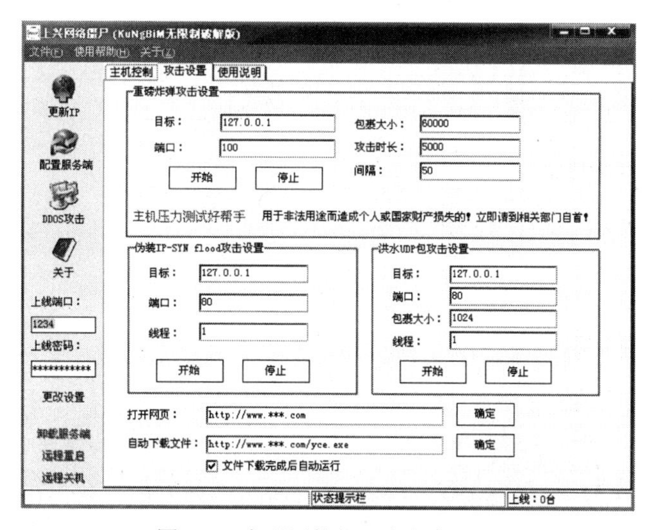

图 8-5　上兴网络僵尸主程序界面

8.1.2　计算机木马技术的发展

1. 第一代木马

从木马的发展过程来看，有人把木马分为五代，本书分析归类为四代。第一代木马功能简单，主要针对 UNIX 系统，而针对 Windows 系统的第一代木马为数不多，只有 BO、

Netspy 等少数木马，功能也非常简单。第一代 Windows 木马只是一个将自己伪装成特殊的程序或文件的软件，如本身伪装成一个用户登录窗口，当用户运行了木马伪装的登录窗口，输入用户名与密码后，木马将自动记录数据并转发给供给者，入侵者借此来获得用户的重要信息，达到自己的目的。

Netspy 可以自动记录通过用户计算机访问过的 Internet 站点，它工作时很隐蔽，可以记录其他人上网的使用记录。图 8-6 所示为 Netspy 配置界面。

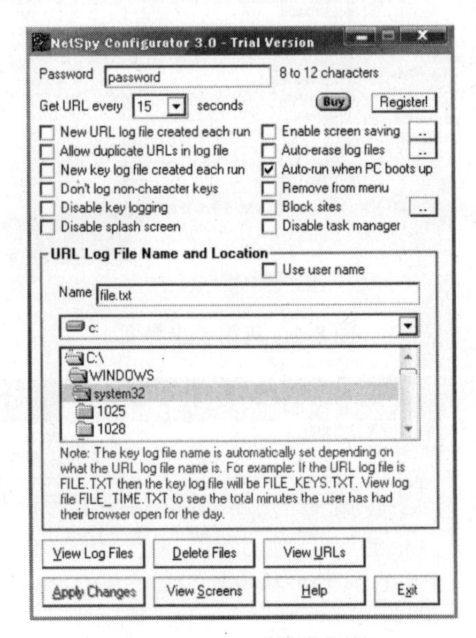

图 8-6　Netspy 配置界面

由于第一代木马比较简单，应用周期也十分短。和第二代木马相比逊色很多。

2. 第二代木马

第二代木马可以被看做现代木马的雏形，提供了几乎所有能够进行的远程控制操作。国外有代表性的有 BO2000 和 Sub7。在国内，冰河与广外女生被认为是标准的第二代木马，它们以强大的功能、方便的操作曾经占领了国内木马界半壁江山，图 8-7 所示界面为冰河主程序界面。

3. 第三代和第四代木马

木马强大的功能被世人所皆知后，木马也开始过上了“流亡”生涯。杀毒软件、网络防火墙无时无刻不在抵御着木马的入侵。正当入侵者一筹莫展的时候，第三代木马出现了，它通过改变客户端与服务端的连接方式，由原来的服务端被动连接变为服务端主动连接，使网络防火墙形同虚设。基于这种连接思想，第三代木马产生了。随后出现的第四代木马除完善了前辈们所有的技术外，还利用了远程线程插入技术，将木马线程插入 DLL 线程中，增加了隐藏进程技术，让系统更加难以发现木马的存在，进而逃避防火墙对特定程序通信的拦截。

图 8-7　冰河主程序界面

在介绍这类木马之前，首先来看看木马的几种连接方式。

1．传统连接方式

第一、二代木马都属于传统连接方式，即 C/S（客户端/服务端）连接方式。在这种连接方式下，远程主机开放监听端口等待外部连接，成为服务端。当入侵者需要与远程主机建立连接的时候，便主动发出连接请求，从而建立连接，建立过程如图 8-8 所示。

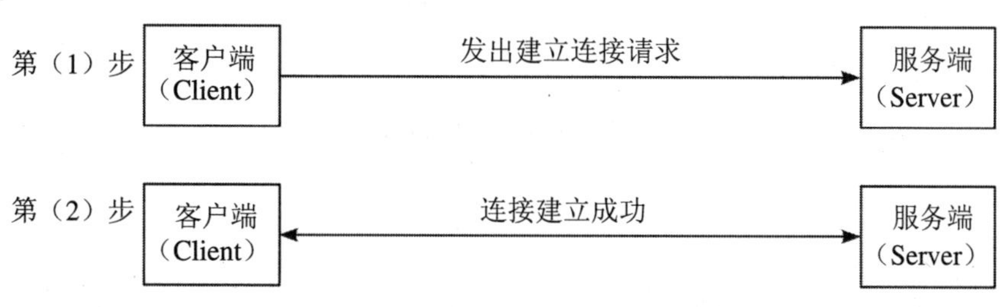

图 8-8　传统木马的连接方式

这种连接需要服务端开放端口等待连接，客户端需要获取服务端的 IP 地址与服务端口号。因此，不适合与动态 IP 地址（如 ADSL 拨号上网）或局域网内主机（如网吧内计算机）建立连接。

2．第三代木马连接方式（反弹端口技术）

第三代木马使用的是“反弹端口”连接技术，连接的建立不再由客户端主动连接，而是由服务端来完成，这种连接过程恰恰与传统连接方式相反。当远程主机安装第三代木马后，由远程主机主动寻找客户端建立连接，客户端则开放端口等待连接，具体建立过程如图 8-9 所示。

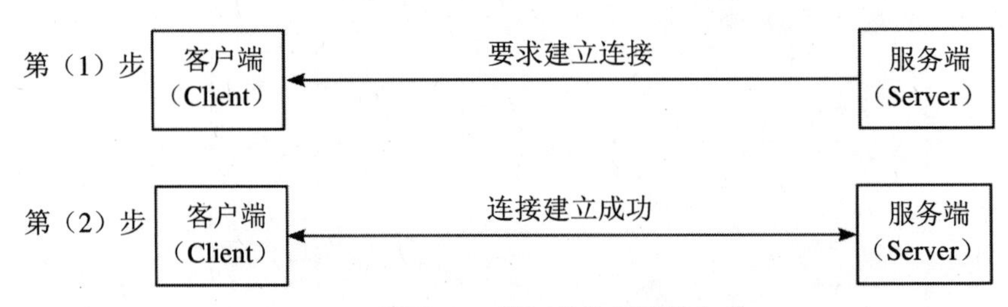

图 8-9　第三代木马连接方式

这种连接方式有效地解决了以往木马的连接限制，而且这种连接方式可以穿透一定设置的防火墙。在第三代木马中，最具有代表性的是灰鸽子 2005 版，如图 8-10 所示。

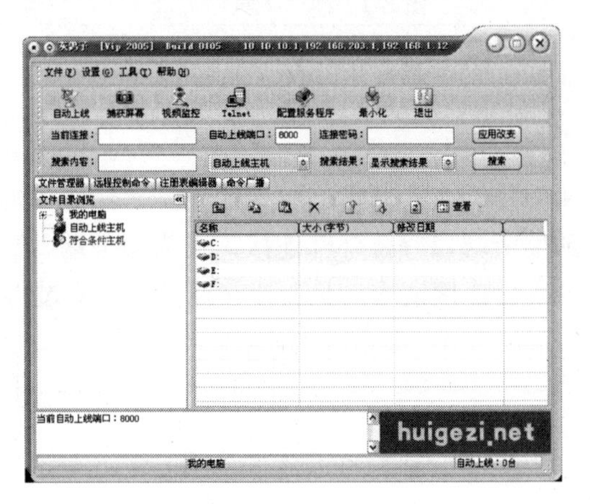

图 8-10　灰鸽子 2005 版

8.2　计算机木马工作原理

很多用户计算机中了“木马病毒”后并不知道该怎样清除。虽然现在市面上有众多新版杀毒软件都可以自动清除“木马和病毒”程序，但它们并不能防范新出现的“木马”和其变种程序，因此最为关键的还是要知道“木马”的工作原理，了解其启动方式，最好能做到手动清除而不依赖工具。本节我们将向大家介绍计算机木马的工作原理，让大家对其有一个清晰透彻的了解。

8.2.1　木马的运行机制

因为大多数木马使用者使用的都是动态 IP 地址，图 8-9 的连接方式是无法适用在动态 IP 上的，所以，这里笔者介绍下目前最广泛的木马运行机制。

第一步：木马客户端会将自己的 IP 地址以及监听端口发送给一个“中间机器”，如某网页文件，http://xxx.com/ip.txt。

第二步：木马服务端会连接“中间机器”，获取服务端目前的 IP 地址和端口信息。

第三步：木马服务端主动向客户端发出连接请求，直至双方建立连接成功。整个过程如图 8-11 所示。

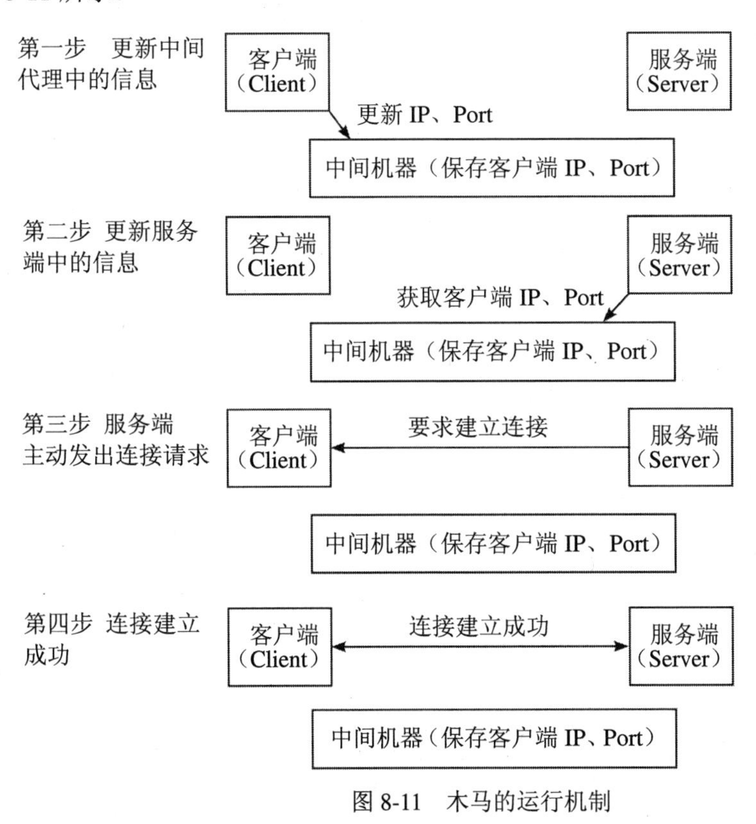

图 8-11　木马的运行机制

8.2.2 木马常见欺骗方式

木马是一个软件，它由使用者传播或种植，而不会“长腿”自己跑到用户的机器上，正像《特洛伊》剧情中描述的一样，木马往往是用户自己将其带进计算机中的。有了木马程序，如果没有高超的骗术，木马也无用武之地，因此，这里将简单的介绍几种网络上流行的欺骗方法，目的是让读者了解这些内容，如果遇到类似情况，也可以当场揭穿而不会付出城池失守的代价。

1．捆绑欺骗

把木马服务端和某个游戏或者 flash 文件捆绑成一个文件通过 QQ 或邮件发给目标。当目标对这个游戏或者 flash 感兴趣而下载到自己的机器上，而且不幸打开了文件。受害者会看到游戏程序正常打开，但却不会发觉木马程序已经悄悄运行。这种方法可以起到很好的迷惑作用，而且即使受害者重装系统，如果用户保存了那个捆绑文件，还是有可能再次中招。

2．邮件冒名欺骗

现在上网的用户很多，但是其中一些用户的电脑知识并不丰富，防范意识也不强，当黑客用匿名邮件工具冒充用户的好友或大型网站、政府机构向目标主机用户发送邮件，并将木马程序作为附件，用户看到发送者的名字是某知名网站或大型机构，再把附件命名为调查问卷、注册表单等，用户就有可能毫无戒心地打开附件。

3．压缩包伪装

这个方法比较简单也比较实用，将一个木马和一个损坏的 zip/rar 文件包（可自制）捆绑在一起，然后指定捆绑后的文件为 zip/rar 文件图标，这样一来，除非别人看了他的后缀，否则单击后将和一般损坏的 zip/rar 没什么两样，根本不知道其实已经有木马在悄悄运行了。

4．网页欺骗

也许读者在网上都有这样的经历，当用户在聊天的时候，入侵者发给用户一些陌生的网址，并且说明网站上有一些比较吸引人的东西或者热门的话题。如果用户不够警惕，或者好奇心较强，不幸点击了这个链接，在网页弹出的同时，用户的机器也可能已经被种下了木马。

5．利用 net send 命令欺骗

net send 命令是 DOS 提供的在局域网内发送消息的内部命令，命令格式如下：net send [目标机的 ip 地址/目标机的机器名] [消息内容]。因此如果用户对此命令一无所知，则黑客

就可以利用这个命令将自己伪装成为系统用户或网络上的著名公司来发送欺骗性的消息，让用户自己跳进黑客设定好的圈套之中，这样黑客就可以很容易地在目标机中种植木马。

例如，黑客会先做好一个类似 Windows 的补丁下载网站，将木马伪装成 Windows Update 程序。然后，向目标机发送如图所示的命令，如图 8-12 所示。“亲爱的用户，您好！Windows 自动更新程序检测到您的系统存在安全漏洞，请到 http://xxxx.com/download/下载自动更新程序，在更新过程中，请关闭防火墙和杀毒软件，以防系统出错。”

图 8-12　更新欺骗

接下来，用户的桌面将弹出一个包含上图中消息的对话框，如果用户不是很了解电脑知识，那么用户就很可能进入陷阱而去网站下载黑客伪装好的“Windows 更新程序”，打开“升级”后，用户就已经成为黑客的操纵目标之一了。

随着木马技术的发展，木马的欺骗手段也层出不穷，但是只要读者在网上冲浪的时候不放松警惕，防范木马是可以做到的。

8.2.3　木马的隐藏及其启动方式

1．隐藏

木马在运行后，其隐藏方式多种多样，下面来谈谈各种木马隐藏的一些常见方式。

（1）在任务栏里隐藏

在任务栏中隐藏文件图标是木马隐藏其自身最基本方式。要实现在任务栏中隐藏文件图标很简单，在编程时是很容易实现的。以 VB 为例，在 VB 中只要把 form（窗体）的 Visible 属性设置为 False，ShowInTaskBar 设为 False 程序就不会出现在任务栏里了，如图 8-13 所示。

（2）在任务管理器里隐藏

通过 Windows 系统自带的任务管理器，用户可以很容易地发现木马。因此，木马会千方百计地伪装自己，使自己不出现在任务管理器里。比如，如果把木马设置为“系统服务”，便可以轻松地骗过任务管理器。

图 8-13　VB 窗口属性设置

（3）通信端口的隐藏

通常一台计算机有 65536 个端口，木马的通信就是通过这些端口中的一个。如果用户稍微留意，不难发现大多数木马使用的端口号都在 1024 以上。如果木马占用 1024 以下的端口，很可能造成端口冲突，这样木马就很容易暴露。此外，目前有很多木马提供了端口修改功能，可以随时修改端口号，避免被发现。

（4）加载方式的隐藏

木马加载的方式可以说千奇百怪，但目的只有一个，就是让目标主机运行木马。如果木马不做任何伪装，用户不会去运行它。所以如何让用户运行服务端是基于木马入侵的一个难题。而随着网站互动化的不断进步，越来越多的新技术可以成为木马的传播媒介，如 JavaScript、VBScript、ActiveX 等。

（5）最新隐身技术

木马设计者们发现，Windows 下的中文汉化软件采用的陷阱技术非常适合木马的使用。这是一种更新、更隐蔽的方法。通过修改虚拟设备驱动程序（VXD）或修改动态链接库（DLL）来加载木马。这种方法与一般方法不同，它基本上摆脱了原有的木马模式——监听端口，而采用替代系统功能的方法（改写 vxd 或 DLL 文件），木马会将修改后的 DLL 替换系统已知的 DLL，并对所有的函数调用进行过滤。被替换的 DLL 文件对网络进行监听，一旦发现控制端的请求就激活自身，并将自己绑在一个进程上进行相关的木马操作。这样做的好处是没有增加新的文件，不需要打开新的端口，没有新的进程，使用常规的方法监测不到它，并且经过测试，木马没有出现任何瘫痪现象，且木马的控制端向被控制端发出特定的信息后，隐藏的程序就将立即开始运作。

2. 启动方式

对于一个木马来说，启动功能是其必不可少的。自启动可以保证木马不会因为用户的一次关机操作而彻底失去作用。正因为该项技术如此重要，所以很多编程人员都在不停地研究和探索新的自启动技术。一个典型的例子就是把木马加入到用户经常执行的程序（例如 explorer.exe）中，当用户执行该程序时，木马就自动执行并运行。当然，更加普遍的方法是通过修改 Windows 系统文件和注册表达到目的，现在经常使用的方法主要有以下几种。

（1）在 Win.ini 中启动

在 Win.ini 的[windows]字段中有启动命令“load=”和“run=”。默认情况下“=”的后面是空白的。可以把开机加载程序的路径写在这里。

```
run=c:\windows\sample.exe
load=c:\windows\sample.exe
```

（2）在 System.ini 中启动

System.ini 位于 Windows 的安装目录下，其中[boot]字段的 shell=Explorer.exe 是木马常用于隐藏加载的地方。通常的做法是将该项变为：shell=Explorer.exe sample.exe。这里的 sample.exe 就是木马服务端程序。

System.ini 中的[386Enh]字段中的“driver=路径\程序名”也可以用来实现自启动。此外，System.ini 中的[mic]、[drivers]、[drivers32]也是加载程序的好地方。

（3）通过启动组实现自启动

启动组是专门用来实现应用程序自启动的地方。启动组文件夹的位置为“C:\Documents and Settings\Administrator\Start Menu\Programs\Startup”。此处 Administrator 为主机的用户名。以 QQ 为例，用户将 QQ 作为系统启动组中的一项，每次系统启动后都会自动运行 QQ 程序，如图 8-14 所示。

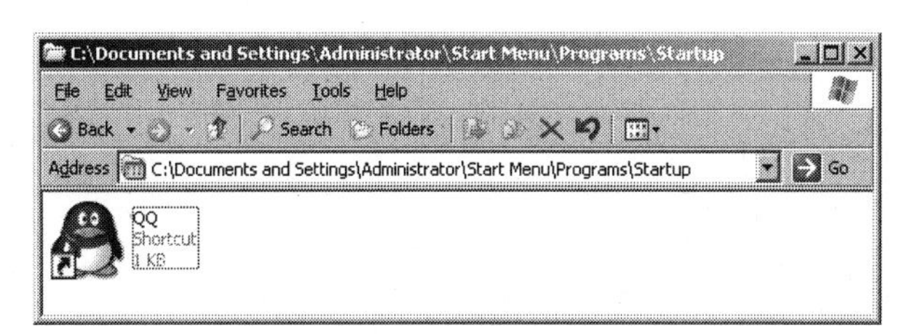

图 8-14　系统启动组

启动组在注册表中对应的位置是：

“HKEY_CURRENT_USER\Software\MICROSOFT\Windows\CurrentVersion\Explorer\Sh ellFolders”，在右面的属性栏中可以找到 Startup 属性，别有用心的黑客更可以在这里更改启动组路径，如图 8-15 所示。

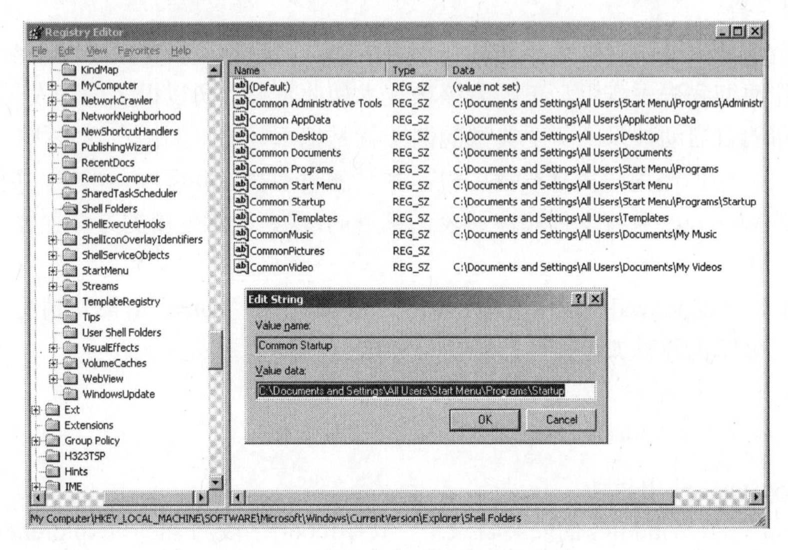

图 8-15　注册表中更改启动组路径

（4）*.INI

后缀为 ini 的文件是系统中应用程序的启动配置文件，木马程序利用这些文件能自启动应用程序的特点，将制作好的带有木马服务端程序自启动命令的文件上传到目标主机中，这样就可以达到启动木马的目的了。

（5）修改文件关联

修改文件关联是木马常用手段，例如在正常情况下 TXT 文件的打开方式为 Notepad.EXE 文件，但一旦中了文件关联木马，则 txt 文件打开方式就会被修改为用木马程序打开，如著名的国产木马冰河就是这样。

冰河木马通过修改 HKEY_CLASSES_ROOT\txtfile\shell\open\command 下的键值，将“%SystemRoot%\system32\NOTEPAD.EXE %1”改为“C:\WINDOWS\SYSTEM\Virus.EXE%1”，如图 8-16 所示。

只要用户双击一个 TXT 文件，原本应用 Notepad.exe 程序打开的文件，现在就变成启动在 C:\WINDOWS\SYSTEM32 目录下的 Virus.exe 这个木马程序了。请读者注意，不仅仅是 TXT 文件，其他诸如 HTM、EXE、ZIP 等常常都是黑客们的目标。

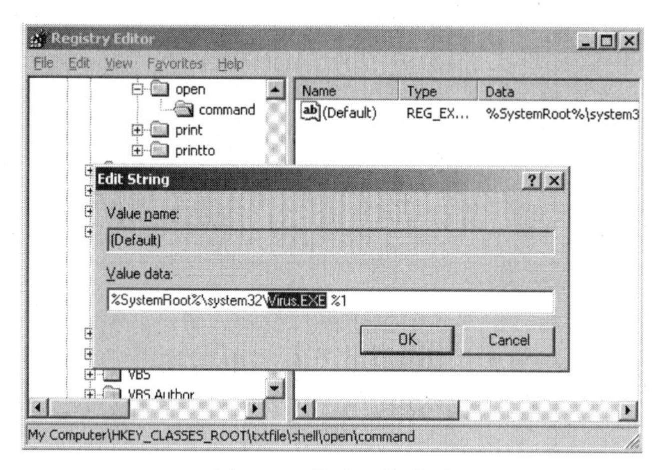

图 8-16　修改文件关联

（6）捆绑文件

入侵者可以通过一些黑客软件如著名的 Deception Binder 进行文件的捆绑。入侵者在完成了文件的捆绑之后，会将捆绑文件放到网站、FTP、BT 等资源下载场所，当用户下载并执行捆绑文件，同时就启动了木马的服务端程序。

（7）反弹技术

反弹技术是一种比较新的连接方式。该技术解决了传统的远程控制软件不能访问装有防火墙和控制局域网内部的远程计算机的难题。反弹端口型软件的原理是，客户端首先登录到 FTP 服务器，编辑在木马软件中预先设置的主页空间上面的一个文件，并打开端口监听，等待服务端的连接，服务端定期用 HTTP 协议读取这个文件的内容，当发现是客户端让自己开始连接时，就主动连接，如此就可完成连接工作，并且监听端口一般开在 80，所以如果没有合适的工具、丰富的经验真的很难防范。这类木马的典型代表就是网络神偷。

8.3　特洛伊木马的清除与防范

8.3.1　木马潜伏时的常见症状

一般而言，当用户的计算机系统突然变得很慢，网页无法正常打开，操作系统很有可能已被木马、病毒潜伏了。当出现下述几种现象时，用户可要注意了，因为操作系统很可能被潜伏了木马。

1. 网速突然变慢，系统性能显著下降

这种情况很可能是恶意木马正在变种，正在从网络上获取其最新版本而占用了网络带宽资源。另外，可能入侵者正在控制该计算机对网络中某台服务器发动 SYS 拒绝服务攻击。这些情况都可能占用网络带宽。此外，一些木马的特定功能，如“灰鸽子”屏幕查看功能，会占用系统资源，如果用户的计算机配置较低，很可能因计算机无法响应而重启。

2. 系统进程中出现陌生进程

当用户的“任务管理器”出现了陌生进程时就要注意了，如下图所示的“down1.exe”就是典型的例子，稍有经验的人一眼就看出这是一款类似于“下载者”程序的软件。有些木马的设计者们为了混淆视听更有用数字“0，1”等字符来代替字母“o，l”等，如“Win1ogon.exe、expl0rer.exe”，如图 8-17 所示。只要出现这些进程，十有八九该计算机被木马占据了。

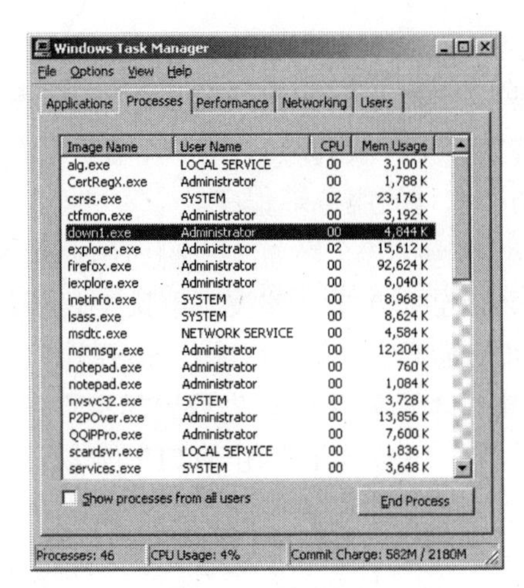

图 8-17 木马名称

3. 浏览器经常弹出网页窗口

这种情况可能是木马制作者为增加某网站流量而造成的。一般而言，如果用户自己本身没有打开了浏览器，而浏览器自己却打开了，那么极有可能中了特洛伊木马。

4. 计算机莫名重启或关机

计算机在用户没有执行关机指令时突然重启或关机，如“灰鸽子”就具备这种功能。

如果经常发生上述情况，那么很可能您的计算机存在特洛伊木马。要清除该木马，首先可以通过 netstat -an 命令查看网络的连接情况，该命令可以通过这些信息发现异常的连接

情况。通过端口扫描的方法也可以发现一些较为简单的木马，尤其是一些早期的木马，一般来说，它们都绑定各自的端口，通过扫描这些端口可以查看计算机是否被植入了木马。

当然，没有出现上述现象并不表示计算机绝对安全。某些木马控制计算机只是想利用其网络带宽资源作为跳板。他们不会把他制作的木马过于明显地暴露出来，相反会将其隐藏得很好，以长期潜伏在计算机当中。

对于这样的木马的检查就需要较高的防范意识和专业能力，而这些能力都是在日常的电脑使用过程中日积月累形成的。

8.3.2　手工查杀木马

通过前面部分了解了特洛伊木马运行的原理和启动方式后，相信读者现在查杀木马会轻松很多。一般而言，手动查杀木马的标准流程如下：

1．查看计算机启动时启动的所有程序有无陌生进程。

2．查看系统服务，有无非自身安装的服务。

3．找到上述两种方式查找出的木马以及其相关程序路径。

4．结束木马进程，删除木马启动项以及木马本身。

下面我们通过灰鸽子木马具体实例来介绍如何手工查杀木马。

灰鸽子木马使用了“线程插入”技术以及“Rootkit 隐藏”技术，其进程在“任务资源管理器”上无法被发现，而且在“服务”列表中也隐藏了起来。这给清除该木马带来一定的困难。

其实手工清除灰鸽子并不难做到，关键是我们必须明白它的运行原理。这样我们才能有把握把它清除。

1．灰鸽子运行原理

灰鸽子木马的客户端在执行后，会将其自身复制到系统目录（C:\windows\system32）下，紧接着会释放出两个 dll 文件。比如我们设定的客户端名称是 Setup.exe，那么运行该客户端后，会在系统目录下新增 Setup.exe、Setup.dll、Setup_Hook.dll 三个文件。

其中，Setup.exe 是灰鸽子服务端主程序，Setup.dll 文件实现后门功能，与灰鸽子控制端进行通信。Setup_Hool.dll 则是通过拦截 API 调用来隐藏病毒。因此，中了灰鸽子木马后，我们看不到灰鸽子文件，也看不到灰鸽子在注册表以及服务项里的键值。随着灰鸽子服务端设置的不同，Hook.dll 会插入到 explorer.exe（或者 Iexplore.exe）进程中。

由于灰鸽子拦截了 API 调用，在常规情况下木马程序文件和它注册的服务项均被隐藏，即使用户设置了“显示所有隐藏文件”，在系统目录下你也看不到它们。所以，要清除灰鸽子，用户首先得进入安全模式。

在介绍了灰鸽子的原理后，下面我们来手工清除灰鸽子。

注　此例中使用的是灰鸽子 2006VIP 的客户端版本，实验环境是 Windows 2000 Server 版。

2．手动清除灰鸽子木马

（1）清除灰鸽子的服务。

（2）删除灰鸽子程序文件。

启动计算机后，按住“F8”，在弹出的界面中选择“安全模式”，如图 8-18 所示。

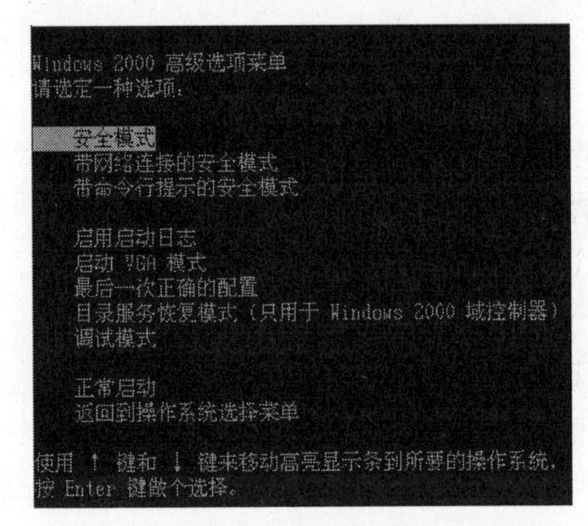

图 8-18　选择安全模式

进入安全模式后，我们在进入系统目录之前，先来设置文件查看属性。双击“我的电脑”，选择菜单“工具”→“文件夹选项”，单击“查看”按钮，取消“隐藏受保护的操作系统文件”前的对勾，并在“隐藏文件和文件夹”项中选择“显示所有文件和文件夹”，然后单击“确定”按钮，如图 8-19 所示。

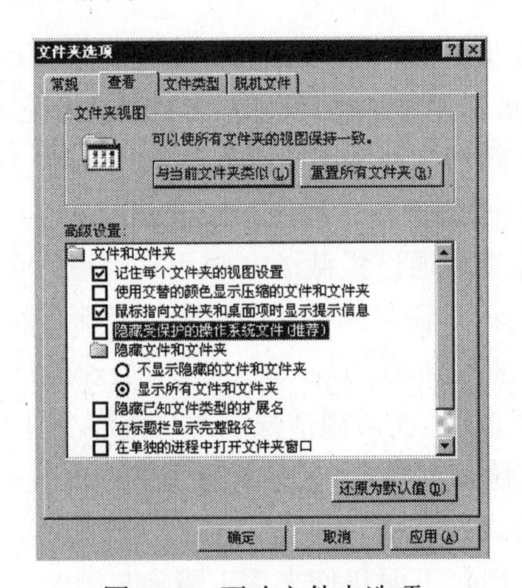

图 8-19　更改文件夹选项

在设置完系统属性后，我们来到系统目录下查看灰鸽子的 dll 文件，如图 8-20 所示。从图中可以看到，虽然灰鸽子略微改变了 dll 文件的名称，但凭着经验，我们还是找到了其藏在系统目录中的文件。除了系统目录外，2006 版本灰鸽子还在目录 C:\winnt\wintool\中释放了文件，如图 8-21 所示。

图 8-20　灰鸽子 dll 文件目录

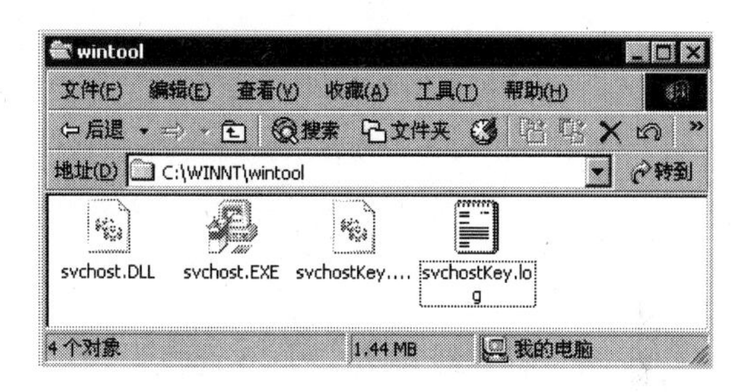

图 8-21　灰鸽子系统中的路径

找到对应文件并删除后，单击“开始”→“运行”，键入“Regedit”打开注册表展开至如下键值 HKEY_LOCAL_MACHING\SYSTEM\CurrentControlSet\Services，如图 8-22 所示。

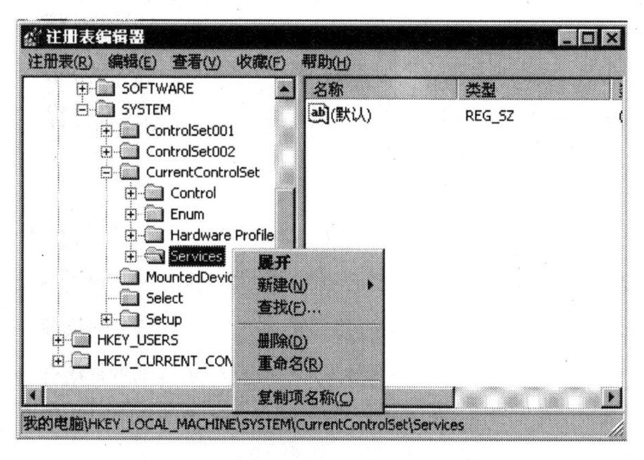

图 8-22　注册表

在上图所示界面中，这里 Services 项目中记录“服务”里的启动项目，我们可以点击查找找到灰鸽子对应的服务选项（GrayPigeon）来删除灰鸽子的自启动服务，如图 8-23 所示。

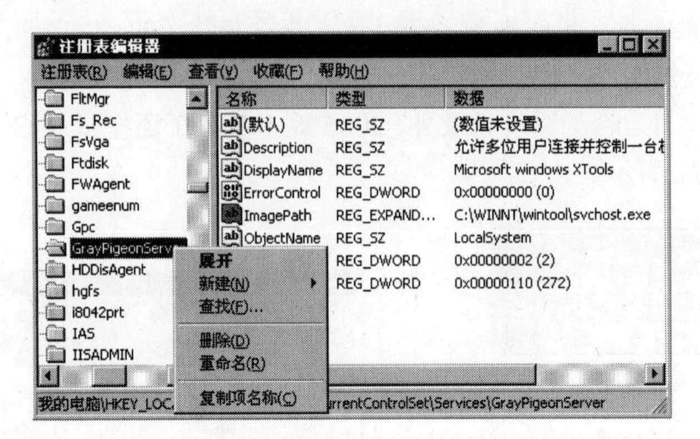

图 8-23　删除注册表中灰鸽子自启动服务

这样灰鸽子就已经被我们手工清除了。

从上述例子可以看出，要手工清除木马之前，我们需要了解该木马的运行机制，主要是从启动方式入手并找出其在系统文件中的位置。为了更有效地杀除木马，我们可以从网络中收集该木马的资料了解其特征。这样我们才能更有效地查杀木马。

除了手工清除木马程序外，还可以通过软件来检查系统进程来发现木马。通过软件可以帮助我们将一些相关的信息集中到一起，这样就可以比较直观和快速地对计算机的安全情况做出判断。

8.3.3　木马查杀工具介绍

在学会了手动查杀木马之后，接下来介绍木马查杀工具的使用方法，相比手工查杀方式，使用查杀工具要简单很多，用户只要知道自己中的是何种特洛伊木马，在互联网中下载相对应的查杀工具就能解决问题。下面我们一起来通过几个实例来演示特洛伊木马的查杀过程。

1．实例 1

对于用户清楚自己中的是何种木马时，笔者建议用户从网络中搜寻专杀工具来查杀该木马，在本例中笔者将演示使用专杀工具对灰鸽子这例木马的查杀。

首先，笔者在 Windows XP 中执行了灰鸽子服务端，从 IceSword.exe 的进程管理中可以看到新增了 IExplore.exe 进程，而此时计算机上的浏览器并未打开，这说明灰鸽子已经成功运行了，如图 8-24 所示。

接下来，我们尝试用瑞星的一款灰鸽子专杀工具来清除该木马。打开程序如图 8-25 所示。

图 8-24　IceSword 进程管理工具

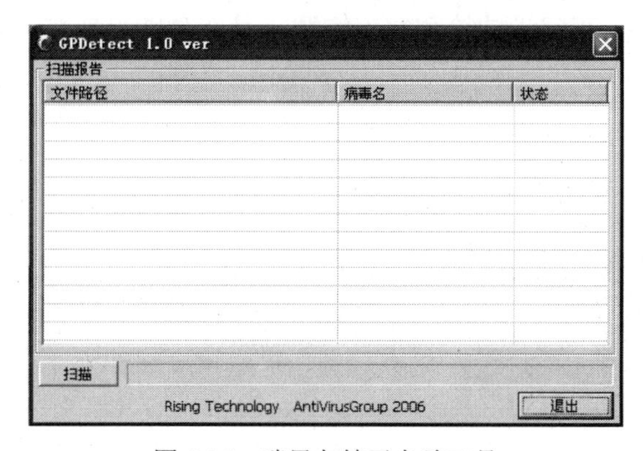

图 8-25　瑞星灰鸽子专杀工具

单击“查杀”按钮，程序会对当前进程进行分析，如图 8-26 所示。

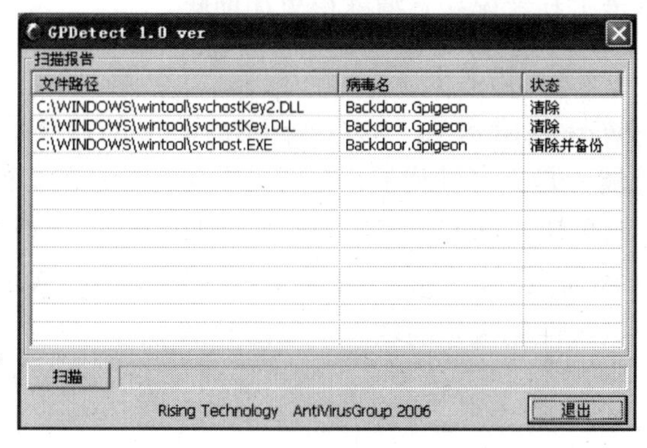

图 8-26　瑞星灰鸽子专杀工具

这时灰鸽子木马已经被我们成功查杀了，接下来，我们来看看灰鸽子官方制作的专用卸载工具，如图 8-27 所示。

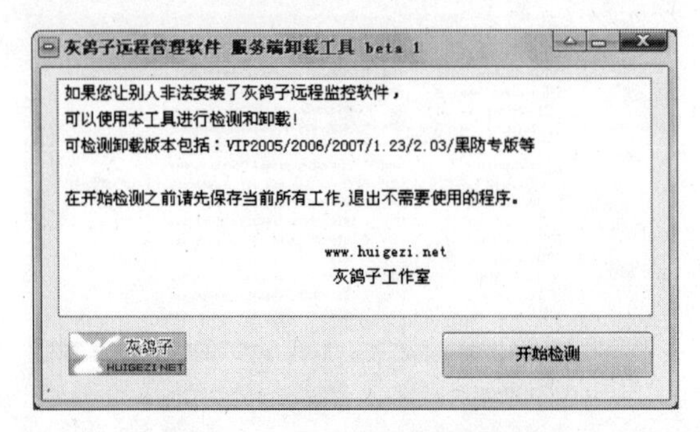

图 8-27　灰鸽子官方卸载工具

相比其他专杀工具，灰鸽子的这款官方卸载工具在功能上要强大很多，如图 8-28 所示。

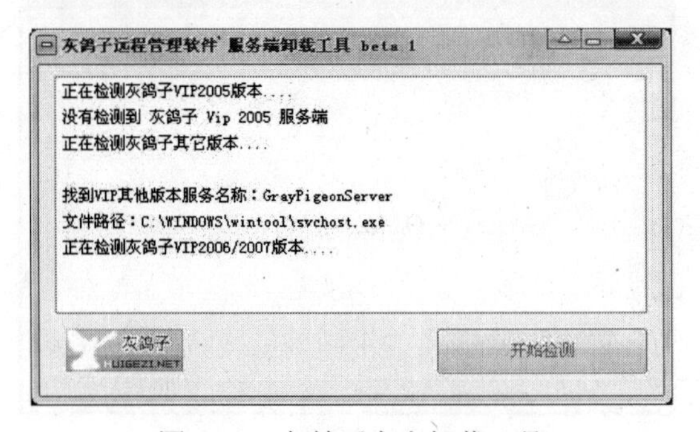

图 8-28　灰鸽子官方卸载工具

灰鸽子专用的这款卸载工具不但能删除灰鸽子文件自身，还能清除其在注册表、服务中的键值。相比其他专杀工具来说，它清除得更加彻底。

2. 实例 2

使用 AVG Anti-Spyware 清除木马，AVG Anti-Spyware 的前身是 Ewido Anti-Spayware，因为 Ewido 的查杀木马能力是无可替代的，在网民中也有极佳的口碑。所以新一代的 AVG 占用内存明显减少、启动更快、高度改进的清除性能使 Anti 以更低的占用资源运行，除了能扫描和清除 Windows 注册表外，还能扫描 NTFS 交换数据流。AVG 软件的界面也极具人性化。下面我们来看看这款性能极佳的软件，如图 8-29 所示。

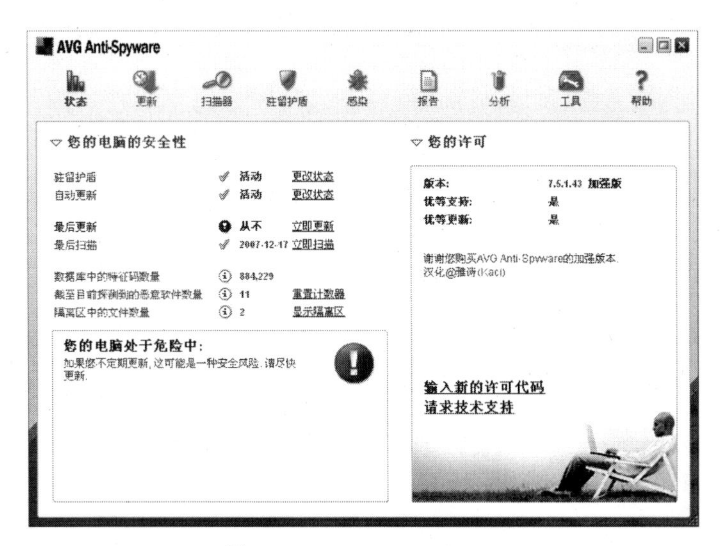

图 8-29　AVG Anti-Spyware

单击“扫描器”图标，可以看到 AVG 中的各种扫描选项。一般来说，木马程序会以各种形式装载进内存。如果为了快速查找木马可以直接选择内存扫描，但为了更彻底地清除木马程序，这里选择“快速系统扫描”选项，如图 8-30 所示。

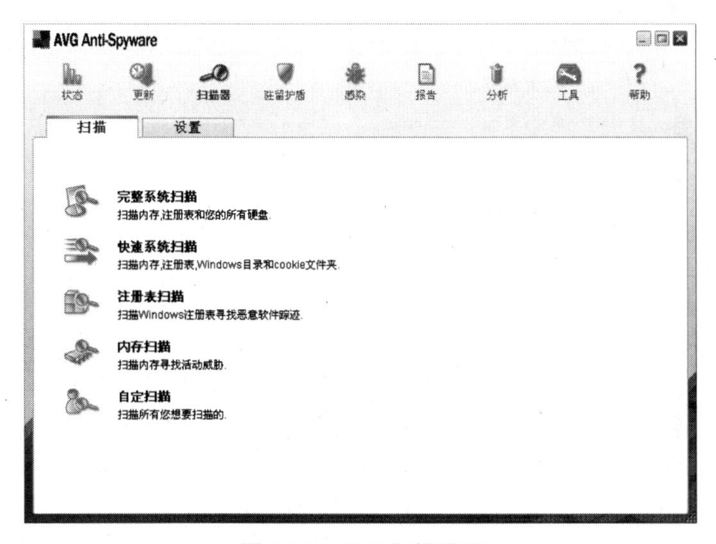

图 8-30　AVG 扫描选项

在经过一段时间的扫描后，AVG 已经检测出计算机系统中的木马程序，如图 8-31 所示。

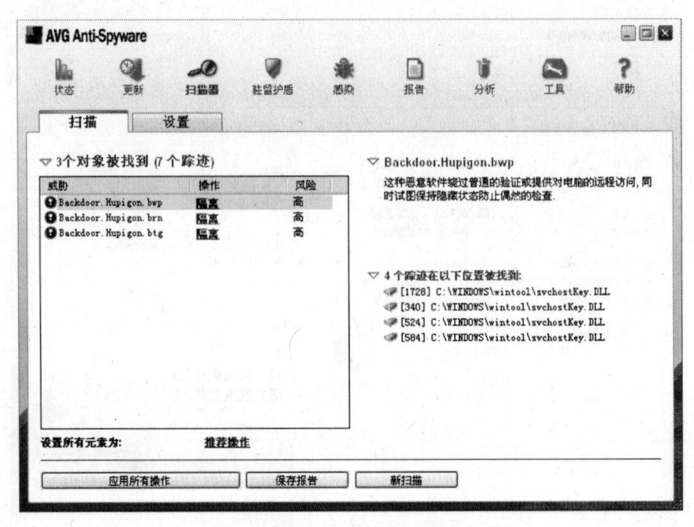

图 8-31　AVG 扫描

上图所示的界面中，AVG 提示发现“Backdoor.Hupigon”木马程序，在操作选项卡中，我们对现有操作“隔离”点击右键，选择“删除”选项，如图 8-32 所示。

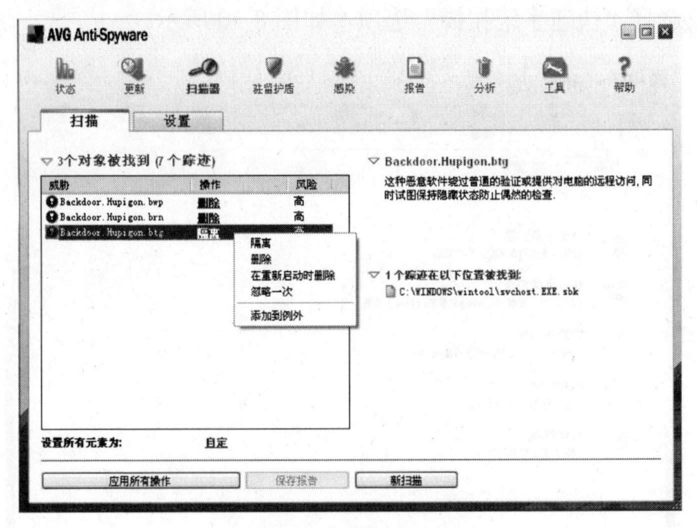

图 8-32　AVG 清除病毒

接下来，单击“应用所有操作”按钮将木马程序删除，如图 8-33 所示。

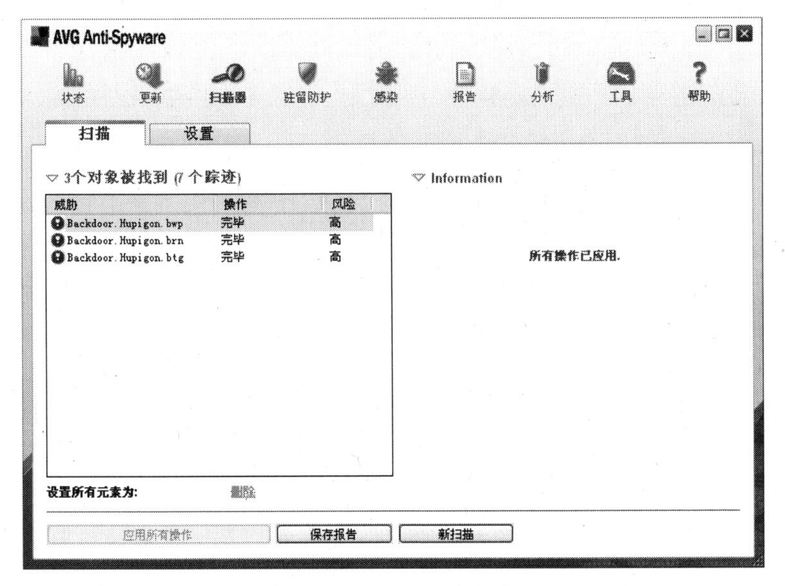

图 8-33　AVG 清除病毒

除了上述操作外，AVG 还提供驻留防护功能，实时监测注册表和间谍、木马程序，能对系统提供实时的保护，如图 8-34 所示。

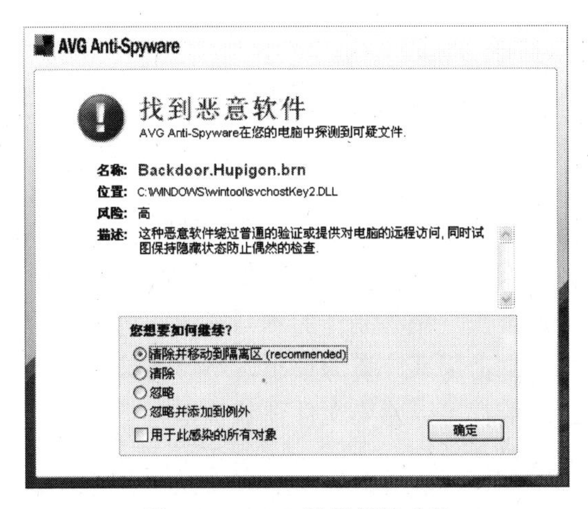

图 8-34　AVG 驻留保护功能

对于没有安装防病毒软件以及电脑性能一般的用户来说，使用 AVG 是一个非常不错的选择。

8.4 小结

“特洛伊木马程序”是黑客常用的攻击方式。一般来说，木马的潜伏期很长，这点不同于病毒，病毒和木马最大的区别就是前者具备极强的传染性。其实不管木马还是病毒，防范它们最好的方式并不是安装杀毒软件或反间谍程序，真正最好的防范工具就是提高自身的安全意识。一台防范严谨的计算机加上一个合格的操作人员才能更好地保障计算机的安全。

不管一个木马程序伪装得多么完美，只要用户不运行，它就不能正常工作，所以用户不要随意打开陌生程序，邮件也好，下载的文件也罢。在打开程序之前，先仔细检查文件大小，有条件的用户可以在执行前用防病毒软件检查。当然，对于那些靠系统软件漏洞来运行的木马，我们只能用防病毒软件以及及时更新补丁来保护系统。

按照以下几点基本规则，养成良好的操作习惯，可以最大限度地防范特洛伊木马。

（1）不轻易执行陌生程序。

（2）不轻易接受和运行他人给你的第三方程序。

（3）不随意打开他人发给你的网页或邮件。

（4）至少安装一个防病毒或反间谍软件，及时更新病毒数据库。

习题 8

一、判断题

1．计算机木马又被称作“特洛伊木马”，其在用户不知情的情况下进行窃取信息、控制用户计算机等非法活动。（　　）

2．木马的潜伏期一般很长，精心制作的木马在通常情况下是很难被查出的。（　　）

3．木马不同于病毒，它占用系统资源很小，不容易被用户察觉。（　　）

4．木马和病毒一样，同样可以感染文件使其传播。（　　）

5．木马通常采用 C/S 模式运行。（　　）

二、选择题

1．**[单选题]**灰鸽子木马属于特洛伊木马中哪个类型（　　）

（A）键盘记录型；

（B）远程监控型；

（C）DoS 攻击型；

（D）反弹端口型。

2. **[单选题]**通过命令“Netstat -na”可以查看本 32%2 开放端口，以下端口最有可能被木马使用的是（　　）

（A）21；

（B）23；

（C）80；

（D）8000。

3. **[单选题]**以下文件的后缀格式，最有可能是木马的是（　　）

（A）.zip

（B）.exe

（C）.jpg

（D）.swf

4. **[多选题]**计算机中木马后，最常见的症状是（　　）

（A）网速突然变慢，系统性能显著下降；

（B）系统进程中出现陌生进程；

（C）浏览器经常弹出网页窗口；

（D）计算机莫名重启或关机；

（E）计算机蓝屏。

5. **[多选题]**计算机木马常见的伪装方式有（　　）

（A）捆绑欺骗；

（B）名称欺骗；

（C）邮件冒名欺骗；

（D）压缩包伪装；

（E）网页欺骗。

三、思考题

1. 计算机木马通常的启动方式有哪些。

2. 结合本章知识，推理特洛伊木马运行所必需的几个因素。

CHAPTER

9

第9章　计算机病毒防范

引言

电脑莫名其妙地死机或重启；硬盘在无操作的情况下频繁被访问；系统速度异常缓慢，系统资源占用率过高；系统数据忽然间丢失；电脑在你要用的时候，却突然罢工了，任凭你如何开机，它就是黑屏……

以上所描述的种种迹象，小王就遇到过好多种，相信有好多计算机用户都遇到过类似的问题，我们可能已经了解，这些问题说明了你的计算机可能中了计算机木马或病毒的侵害。可以毫不夸张地说，现在联网的个人计算机，几乎都会中过计算机木马或病毒。难道面对它们，我们只能被动防御吗？我们能否主动去了解自己计算机的健康状况，找出这些“害机之马”或病毒，彻底清查呢？我们在第8章介绍了计算机木马的防范和查杀知识，但木马的防范仅仅是计算机恶意软件的一种，病毒的攻击和破坏对计算机用户来说，就好比是一个个毒瘤和病菌，计算机用户必须也要掌握计算机病毒的诊断和查杀本领，安博士这期课程安排了关于计算机病毒防范的专题，我们一起先来了解本章的学习目标。

本章目标

- 了解计算机病毒的发展史、传播途径及特征；
- 正确选择和使用常见计算机病毒防范软件；
- 掌握常见病毒的防范和清除方法。

9.1　计算机病毒基本知识

“计算机病毒”这一概念最先是由美国计算机病毒的研究专家F.Cohen 博士提出的。“病毒”一词借用了生物学中的病毒。通过分析研究计算机病毒，人们发现其在很多方面与生物病毒有着惊人的相似之处。计算机病毒在《中华人民共和国计算机信息系统安全保护条例》中的定义为："指编制或者在计算机程序中插入的破坏计算机功能或者数据，影响计算机使用并且能够自我复制的一组计算机指令或者程序代码"。而在今天的计算机领域里，出现的计算机病毒不单是一组程序代码，还包括隐藏在计算机系统的可存取媒介中，利用系统信息资源进行繁殖并且生存，影响着计算机系统的正常运行，并通过计算机网络或其他途径进行传染的、可执行的独立程序。

9.1.1　计算机病毒的分类

按照计算机病毒的特点及特性，计算机病毒的分类方法有许多种。因此，同一种病毒可能有多种不同的分法。

人们习惯将计算机病毒按寄生方式和传染途径来分类，按照该种分类标准，计算机病毒一般可分成三种类型：引导型病毒、文件型病毒、复合型病毒。

1．引导型病毒

引导型病毒是一种在 ROM BIOS 之后，系统引导时出现的病毒，它先于操作系统，依托的环境是 BIOS 中断服务程序。引导型病毒是利用操作系统的引导模块放在某个固定的位置，并且控制权的转交方式是以物理地址为依据，而不是以操作系统引导区的内容为依据，因而病毒占据该物理位置即可获得控制权，而将真正的引导区内容搬家转移或替换，待病毒程序被执行后，将控制权交给真正的引导区内容，使得这个带病毒的系统看似正常运转，而病毒已隐藏在系统中伺机传染、发作。

病毒发作后，不是摧毁分区表，导致无法启动，就是直接 FORMAT 硬盘。也有一部分引导型病毒的"手段"没有那么狠，不会破坏硬盘数据，只是搞些"声光效果"让您虚惊一场。

引导型病毒按其寄生对象的不同又可分为两类，即 MBR（主引导区）病毒、BR（引导区）病毒。MBR 病毒也称为分区病毒，将病毒寄生在硬盘分区主引导程序所占据的硬盘 0 头 0 柱面第 1 个扇区中。典型的病毒有大麻（Stoned）、2708 等。BR 病毒是将病毒寄生在硬盘逻辑 0 扇区或软盘逻辑 0 扇区（即 0 面 0 道第 1 个扇区）。典型的病毒有 Brain、小球病毒等。

2．文件型病毒

顾名思义，文件型病毒主要以感染文件扩展名为 com、exe、dll、ovl、sys 等可执行程序为主。它的安装必须借助于病毒的载体程序，即要运行病毒的载体程序，方能把文件型病毒引入内存。已感染病毒的文件执行速度会减缓，甚至完全无法执行。有些文件遭感染后，一执行就会遭到删除。大多数的文件型病毒都会把它们自己的代码复制到其宿主的开头或结尾处。这会造成已感染病毒文件的长度变长，但用户不一定能用 DIR 命令列出其感染病毒前的长度。也有部分病毒是直接改写“受害文件”的程序码，因此感染病毒后文件的长度仍然维持不变。

感染病毒的文件被执行后，病毒通常会趁机再对下一个文件进行感染。有的高明一点的病毒，会在每次进行感染的时候，针对其新宿主的状况而编写新的病毒代码，然后才进行感染。

文件型病毒分为源码型病毒、嵌入型病毒和外壳型病毒。源码型病毒是用高级语言编写的，若不进行汇编、链接则无法传染扩散。嵌入型病毒是嵌入在程序的中间，它只能针对某个具体程序，如 dBASE 病毒。这两类病毒受环境限制尚不多见。目前流行的文件型病毒几乎都是外壳型病毒，这类病毒寄生在宿主程序的前面或后面，并修改程序的第一个执行指令，使病毒先于宿主程序执行，这样随着宿主程序的使用而传染扩散。

3. 复合型病毒

复合型病毒具有引导区型病毒和文件型病毒两者的特征，可以说是两者的结合版。它的“性情”也就比引导型和文件型病毒更为“凶残”。这种病毒透过这两种方式来感染，更增加了病毒的传染性以及存活率。不管以哪种方式传染，只要中毒就会经开机或执行程序而感染其他的磁盘或文件，此种病毒也是最难杀灭的。

注　关于其他新型病毒

1. 宏病毒

随着微软公司 Word 字处理软件的广泛使用和计算机网络尤其是 Internet 的推广普及，病毒家族又出现一种新成员，这就是宏病毒。宏病毒是一种寄存于文档或模板的宏中的计算机病毒。一旦打开这样的文档，宏病毒就会被激活，转移到计算机上，并驻留在 Normal 模板上。从此以后，所有自动保存在文档都会“感染”上这种宏病毒，而且如果其他用户打开了感染病毒的文档，宏病毒又会转移到他的计算机上，比如“台湾一号病毒”。

2. 蠕虫病毒

随着互联网的普及应用，一类蠕虫病毒主要利用网络、电子邮件进行传播，像蠕虫一样从一台计算机传染到另一台计算机，比如“求职信”、“红色代码”、“冲击波”、“熊猫烧香”等病毒。

蠕虫和普通病毒不同的一个特征是蠕虫病毒往往能够利用漏洞，这里的漏洞或者说是缺陷，可以分为两种，即软件上的缺陷和人为的缺陷。软件上的缺陷，如远程溢出、微软 IE 和 Outlook 的自动执行漏洞等，需要软件厂商和用户共同配合，不断地升级软件。而人为的缺陷，主要指的是计算机用户的疏忽。这就是所谓的社会工程学（social engineering），当收到一封邮件带着病毒的求职信邮件时候，大多数人都会抱着好奇去点击的。

9.1.2　计算机病毒传播途径

伴随着计算机技术的高速发展，计算机病毒传播的各种手段也日趋增加，下面让我们来看看计算机病毒的主要传播途径。

1．互联网

互联网是 21 世纪最值得关注的事物，其最大的优势就是打破了地域的限制，促进了现今的信息交流。如今，任何人都可以在互联网上浏览信息并建立属于自己的网络站点。一些恶意的黑客们将病毒或者恶意程序伪装成免费工具放在网站上让人们下载。当用户下载这些软件时，病毒就跟着下载到了用户的机器内。

另外，用户在浏览网页也可能会被感染病毒，用户在使用浏览器访问互联网中的站点时，如果用户所使用的浏览器没有打上最新的安全补丁，恰好其浏览的网站页面被插入了恶意代码，用户的计算机就很可能感染上病毒或者木马。这种木马或病毒的目的大都是为了获取用户资料信息而制作的，如图 9-1 所示。

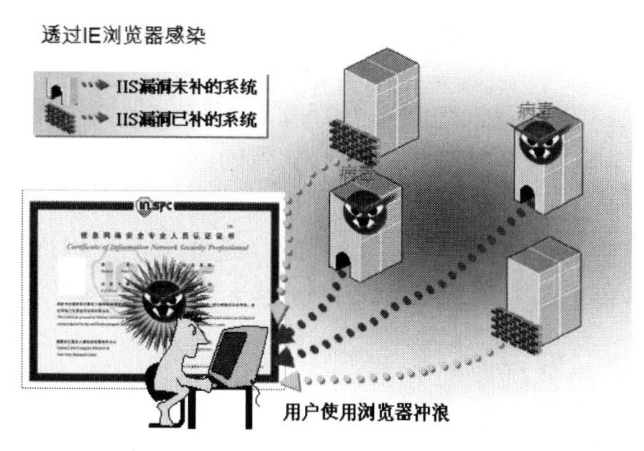

图 9-1　用户浏览网站感染病毒

2．局域网

局域网是指用户所处的内部网络，一般指公司企业和家庭中的内部网络。在局域网内的计算机可以在网内自由地进行数据的存储、交换和访问。如果用户局域网中的一台计算机感染了病毒，那么局域网内的其他计算机也将面临巨大的安全威胁（如图 9-2 所示）。

3．电子邮件

如果恶意程序要利用电子邮件进行传播，会利用被感染的计算机上的邮件客户端（如 OutLook、FoxMail 等）的通讯簿中的邮件地址来广泛传播。当用户的计算机被感染后，计算机会在用户不知道的情况下，向用户的朋友和工作伙伴发送病毒邮件。通常情况下，一些正常的商业信息文件也会随染毒邮件一起被发送出去。一般来说，只要有少数人被感染，就有可能会有成千上万的人收到染毒信件，所以这种传播是非常可怕的。

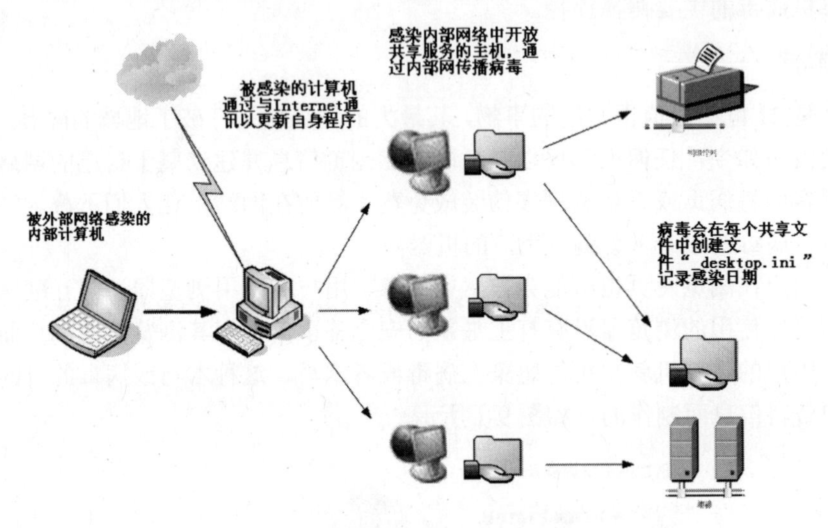

图 9-2　局域网病毒传播示例图

4．可移动存储介质

现今移动存储介质（光盘、软盘和 U 盘）的广泛使用，使用户的移动存储介质在两台或多台电脑之间安装软件或复制数据时，会产生很大的安全威胁。

9.1.3　计算机病毒的命名规则

很多时候，大家使用杀毒软件如瑞星、卡巴斯基等，查出了自己的机器中了例如 Backdoor.RmtBomb.12、Trojan.Win32.SendIP.15 等这些一串英文还带数字的病毒名，心里会问，那么长一串的名字，怎么知道是什么病毒啊？

其实只要我们掌握一些病毒的命名规则，就能通过杀毒软件的报告中出现的病毒名来判断该病毒的一些共有的特性，一般格式为：病毒前缀.病毒名.病毒后缀。

病毒前缀是指一个病毒的种类，是用来区别病毒的种类分类的。不同种类的病毒，其前缀也是不同的，比如我们常见的木马病毒的前缀 Trojan，蠕虫病毒的前缀是 Worm 等，还有其他的。

病毒名是指一个病毒的家族特征，是用来区别和标识病毒家族的，如以前著名的 CIH 病毒的家族名都是统一的“CIH”，振荡波蠕虫病毒的家族名是“Sasser”。

病毒后缀是指一个病毒的变种特征，是用来区别具体某个家族病毒的某个变种的。一般都采用英文中的 26 个字母来表示，如 Worm.Sasser.b 就是指振荡波蠕虫病毒的变种 B，因此一般称为“振荡波 B 变种”或者“振荡波变种 B”。如果该病毒变种非常多，可以采用数字与字母混合表示变种标识。

下面针对我们用得最多的 Windows 操作系统，介绍一些常见的病毒前缀。

1. 系统病毒

系统病毒的前缀为：Win32、PE、Win95、W32、W95 等。这些病毒的一般共有的特性是可以感染 Windows 操作系统的 *.exe 和 *.dll 文件，并通过这些文件进行传播，如 CIH 病毒。

2. 蠕虫病毒

蠕虫病毒的前缀是：Worm。这种病毒的共有特性是通过网络或者系统漏洞进行传播，很大部分的蠕虫病毒都有向外发送带毒邮件，阻塞网络的特性，比如冲击波（阻塞网络），小邮差（发带毒邮件）等。

3. 木马病毒、黑客病毒

木马病毒其前缀是：Trojan，黑客病毒前缀名一般为 Hack。木马病毒的共有特性是通过网络或者系统漏洞进入用户的系统并隐藏，然后向外界泄露用户的信息，而黑客病毒则有一个可视的界面，能对用户的电脑进行远程控制。木马、黑客病毒往往是成对出现的，即木马病毒负责侵入用户的电脑，而黑客病毒则会通过该木马病毒来进行控制。现在这两种类型都越来越趋向于整合了。一般的木马如 QQ 消息尾巴木马 Trojan.QQ3344 ，还有大家可能遇见比较多的针对网络游戏的木马病毒如 Trojan.LMir.PSW.60。这里补充一点，病毒名中有 PSW 或者什么 PWD 之类的一般都表示这个病毒有盗取密码的功能（这些字母一般都为“密码”的英文“password”的缩写），一些黑客程序如：网络枭雄（Hack.Nether.Client）等。

4. 脚本病毒

脚本病毒的前缀是：Script。脚本病毒的共有特性是使用脚本语言编写，通过网页进行传播的病毒，如红色代码（Script.Redlof）。脚本病毒还会有如下前缀：VBS、JS（表明是何种脚本编写的），如欢乐时光（VBS.Happytime）、十四日（Js.Fortnight.c.s）等。

5. 宏病毒

其实宏病毒是也是脚本病毒的一种，由于它的特殊性，因此在这里单独算成一类。宏病毒的前缀是：Macro，第二前缀是：Word、Word97、Excel、Excel97（也许还有别的）其中之一。凡是只感染 Word97 及以前版本 Word 文档的病毒采用 Word97 作为第二前缀，格式是：Macro.Word97；凡是只感染 Word97 以后版本 Word 文档的病毒采用 Word 作为第二前缀，格式是：Macro.Word，以此类推。该类病毒的共有特性是能感染Office系列文档，然后通过Office通用模板进行传播。

6. 后门病毒

后门病毒的前缀是：Backdoor。该类病毒的共有特性是通过网络传播，给系统开后门，给用户电脑带来安全隐患。

7. 病毒种植程序病毒

这类病毒的共有特性是运行时会从体内释放出一个或几个新的病毒到系统目录下，由释放出来的新病毒产生破坏，如：冰河播种者（Dropper.BingHe2.2C）、MSN射手（Dropper.Worm.Smibag）等。

8. 破坏性程序病毒

破坏性程序病毒的前缀是：Harm。这类病毒的共有特性是本身具有好看的图标来诱惑用户点击，当用户点击这类病毒时，病毒便会直接对用户计算机产生破坏，如：格式化C盘（Harm.formatC.f）、杀手命令（Harm.Command.Killer）等。

9. 玩笑病毒

玩笑病毒的前缀是：Joke。也称恶作剧病毒。这类病毒的共有特性是本身具有好看的图标来诱惑用户点击，当用户点击这类病毒时，病毒会做出各种破坏操作来吓唬用户，其实病毒并没有对用户电脑进行任何破坏，如：女鬼（Joke.Girlghost）病毒。

10. 捆绑机病毒

捆绑机病毒的前缀是：Binder。这类病毒的共有特性是病毒作者会使用特定的捆绑程序将病毒与一些应用程序如QQ、IE捆绑起来，表面上看是一个正常的文件，当用户运行这些捆绑病毒时，会表面上运行这些应用程序，然后隐藏运行捆绑在一起的病毒，从而给用户造成危害，如：捆绑QQ（Binder.QQPass.QQBin）、系统杀手（Binder.killsys）等。

以上为比较常见的病毒前缀，有时候我们还会看到一些其他的，但比较少见，这里简单提一下。

DoS：会针对某台主机或者服务器进行DoS攻击；

Exploit：会自动通过溢出对方或者自己的系统漏洞来传播自身，或者它本身就是一个用于Hacking的溢出工具；

HackTool：黑客工具，也许本身并不破坏你的计算机，但是会被别人加以利用来用你做替身去破坏别人。

可以在查出某个病毒以后通过以上所说的方法来初步判断所中病毒的基本情况，达到知己知彼的效果。在杀毒无法自动查杀，打算采用手工方式的时候这些信息会给你很大的帮助。

9.2　防病毒软件的使用

对于计算机病毒来说，尽管我们能够从病毒本身的特征代码进行分析，从而找到相应的手动清除方法，但是对于大多数用户来说，主要还是通过选用专门的杀毒软件自动防护和清除。现在市场上的杀毒软件能做到不仅仅是查杀病毒，而且大多数杀毒软件已经具备实时监控、主动防御、反垃圾邮件、Web 反病毒等更多功能。目前用于个人电脑上的杀毒软件的种类非常多，如国内的瑞星杀毒软件、江民杀毒软件等，国外俄罗斯的卡巴斯基、美国的 McAfee 和诺顿等。

9.2.1　瑞星杀毒软件

本节中，我们以瑞星杀毒软件为例，介绍该软件的常规设置。

瑞星杀毒软件主程序界面是客户端的主操作界面，用户无须掌握丰富的专业知识即可轻松地使用瑞星杀毒软件，如图 9-3 所示。

图 9-3　瑞星 2008 主界面

1．瑞星监控的基本设置

瑞星监控中心包括文件监控、邮件监控和网页监控，瑞星杀毒软件能在您打开陌生文件、收发电子邮件和浏览网页时，截获和查杀病毒，可以基本上保障用户的计算机不受病毒侵害，如图 9-4 所示。

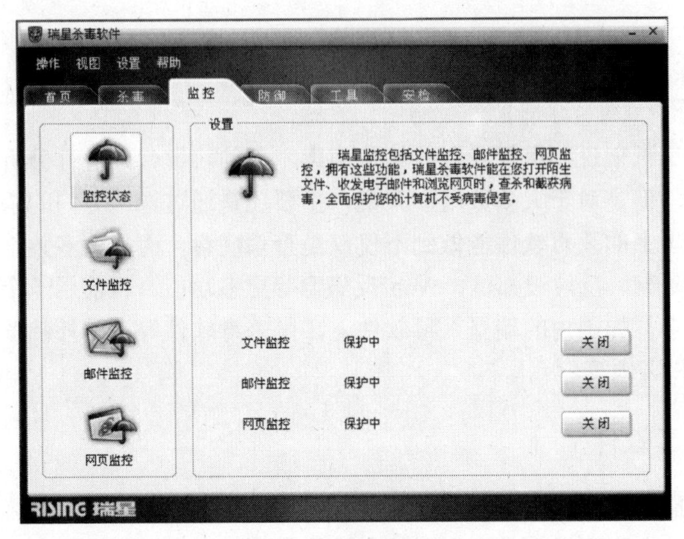

图 9-4 瑞星监控设置

在文件监控和邮件监控的基本设置中，有三个安全级别，如图 9-5 所示。

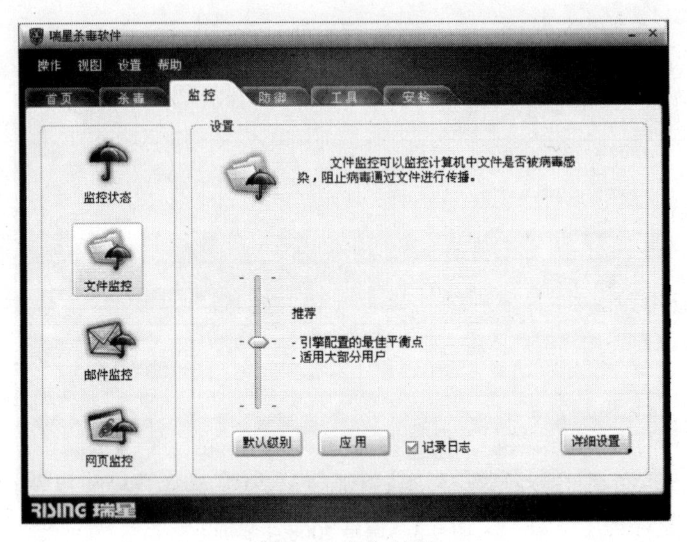

图 9-5 安全级别

（1）高安全级别：最全面的检查，对所有文件进行最彻底全面的监控。推荐对个人电脑安全性要求较高以及计算机性能较好的用户选择该级别。

（2）推荐级别：这种级别是杀毒软件引擎配置的最佳平衡点，绝大多数用户都能适用。

（3）低安全级别：这种级别占用的计算机系统资源较小，能最大限度地减少系统负担，供计算机性能较低的用户选择。

一般而言，我们通常选择默认级别，即推荐级别。我们还可以在“详细设置”里配置更多的选项，在文件监控的常规设置中，我们把“发现病毒时”设置为“清除病毒”，“清除失败时”和“备份失败时”设置为“删除染毒文件”，如图 9-6 所示。

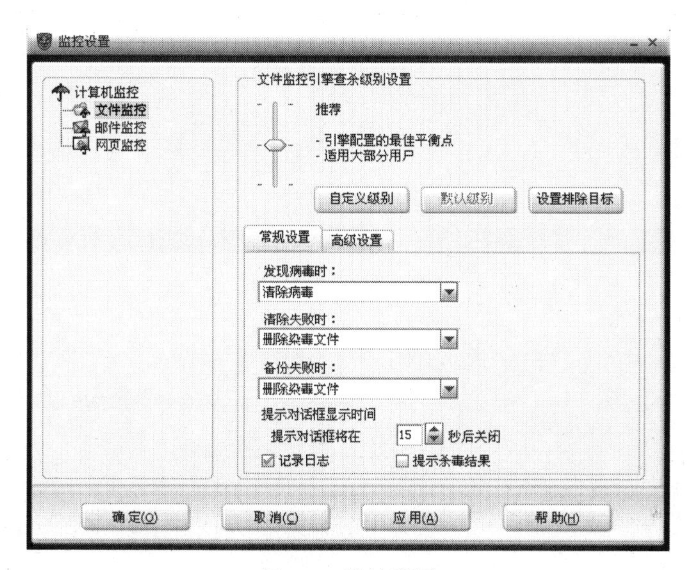

图 9-6　监控设置

同样，我们按照上述方法将邮件监控设置好，这样对于那些电脑使用经验不多的用户来说，会简单很多。

2．瑞星的查毒设置

如果用户察觉自己的计算机出现了特殊症状，需要对自己的计算机系统进行查杀时，可以按如下步骤进行。

打开瑞星主界面，进入杀毒选项，如图 9-7 所示。

如果用户想确认自己的计算机是否中了病毒，只需在查杀目标里勾选内存和引导区两项，因为计算机若有病毒的话肯定会在内存中运行，同样也会在引导区留下痕迹，如图 9-8 所示。

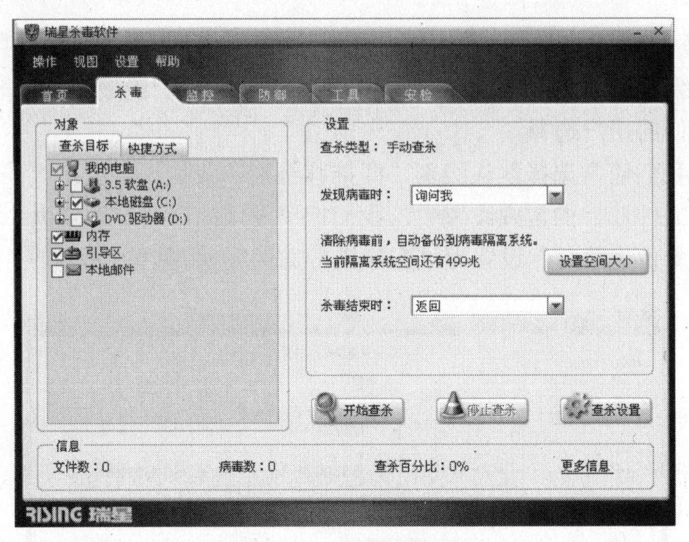

图 9-7　瑞星杀毒选项

图 9-8　瑞星杀毒过程

当用户确认自己的计算机存在病毒时，建议对全盘进行一番彻底的扫描。我们可以在查杀目标中勾选所有选项，并单击“查杀设置”按钮，如图 9-9 所示。

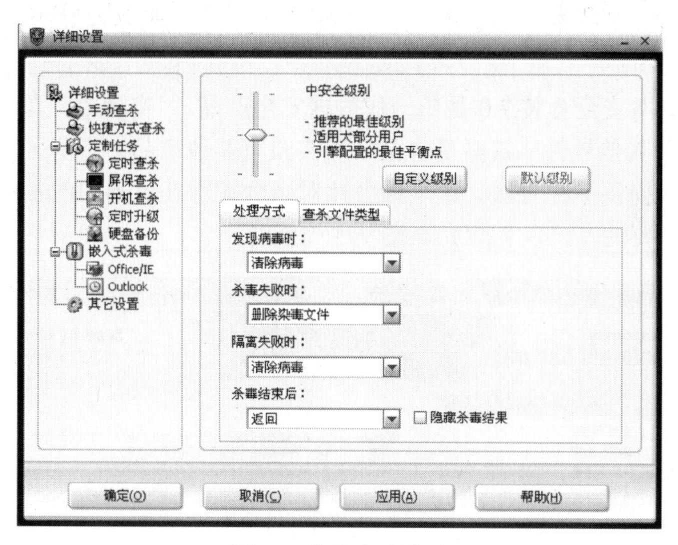

图 9-9　瑞星查杀设置

按照上述设置完毕后，就可以对全盘进行病毒查杀了，如图 9-10 所示。

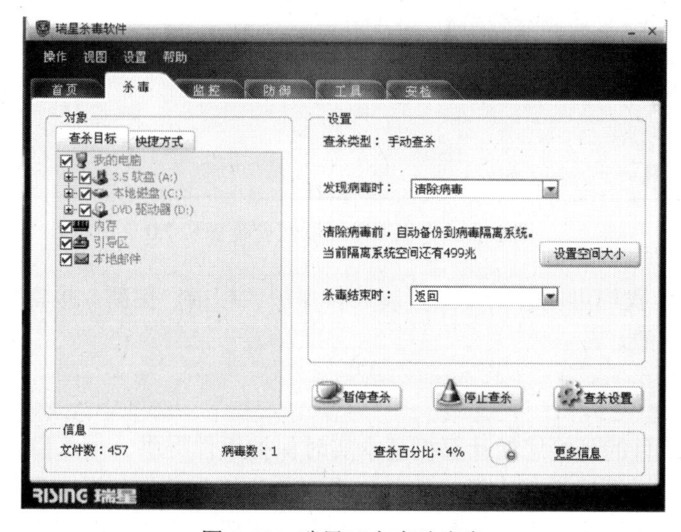

图 9-10　瑞星正在查杀病毒

9.2.2　卡巴斯基

卡巴斯基实验室成立于 1997 年，其开发的防病毒软件针对计算机和网络上存在的各种类型的恶意程序、垃圾邮件和黑客攻击等提供了全面的保护和解决方案。卡巴斯基实验室开发的杀毒软件有许多版本，这里我们主要讲述一下“卡巴斯基互联网安全套装 7.0”，其主界面如图 9-11 所示。

卡巴斯基互联网安全套装 7.0 是新一代数据安全产品。实际上，真正让卡巴斯基互联网安全套装 7.0 和其他软件（甚至是卡巴斯基实验室其他产品）有所区别的是它对用户计算机中的数据安全提供多种方法。这个程序针对当今流行在世界中的各种类型病毒向计算机提供保护，最重要的是可以免除尚未被发现的威胁。

图 9-11　卡巴斯基互联网安全套装 7.0

从图 9-11 中，我们可以看到安全套装共有保护、扫描、更新、报告和数据文件、激活和支持等主要的功能。

1. 保护

保护部分主要目的是给您的计算机基本实时保护组件提供一个入口。为了查看保护组件或模块的状态、对设置进行配置或打开一个相关的报告，您可以在保护下面的列表中选择该组件。此部分还包括一个连接，对共同的任务提供一个入口：目标的病毒扫描和应用程序数据库更新。可以查看这些任务的状态，对其进行配置或运行它们。

卡巴斯基提供的保护功能有：文件反病毒、邮件反病毒、Web 反病毒、主动防御、防火墙、隐私控制、反垃圾邮件控制和家长控制。这里笔者要说明的是，开启所有的保护功能固然能够增强安全性，但却给用户在日常使用中增加了额外的复杂操作，会给用户网上冲浪带来诸多不便，为此我们给出其配置方法的建议。

对于文件反病毒、邮件反病毒、Web 反病毒、防火墙和隐私控制等按照默认配置即可。笔者建议用户关闭“主动防御”中的“程序完整性控制”（如图 9-12 所示）。

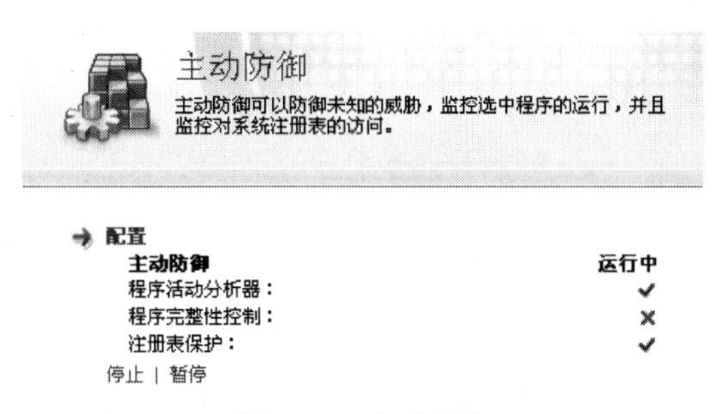

图 9-12　主动防御

当任何一个程序被修改，即便是加载一个新模块，卡巴斯基的程序完整性控制都会弹出窗口，如图 9-13 所示，该功能会给用户带来许多不必要的烦琐的操作，但该功能的确能够起到很好的安全防护作用。

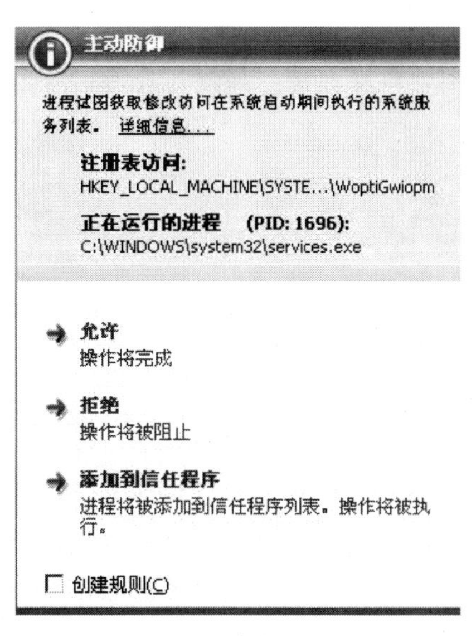

图 9-13　程序完整性控制

另外，如果用户使用邮件客户端（例如 Foxmail 等）查收邮件，建议用户关闭反垃圾邮件的“主题预览”功能（如图 9-14 所示）。不然，当有垃圾邮件到来时，卡巴斯基会自动弹出垃圾邮件的预览窗口，会对正常的工作带来一定的负面影响。

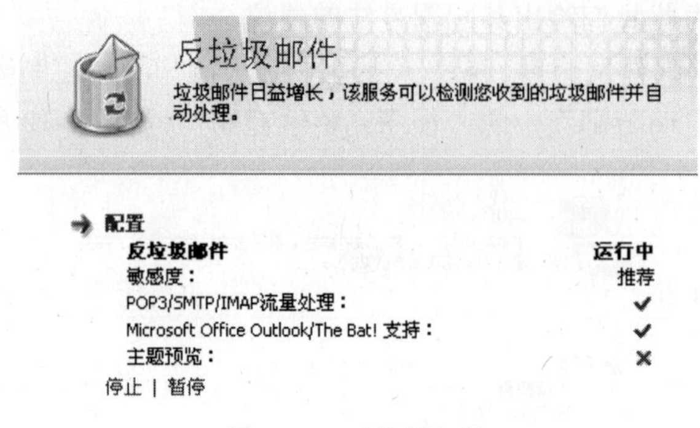

图 9-14　反垃圾邮件

2．扫描

扫描部分，如图 9-15 所示，是对目标病毒扫描任务提供入口。它会显示由卡巴斯基实验室专家们创建的任务（关键区病毒扫描，启动对象，完全主机扫描，rootkit 扫描）和用户任务。 当从右边的窗格中选择一个任务时，将立刻提供相关任务信息，对任务设置进行配置，创建一个待扫描的对象列表或运行一个任务。

为了扫描单个目标（文件、文件夹或驱动器），可以选择扫描，使用右边窗格将一个对象加在待扫描列表当中，然后运行此任务，如图 9-16 所示。

图 9-15　扫描

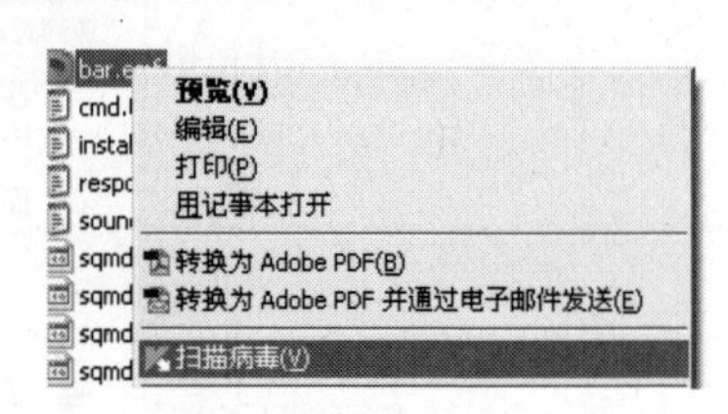

图 9-16　扫描单个文件

3．更新

更新部分包括应用程序更新方面的信息：数据库发行日期和病毒特征记录计数。使用适当的连接可以启动一个更新，查看细节报告，配置更新，将更新恢复到以前的版本。病毒库的完整程度是保证一款杀毒软件有效性的重要因素，一款不能及时更新病毒库的杀毒软件对计算机安全是起不了很大作用的。为此，我们将卡巴斯基的更新配置为“自动”（如图 9-17 所示），这也意味着一旦有新的反病毒程序，卡巴斯基都会对其自动更新从而保证主机安全。当卡巴斯基正在自动更新时，状态栏的卡巴斯基图标变为 所示。

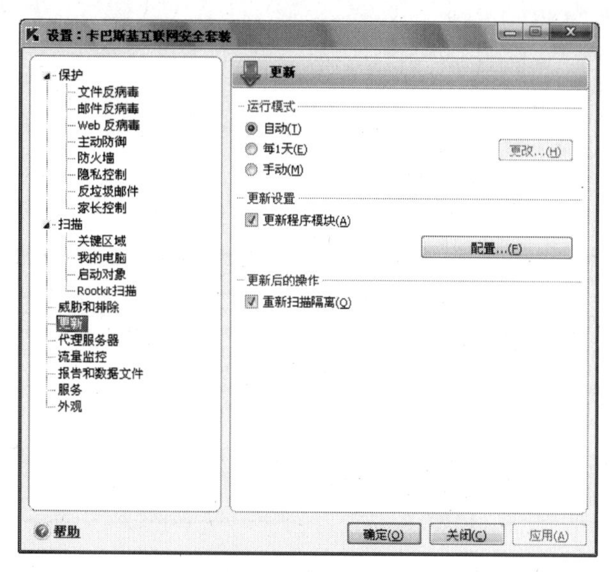

图 9-17　自动更新

4. 报告和数据文件

报告和数据文件是用来查看任何应用组件、病毒扫描或更新任务的详细报告，图 9-18 即为一次扫描过后的报告窗口，我们会看到检查到威胁列表，通过点击右下角的“处理所有”按钮来处理此次所有的恶意程序。针对某个具体的恶意程序，也可以通过单击右键来清除，如图 9-19 所示。

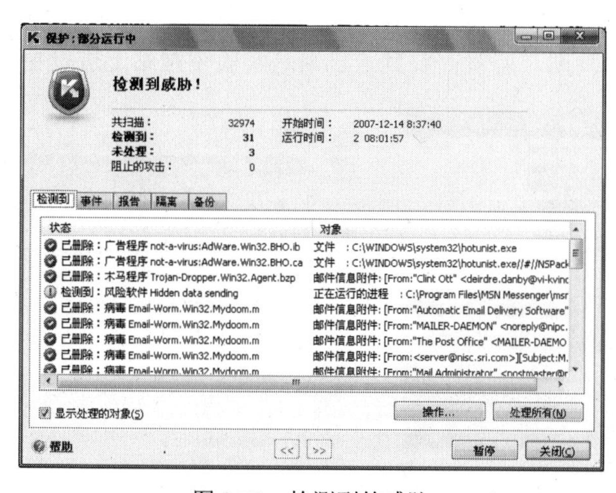

图 9-18　检测到的威胁

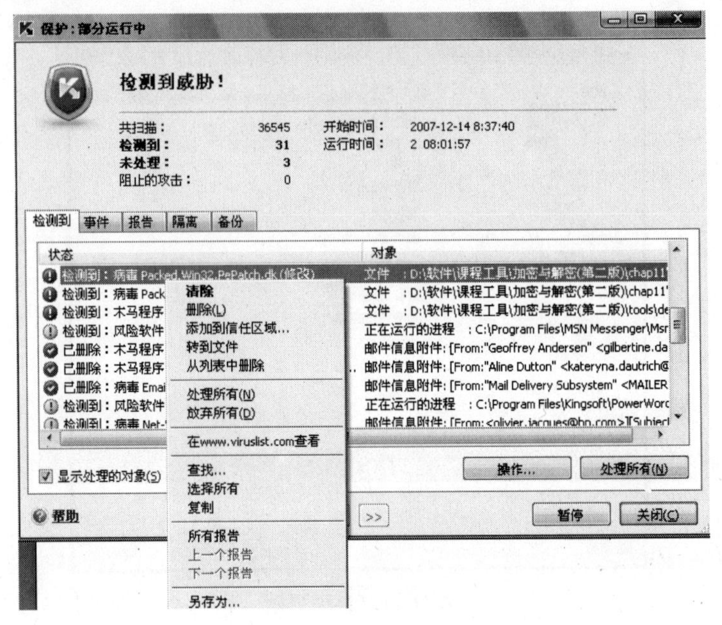

图 9-19　处理威胁

5．激活

激活部分被用来处理所需要的授权许可文件，实现应用程序的全部功能。如果您还未安装授权许可文件，那么建议您立即购买并激活该应用程序。如果您已经安装了授权许可文件，本部分将显示您所使用授权类型和截止日期方面的信息（如图 9-20 所示）。

没被激活的卡巴斯基不能从服务器获得更新，从而会给主机带来安全风险。因此，一旦您当前使用的授权到期，您就需要到卡巴斯基实验室网站上进行更新。

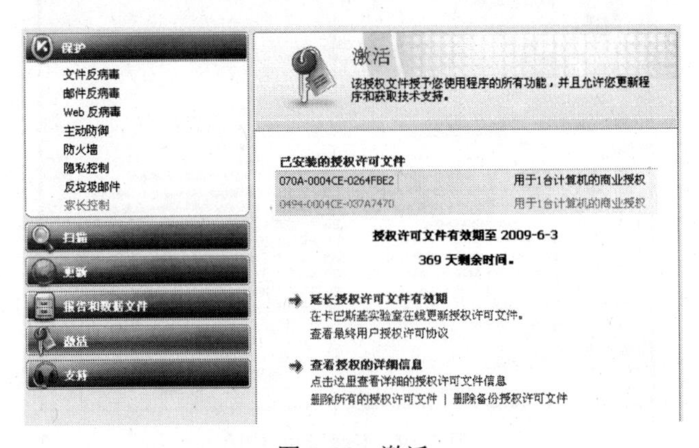

图 9-20　激活

6. 支持

支持部分（如图 9-21 所示）是向卡巴斯基互联网安全套装注册用户提供技术支持方面的可用信息。当用户遇到一些特殊问题时，通过“在线支持”或者“卡巴论坛”寻求专业人士的技术支持，进而保证主机得到安全的防护。

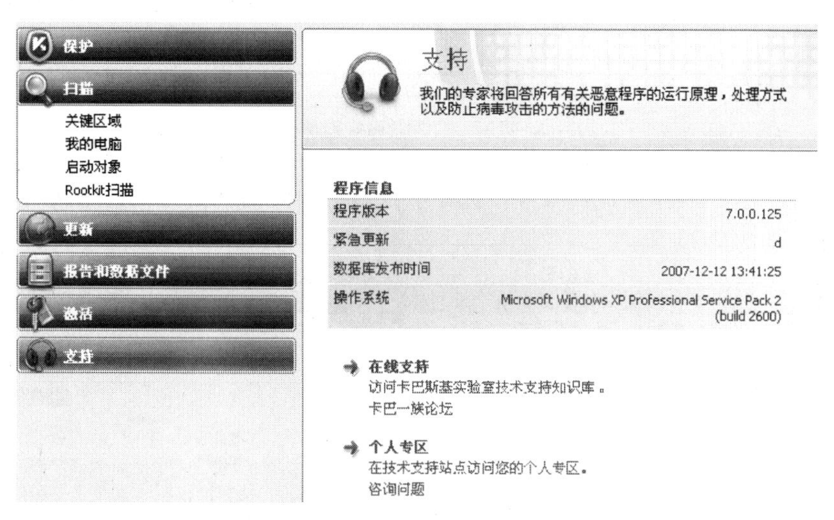

图 9-21　支持

9.3　常见病毒的分析和清除

9.3.1　熊猫烧香

“熊猫烧香”病毒（Worm.Nimaya）是一个能在 WIN9X/NT/2000/XP/2003 系统上运行的蠕虫病毒。被病毒感染的文件图标均变为“熊猫烧香”（如图 9-22 所示）。该病毒变种还能终止大部分的反病毒软件和防火墙软件进程。用户电脑中毒后可能会出现蓝屏、频繁重启以及系统硬盘中数据文件被破坏等现象。同时，该病毒的某些变种可以通过局域网进行传播，进而感染局域网内所有计算机系统，最终导致企业局域网瘫痪，无法正常使用，它能感染系统中 exe、com、pif、src、html、asp 等文件，它还会删除扩展名为 gho 的文件（该文件是一系统备份工具 Ghost 的备份文件），使用户的系统备份文件丢失。

1. 病毒样本测试

本教程提供了熊猫烧香的病毒蓝本，笔者这里测试的环境是在 Windows XP 下，若是其他系统环境，相信读者们应该能触类旁通。

图 9-22 熊猫烧香病毒样本

在打开样本后，熊猫烧香已经开始执行了。过一段时间，磁盘文件中所有 exe 文件类型均被感染，如图 9-23 所示。

图 9-23 被病毒感染的文件

这时我们发现，“任务管理器”以及“瑞星杀毒”程序无论怎样打开后都会被关闭，这是因为熊猫烧香监视了任务管理器和部分防病毒软件的进程，笔者这里使用的是一款第三方进程管理工具 IceSword.exe，如图 9-24 所示。

从上图所示界面我们可以看到，进程中多出了一个“spo0lsv.exe”的进程，这个进程就是熊猫烧香复制到系统中的进程了。除了该进程外，我们注意到进程中 IE 浏览器被打开了，而此时笔者测试的计算机并未打开 IE，这是熊猫烧香使用的“进程插入”技术与外部网络通信而打开的进程。因为广大计算机用户使用 IE 的频率较高，各防火墙厂商对该进程也是默认允许访问网络的，病毒设计者看中的也是这点。

从图 9-23 可以看到，病毒除了感染 exe 文件外，在各磁盘根目录还生成了两个隐藏文件 Setup.exe 以及 AutoRun.inf，用户如果双击磁盘，打开的并不是磁盘而是 AutoRun.inf 所指的病毒文件 Setup.exe。这样，那些用户在重装系统后将很可能被重新感染。

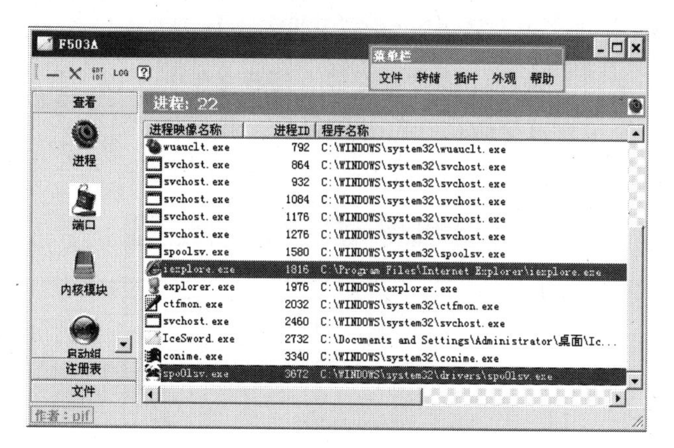

图 9-24　熊猫烧香进程信息

这里，笔者总结熊猫烧香病毒的特点如下：

（1）它会在硬盘各个分区创建“.inf”自动播放文件

（2）会感染大部分目录中的 EXE/SCR/PIF/COM 文件。

（3）自动关闭防火墙以及防病毒软件。

（4）尝试使用简单用户名、口令访问局域网内其他计算机，尝试以 GameSetup.exe 为文件名复制自身副本。

在了解熊猫烧香的特点后，接下来我们一起来手工清除该病毒。

2．病毒的清除

在正式清除病毒之前，我们先在网络连接中禁用各网卡，切断病毒与外部网络的连接。在切断网之后，我们用 IceSword 结束熊猫烧香 Spo0lsv.exe 和 Iexplore.exe 的进程，如图 9-25 所示。

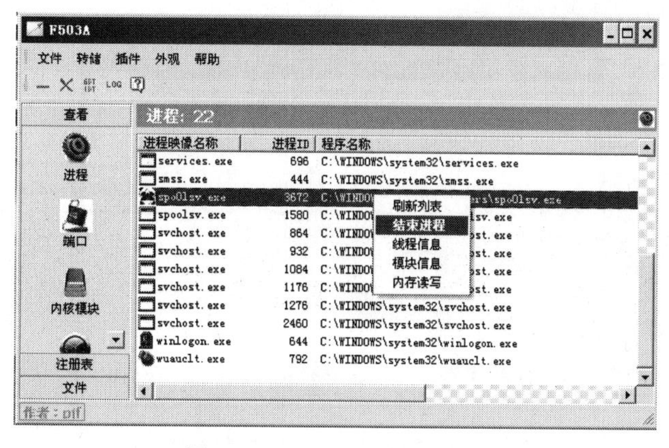

图 9-25　IceSword 进程信息

在结束病毒的进程后，接下来我们将各磁盘目录中的 AutoRun.inf 以及其指向内容 Setup.exe 删除，因为病毒文件往往将自身设置为隐藏文件。所以，我们在删除病毒文件前还需要先将系统文件显示设置更改，在打开磁盘后，我们将“工具”→“文件夹选项”中的系统文件和隐藏文件设置为显示，如图 9-26 和图 9-27 所示。

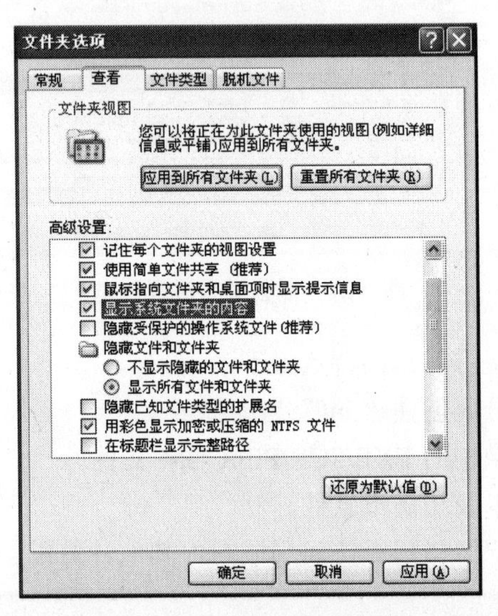

图 9-26　设置文件夹选项

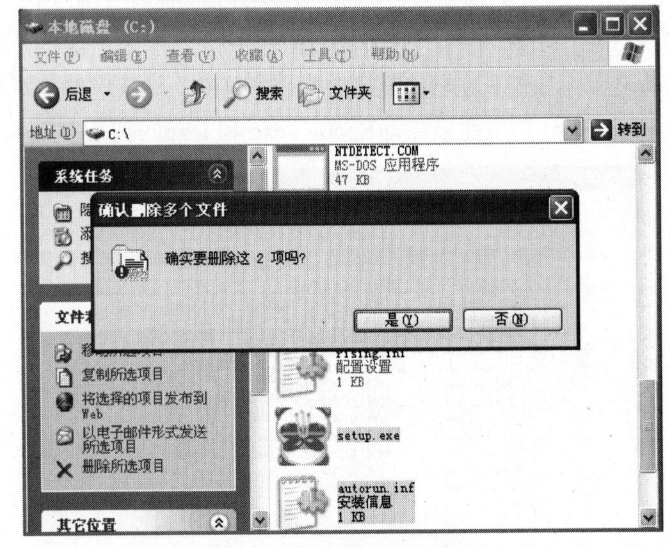

图 9-27　删除根目录 inf 文件及病毒

若在设置文件显示后，仍然无法显示隐藏文件的话，可以打开注册表，依次展开如下键值 HKEY_LOCAL_MACHINE\Software\Microsoft\windows\CurrentVersion\explorer\Advanced\Folder\Hidden\SHOWALL，将 CheckedValue 键值修改为“1”，如图 9-28 所示。

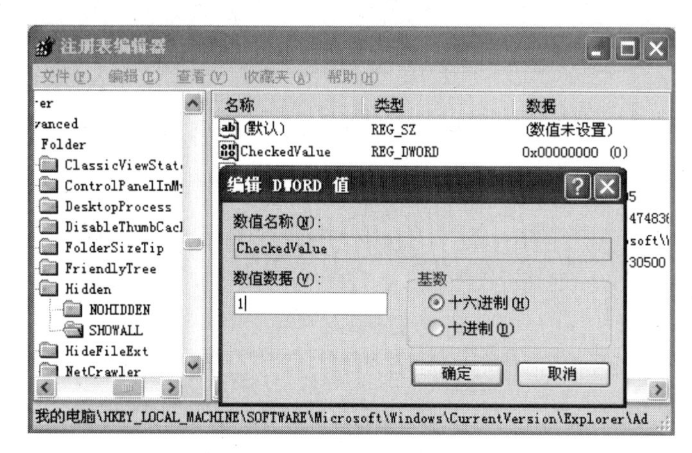

图 9-28　修改注册表键值

接下来我们打开注册表，在“编辑”中单击“查找”选项，输入病毒程序名“spo0lsv.exe、Setup.exe”删除注册表键值以及对应路径文件，如图 9-29 所示。

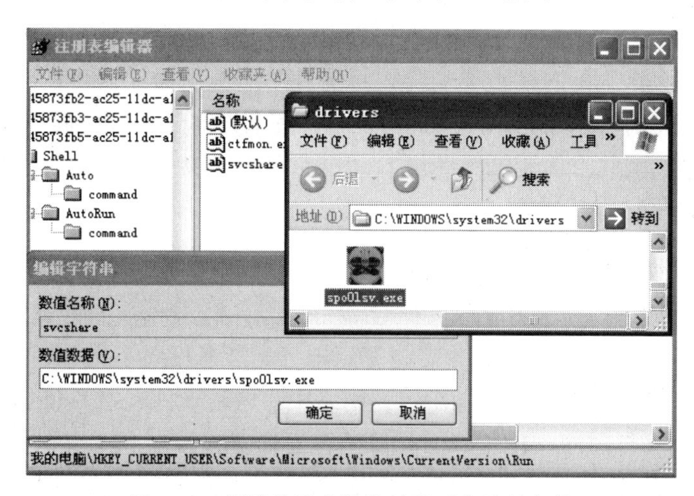

图 9-29　删除注册表键值以及对应路径文件

到这里，熊猫烧香病毒基本上已经被我们清除了，但是，因为熊猫烧香具有极强的感染性，磁盘中的文件（如 exe、pif、htm 等文件）很可能被其感染，使用手工查杀无法将其清除，所以，这里还需要配合防病毒软件来将磁盘中被感染的文件清除掉，如图 9-30 所示。

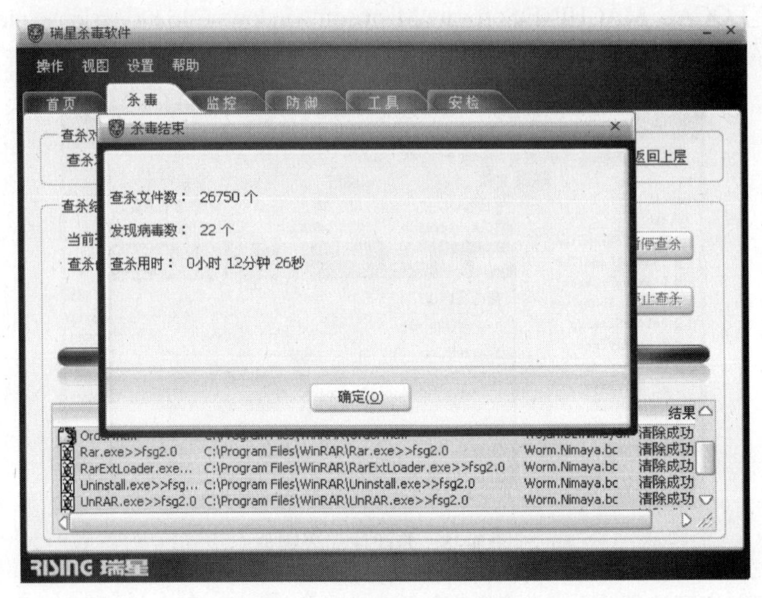

图 9-30 清除被感染文件

9.3.2 Auto 病毒

Auto 病毒是目前常见的蠕虫类病毒，目前几乎所有这类的病毒的最大特征都是利用 autorun.inf 这个文件的特点来帮助病毒感染。而事实上大部分蠕虫病毒都是利用 autorun.inf 文件来进行传播的，因此目前无法单纯说 U 盘病毒就是某某病毒。这里我们来介绍 Autorun 病毒的最先始祖——U 盘病毒。

1. 什么是 Auto 病毒

Auto 病毒又被称作 U 盘病毒，随着 U 盘的普及，越来越多的人都把各种文档资料备份在 U 盘里。正因为如此，病毒制作者也开始把目光渐渐投向了这些经常使用 U 盘的人，一种名为“U 盘寄生虫”的蠕虫病毒出现在网络中，这是一种利用 Windows 自动播放功能优先执行加载项的病毒程序，使用户的计算机感染该病毒。

2. Auto 病毒原理和症状

说起 Auto 病毒的原理就不能不提到 Autorun.inf 这个文件，经常使用光盘的用户都知道，很多光盘被放入光驱后就会自动播放，计算机要做到这点，需要两个文件：一是光盘上的 AutoRun.inf 文件，另一个则是操作系统本身的系统文件之一的 Cdvsd.vxd。Cdvsd.vxd 会随时检测光驱中是否有放入光盘的动作，如果有，便开始寻找光盘根目录下的

AutoRun.inf 文件。如果存在 AutoRun.inf 文件则执行其文件中预设的程序。

当然，AutoRun.inf 不光能让光盘自动运行程序，也能让硬盘自动运行程序，病毒程序也正是利用这一点，如图 9-31 所示。

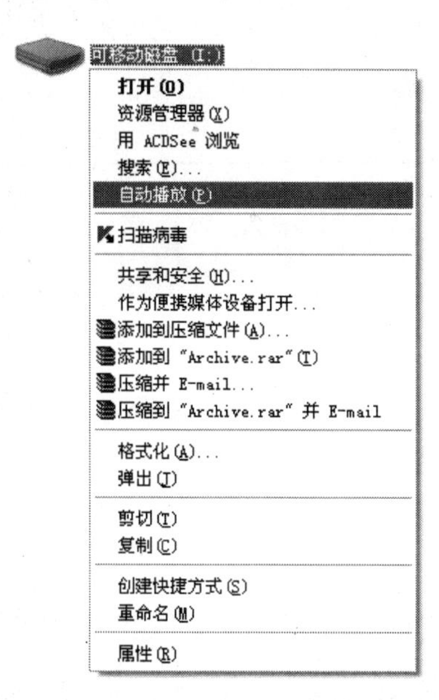

图 9-31　磁盘自动播放

Auto 病毒最大的特征是打开“我的电脑”后，无论双击哪个磁盘，都无法打开，没有任何反应，除这点之外，Auto 病毒还具有如下特点：

（1）在系统中占用大量 CPU 资源。

（2）在每个分区下建立 autorun.exe、autorun.inf 文件，双击该盘符时显示自动运行，但无法打开该分区。

（3）大部分通过 U 盘、移动硬盘等存储设备传播。

（4）可能会引起部分操作系统崩溃，表现在开机自检后直接并反复重启，无法进入系统。

（5）当插入 U 盘时自动播放对话框中的第一选项就不再是播放而是运行这个盘中的程序。

3. Auto 病毒的清除

对于这种病毒，为了使病毒自身更加隐蔽，病毒文件大都是被标记为隐藏的，要清除这种病毒，笔者建议进入安全模式进行查杀（开机按 F8 键并选择安全模式进入），如图 9-32 所示。

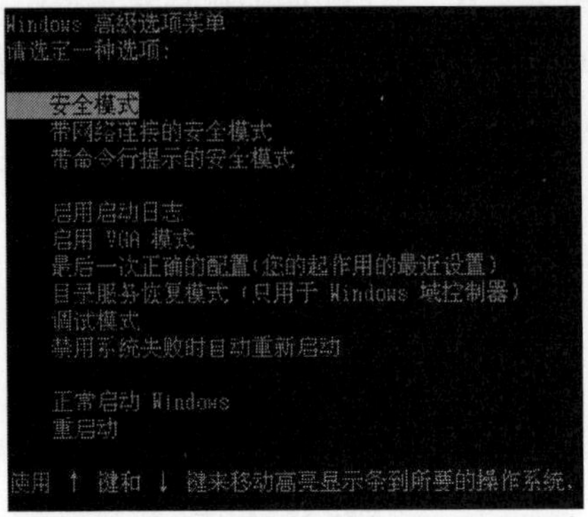

Windows 高级选项菜单
请选定一种选项:

安全模式
带网络连接的安全模式
带命令行提示的安全模式

启用启动日志
启用 VGA 模式
最后一次正确的配置(您的起作用的最近设置)
目录服务恢复模式(只用于 Windows 域控制器)
调试模式
禁用系统失败时自动重新启动

正常启动 Windows
重启动

使用 ↑ 键和 ↓ 键来移动高亮显示条到所要的操作系统.

图 9-32　Windows 安全模式选择界面

在系统进入安全模式后，我们再来更改系统设置，让系统显示隐藏文件，打开“我的电脑”，单击“工具”→“文件夹选项”→“查看”，将其中的“隐藏受保护的操作系统文件（推荐）”前面的勾选掉，同时选择下面的“显示所有文件和文件夹”，单击“确定”按钮，如图 9-33 所示。

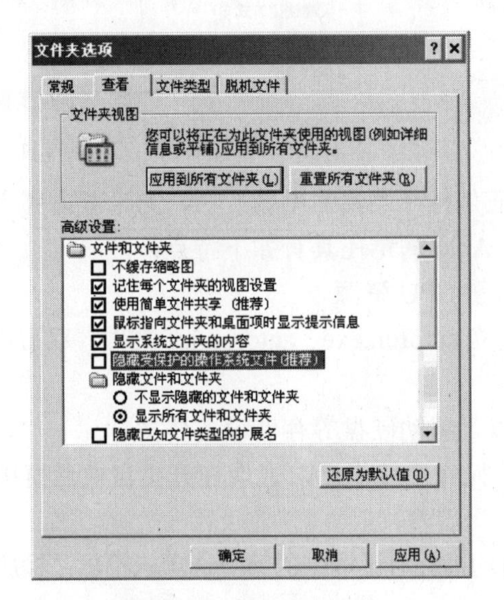

图 9-33　更改系统设置

删除各磁盘根目录中的 Autorun.inf 以及病毒文件后，接着，我们再将注册表中的启动键值删除，在开始菜单中的“运行”栏中输入“Regedit.exe”打开注册表。

打开注册表后，单击“编辑”→“查找”，输入 AutoRun.inf 文件中记录的内容（如

Autorun.exe)，如图 9-34 所示。

图 9-34　查找注册表项

在查找的过程中，删除对应的注册表键值项以及对应路径的文件。最后，重新启动计算机即可。

4. Auto 病毒的防范

（1）改变双击习惯

通常情况下，我们打开各磁盘分区或移动磁盘时，都是用双击盘符的方法，但这样遇到自动播放病毒时便会执行病毒程序，所以请用户养成使用鼠标右键打开的习惯，这样，即便遇上自动播放病毒，也能打开各磁盘分区。还有一种更好的方法，打开“我的电脑”后，点击工具栏上的“文件夹”，用资源管理器的方式查看和使用各磁盘分区。

（2）使用 U 盘的习惯

在使用 U 盘时，按住“Shift”键的同时，插入 USB 接口，直到“我的电脑”中显示 U 盘盘符为止，此方法可阻止 U 盘上的病毒传播到系统中。

（3）删除 U 盘中的病毒

用上述中的方法插入 U 盘，然后打开“winrar”软件（压缩软件），并用其打开 U 盘，可查看其中的隐藏文件，删除所有隐藏文件（一般情况下，U 盘中只有一个“RECYCLER”文件夹，即回收站的文件夹，其他的隐藏文件都可删除）。

（4）下载 U 盘专杀工具

可用 U 盘专杀工具，网络资源中进行搜索下载到相应的工具，使用专杀工具进行杀毒。

9.3.3　ARP 欺骗病毒

ARP 欺骗病毒（简称 ARP 病毒），该病毒通常都属于木马（Trojan）类型病毒，它不具备主动传播的特性，更不会自我复制。但是由于其发作的时候会向全网发送伪造的 ARP 数据包，干扰整个网络的运行，因此它的危害比一般的蠕虫病毒还要严重。

1. 什么是ARP?

ARP 协议是“Address Resolution Protocol”（地址解析协议）的缩写。在局域网中，网络中实际传输的是“帧”，帧中包含目标主机的 MAC 地址。在以太网中，一个主机要和另一个主机进行直接通信，必须要知道目标主机的 MAC 地址。而这个目标 MAC 地址是通过地址解析协议获得的。所谓“地址解析”就是主机在发送帧前将目标 IP 地址转换成目标 MAC 地址的过程。ARP 协议的基本功能就是通过目标设备的 IP 地址查询目标设备的 MAC 地址，以保证通信的顺利进行。在局域网中，通过 ARP 协议来完成 IP 地址转换为第二层物理地址（即 MAC 地址），ARP 协议对网络安全具有重要的意义。

2. ARP 协议的工作原理

正常情况下，每台主机都会在自己的 ARP 缓冲区中建立一个 ARP 列表，以表示 IP 地址和 MAC 地址的对应关系。查询本机 ARP 缓存表可以通过运行命令“arp -a”查看，如图 9-35 所示。

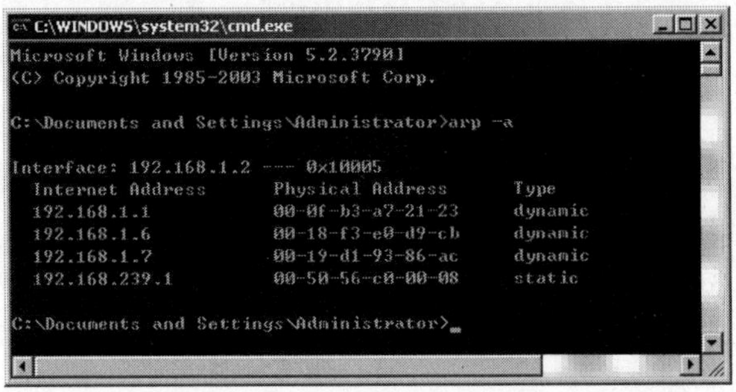

```
C:\WINDOWS\system32\cmd.exe
Microsoft Windows [Version 5.2.3790]
(C) Copyright 1985-2003 Microsoft Corp.

C:\Documents and Settings\Administrator>arp -a

Interface: 192.168.1.2 --- 0x10005
  Internet Address      Physical Address      Type
  192.168.1.1           00-0f-b3-a7-21-23     dynamic
  192.168.1.6           00-18-f3-e0-d9-cb     dynamic
  192.168.1.7           00-19-d1-93-86-ac     dynamic
  192.168.239.1         00-50-56-c0-00-08     static

C:\Documents and Settings\Administrator>_
```

图 9-35　查询本机 ARP 缓存表

当源主机需要将一个数据包发送到目的主机时，会首先检查自己 ARP 列表中是否存在该 IP 地址对应的MAC 地址，如果有，就直接将数据包发送到这个 MAC 地址；如果没有，就向本地网段发起一个 ARP 请求的广播包，查询此目的主机对应的 MAC 地址。此 ARP 请求数据包里包括源主机的 IP 地址、硬件地址以及目的主机的 IP 地址。网络中所有的主机收到这个 ARP 请求后，会检查数据包中的目的 IP 是否和自己的 IP 地址一致。如果不相同就忽略此数据包；如果相同，则将发送端的 MAC 地址和 IP 地址添加到自己的 ARP 缓存表中，如果 ARP 表中已经存在该 IP 的信息，则将其覆盖，然后给源主机发送一个 ARP 响应数据包，告诉对方自己是它需要查找的 MAC 地址；源主机收到这个 ARP 响应数据包后，将得到的目的主机的 IP 地址和 MAC 地址添加到自己的 ARP 缓存表中，并利用此信息开始传输数据，如图 9-36 所示。

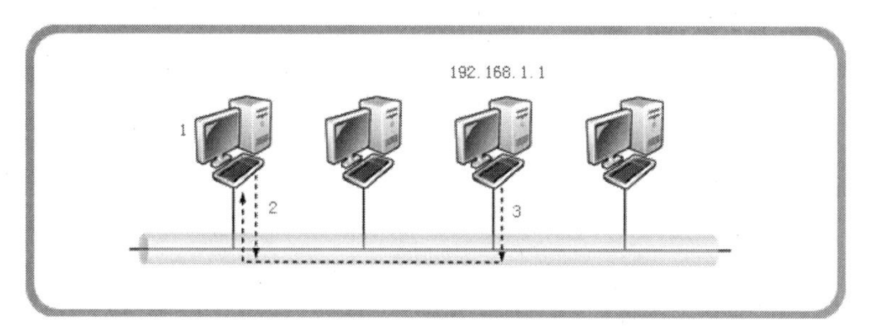

图 9-36　ARP 广播示意图

（1）要发送网络数据包给计算机 192.168.1.1，但不知其 MAC 地址。

（2）在局域网发出广播包询问“192.168.1.1 的 MAC 地址是什么？”

（3）其他机器不回应，只有 192.168.1.1 回应“192.168.1.1 的 MAC 地址是 AA-AA-AA-AA-AA-AA”。

从上面可以看出，ARP 协议的基础就是信任局域网内所有的人，那么就很容易实现在以太网上的 ARP 欺骗。更何况 ARP 协议是工作在更低于 IP 协议的协议层，因此它的危害就更加隐蔽。

3. ARP 欺骗的原理

ARP 类型的攻击最早用于盗取密码，网内中毒电脑可以伪装成路由器，盗取用户的密码，后来发展成内藏于软件，扰乱其他局域网用户正常的网络通信。下面我们简要阐述 ARP 欺骗的原理：假设这样一个网络，一个交换机连接了 3 台机器，依次是计算机 A，B，C。

A 的地址为：IP：192.168.1.1 MAC：AA-AA-AA-AA-AA-AA

B 的地址为：IP：192.168.1.2 MAC：BB-BB-BB-BB-BB-BB

C 的地址为：IP：192.168.1.3 MAC：CC-CC-CC-CC-CC-CC

第一步：正常情况下在 A 计算机上运行 ARP -A 查询 ARP 缓存表应该出现如下信息。

```
Interface: 192.168.1.1 on Interface 0x1000003
Internet Address Physical Address Type
192.168.1.3 CC-CC-CC-CC-CC-CC dynamic
```

第二步：在计算机 B 上运行 ARP 欺骗程序，来发送 ARP 欺骗包。

B 向 A 发送一个自己伪造的 ARP 应答，而这个应答中的数据为发送方 IP 地址是 192.168.1.3（C 的 IP 地址），MAC 地址是 DD-DD-DD-DD-DD-DD（C 的 MAC 地址本来应该是 CC-CC-CC-CC-CC-CC，这里被伪造了）。当 A 接收到 B 伪造的 ARP 应答，就会更新本地的 ARP 缓存（计算机 A 不知道其 MAC 地址被伪造了），而且 A 也并不知该地址是从计算机 B 发送过来的，计算机 A 的缓存表中只有 192.168.1.3（计算机 C）与 DD-DD-DD-

DD-DD-DD 所绑定的 MAC 关系。

第三步：欺骗完毕我们在 A 计算机上运行 ARP -A 来查询 ARP 缓存信息。你会发现原来正确的信息现在已经出现了错误。

```
Interface: 192.168.1.1 on Interface 0x1000003
Internet Address Physical Address Type
192.168.1.3 DD-DD-DD-DD-DD-DD dynamic
```

上面例子中在计算机 A 上的关于计算机 C 的 MAC 地址已经错误了，所以即使以后从 A 计算机访问 C 计算机这个 192.168.1.3 这个地址也会被 ARP 协议错误地解析成 MAC 地址为 DD-DD-DD-DD-DD-DD 的。

当局域网中一台机器反复向其他机器，特别是向网关发送这样无效假冒的 ARP 应答信息包时，严重的网络堵塞就会开始。由于网关 MAC 地址错误，所以从网络中计算机发来的数据无法正常发到网关，自然无法正常上网。这就造成了无法访问外网的问题，另外由于很多时候网关还控制着我们的局域网上网，所以这时我们的局域网访问也就出现问题了。图 9-37 和图 9-38 更直观地展示了 ARP 欺骗攻击的情况。

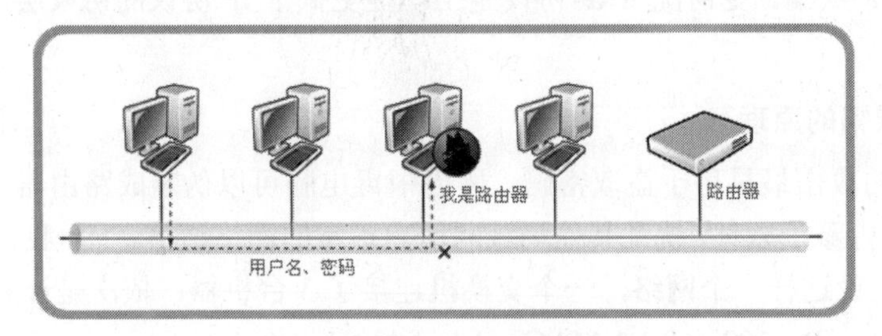

图 9-37　冒充路由器

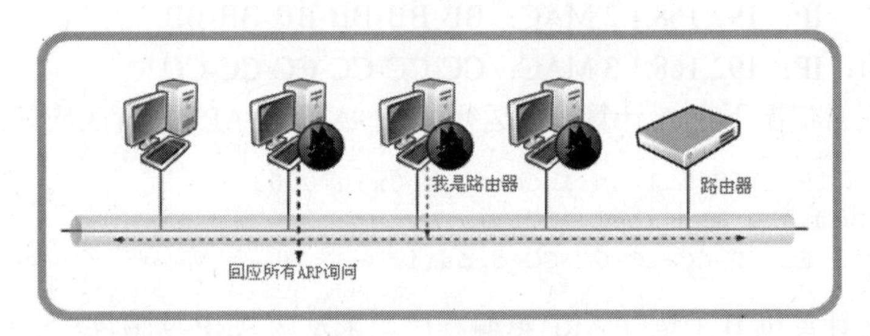

图 9-38　欺骗结果

4. ARP 欺骗的危害

ARP 欺骗可以造成内部网络的混乱，让某些被欺骗的计算机无法正常访问内外网，让网关无法和客户端正常通信。实际上它的危害还不仅仅如此，一般来说 IP 地址的冲突我们可以通过多种方法和手段来避免，而 ARP 协议工作在更低层，隐蔽性更高。系统并不会判断 ARP 缓存的正确与否，无法像 IP 地址冲突那样给出提示，而且很多黑客工具，例如网络剪刀手等，可以随时发送 ARP 欺骗数据包和 ARP 恢复数据包，这样就可以实现在一台普通计算机上通过发送 ARP 数据包的方法来控制网络中任何一台计算机的上网与否，甚至还可以直接对网关进行攻击，让所有连接网络的计算机都无法正常上网。

ARP 攻击只要一开始就造成局域网内计算机无法和其他计算机进行通讯，而且网络对此种病毒没有任何耐受度，只要局域网中存在一台感染“ARP 欺骗”病毒的计算机将会造成整个局域网通讯中断。

“恶意窃听”病毒是“ARP 欺骗”系列病毒中影响和危害最为恶劣的。它不会造成局域网的中断，仅仅会使网络产生较长的延时，但是中毒主机会截取局域网内所有的通讯数据，并向特定的外网用户发送所截获的数据，对局域网用户的网络使用造成非常严重的影响，直接威胁着局域网用户自身的信息安全。

ARP 欺骗的危害是巨大的，而且非常难对付，非法用户和恶意用户可以随时发送 ARP 欺骗和恢复数据包，这样就增加了网络管理员查找真凶的难度。那么难道就没有办法来阻止 ARP 欺骗问题的发生吗?下面就介绍如何防范 ARP 欺骗。

5. ARP 欺骗常用的防范方法

目前 ARP 系列的攻击方式和手段多种多样，因此还没有一个绝对全面有效的防范方法。从实践经验看最为有效的防范方法即打全 Windows 的补丁、正确配置和使用网络防火墙、安装防病毒软件并及时更新病毒库。对于 Windows 补丁不仅仅打到 SP2（XP）或 SP4（2000），其后出现的所有安全更新也都必须及时打全才能最大限度的防范病毒和木马的袭击。此外，正确使用 U 盘等移动存储设备，防止通过移动存储设备传播病毒和木马。

下面介绍防范 ARP 攻击的几种常用方法。

（1）静态绑定

将 IP 和 MAC 静态绑定，在网内把主机和网关都做 IP 和 MAC 绑定。

欺骗是通过 ARP 的动态实时的规则欺骗内网机器，所以我们把 ARP 全部设置为静态可以解决对内网 PC 的欺骗，同时在网关也要进行 IP 和 MAC 的静态绑定，这样双向绑定才比较保险。缺点是每台电脑需绑定，且重启后仍需绑定，工作量较大，虽说绑定可以通过批处理文件来实现，但也比较麻烦。

（2）使用防护软件

目前关于 ARP 类的防护软件出得比较多了，本教程中使用的是 ARP 防护大师，如图 9-39 所示。

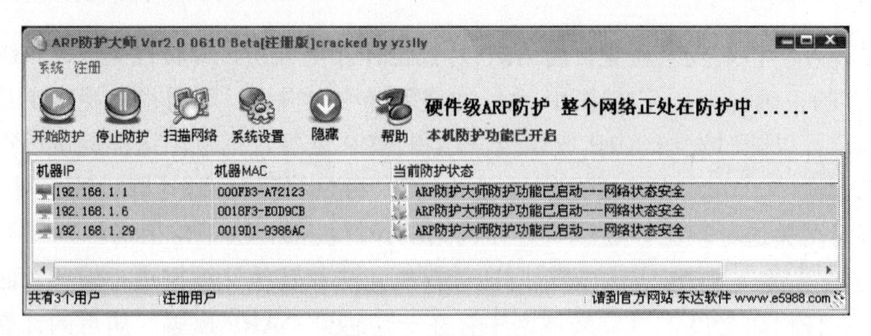

图 9-39 防护大师

ARP 防护大师采用系统内核层拦截技术和主动防御技术，高效地防护局域网的安全，可以阻止各类 ARP 病毒侵染局域网。

（3）具有 ARP 防护功能的网络设备

由于 ARP 形式的攻击而引发的网络问题是目前网络管理特别是局域网管理中最让人头疼的攻击，其攻击技术含量低，随便一个人都可以通过攻击软件来完成 ARP 欺骗攻击，同时防范 ARP 形式的攻击也没有什么特别有效的方法。目前只能通过被动的亡羊补牢形式的措施来防范了。

9.4 小结

计算机病毒不是与生俱有的，一个新安装好的系统只要不运行任何病毒程序就不会被感染。对于对病毒不了解的人来说，病毒是很神秘的。一个良好的操作习惯和健全的防护措施就能很好地保护自己的计算机不受病毒的侵害。因此，希望用户能尽可能地提高自己的安全防范意识，让病毒木马远离自己的计算机。

习题 9

一、判断题

1．计算机病毒与生物病毒有着惊人的类似，这是因为生物病毒侵染计算机硬件所致。（ ）

2．计算机病毒主要通过电子邮件、光盘以及系统漏洞进行传播。（ ）

3．计算机病毒通常感染的是可执行文件，如 com、exe 等。（ ）

4．到目前为止，还没有哪种杀毒软件能做到完全查杀任一种病毒。（ ）

5．理论上，要清除某病毒只需切断其启动方式或删除病毒源文件，做到以上任一种病

毒将不会运行。　（　　）

二、选择题

1. **[单选题]**病毒程序“Trojan.Win32.SendIP.15”属于哪一类病毒？（　　）

（A）系统病毒；　（B）蠕虫病毒；

（C）木马程序；　（D）后门病毒。

2. **[单选题]**下列现象中，哪项不是计算机病毒感染的特征（　　）

（A）计算机无故重启；

（B）在未经用户授权的情况下，有程序试图访问互联网；

（C）计算机电源已开启，但屏幕没有任何反应；

（D）计算机系统运行缓慢。

3. **[单选题]**杀毒软件不能消除以下威胁中的哪种（　　）

（A）蠕虫病毒；　（B）宏病毒；

（C）硬盘坏道；　（D）系统文件损坏。

4. **[多选题]**计算机病毒一般可分成三种类型（　　）

（A）脚本病毒　（B）引导型病毒

（C）宏病毒　（D）文件型病毒

（E）复合型病毒　（F）蠕虫病毒

5. **[多选题]**下列对病毒的叙述中，正确的有（　　）

（A）计算机病毒只是一种程序；

（B）计算机病毒无法被彻底清除；

（C）其潜伏期通常很长，一般情况下不会被轻易发现；

（D）最早的计算机病毒是出现在 DOS 系统上的；

（E）计算机病毒的变种都是病毒自身为适应环境而自行进化的。

三、思考题

1. 请简述 ARP 病毒发作时的现象。
2. 请结合第 8 章知识，概述计算机病毒与计算机木马的主要区别。

CHAPTER 10

第10章 计算机远程管理

引言

在当今这个网络互联的时代里，计算机用户经常会遇到各种各样的困惑需要向网络上另一端用户进行求助或者寻求服务商提供技术支持，还有的用户回家后想远程操作自己办公室的电脑，在出差过程中要连接到公司的服务器查找资料，技术人员要远程管理服务器等。

作为普通的计算机用户，当我们使用了上述的方式进行远程操作或管理，是否也担心向外界打开了自己的计算机大门，从而导致自己遭受安全威胁？我们这章将跟随安博士来学习关于计算机远程管理的相关知识和使用方法，驾驭计算机远程管理工具，同时也能进行安全防范。

本章目标

- 掌握远程终端的安装使用操作；
- 掌握 PCAnywhere 等远程管理工具使用操作；
- 掌握远程协助的使用方法；
- 了解远程管理和操作的相关安全威胁，能够进行安全防范。

10.1 远程终端安全威胁

远程终端是微软为了方便广大网络管理员管理和维护自己的Windows服务器而提供的一项远程管理服务。终端最初被应用在Windows 2000 Server上，网络管理员使用远程桌面客户端程序即可连接到网络中任意一台开启了远程桌面控制功能的计算机上，可以很方便地管理和运行程序，执行维护数据库等操作（如图10-1所示）。远程终端服务可以说是telnet的“图形版”，其强大功能深受广大管理员的喜爱。作为普通计算机用户，同样也可以使用该工具连接到远程计算机。

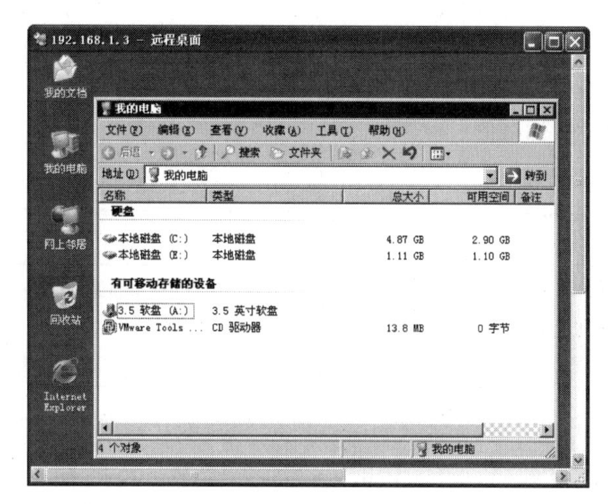

图 10-1　远程终端服务

远程终端的服务同样存在着被恶意攻击的威胁，例如 Terminal Services Cracker 是一款单独针对远程终端服务攻击的软件，其原理就是利用攻击字典进行自动尝试，破解远程终端用户的用户口令。

10.2　远程终端使用

终端服务的客户端（本教程中以 Windows XP 为例）的远程桌面连接（如图 10-2 所示），大部分普通用户如果没使用过，可能会觉得它高深莫测。其实不然，我们可以很轻松地实现这个服务，同时也会被它强大的功能所带来的便利吸引，我们可以通过它实现远程管理自己的计算机。试想一下，读者坐在家中就可以访问并控制办公室的电脑，收发邮件、查看报表、打印文件等，和实际操作这台计算机一样，是项多么方便和有趣的体验啊。

下面让我们一起走进终端服务。

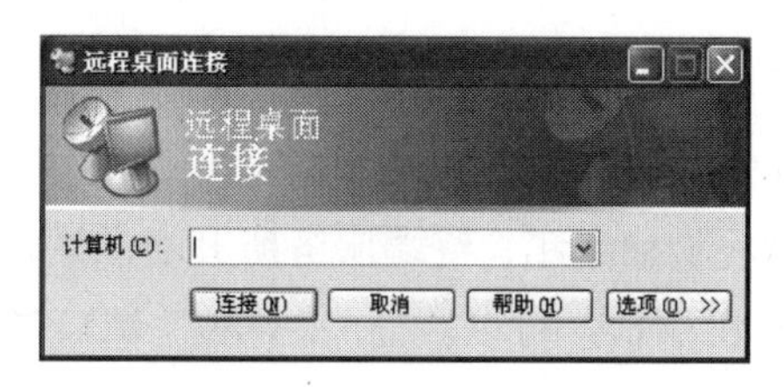

图 10-2　远程终端客户端程序

10.2.1 安装终端服务

Windows 终端服务，适用于以下操作系统：

- Windows NT Server 4.0，Terminal Server Edition
- Windows XP Professional
- Windows 2000 Server
- Windows Server 2003

注 1. Windows XP 各版本中只有 Windows XP Professional 支持，Windows 2000 只有 Server 版操作系统支持，Windows Server 2003 各版本均支持终端服务。

2. 在本章中，终端服务用 Windows 2003 版本作为远程计算机，客户端使用 Windows XP 系统。

Windows 2003 系统中终端服务组件默认已经被安装了，如果该组件被删除，我们可以在“控制面板”→“添加/删除程序”中的“添加/删除 Windows 组件”添加终端服务组件，如图 10-3 所示。

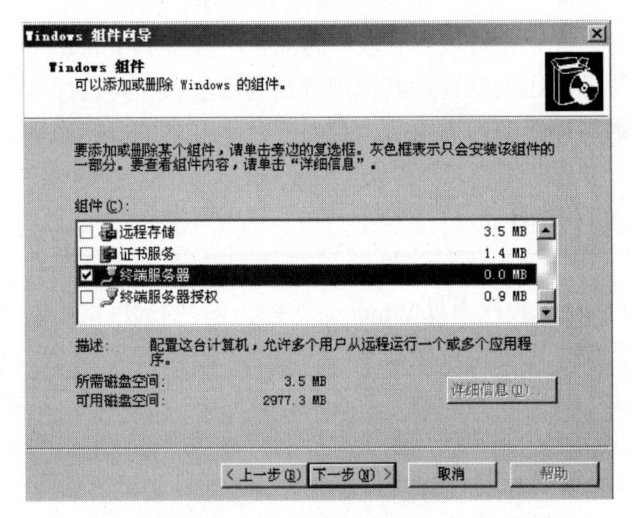

图 10-3 添加终端服务组件

要启用终端服务，我们可以右击“我的电脑”，选择“属性”，在弹出的窗口中点击“远程”选项卡，勾选“远程桌面”选项，完成后单击“确定”按钮，如图 10-4 所示。

确定后，终端服务就被我们启用了，终端服务所开启的端口默认为“3389”，我们使用命令“netstat -na”查看计算机端口，可以验证 “3389”端口是否已经处于监听状态。

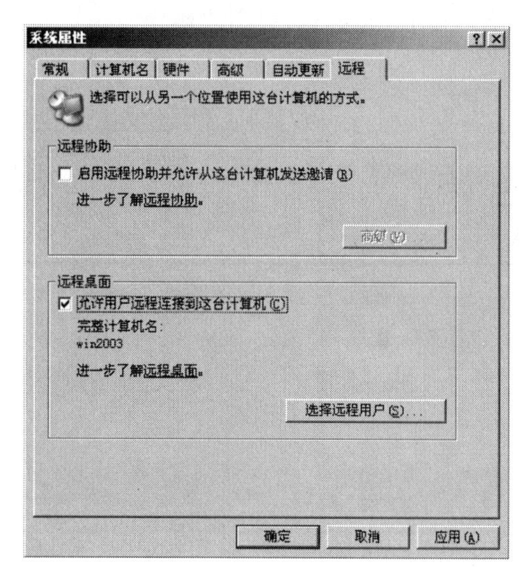

图 10-4　启用终端服务

10.2.2　使用终端服务

当远程计算机的终端服务被启用后，我们可以使用 Windows XP 自带的“远程桌面连接”工具来连接，在“开始菜单”→“程序”→“附件”→“通讯”→“远程桌面”双击打开，如图 10-5 所示。

打开“远程桌面”后，在选项设置中，我们可以设置连接远程计算机时本机所采用的分辨率、颜色以及性能等选项，用户根据自己需求的设定后，输入远程计算机的 IP 地址，就可以连接了。

注　在正式连接远程计算机之前，我们要先确定远程计算机的防火墙是否拦截其 3389 端口，如被拦截，需要修改防火墙设置，不要被拦截。

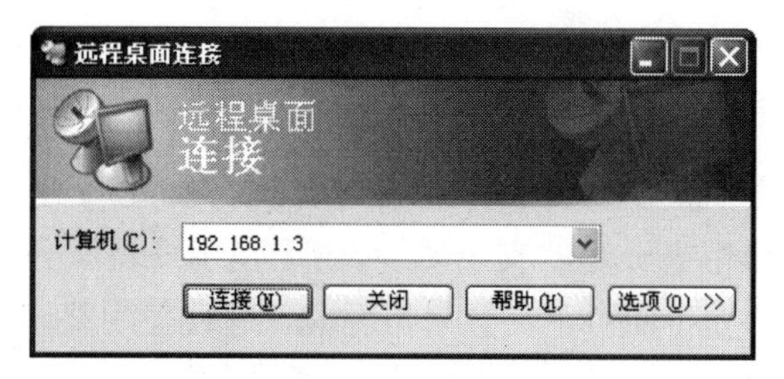

图 10-5　连接远程计算机

输入远程计算机的授权账户和密码后，单击“确定”按钮即可登录远程计算机，如图10-6所示。

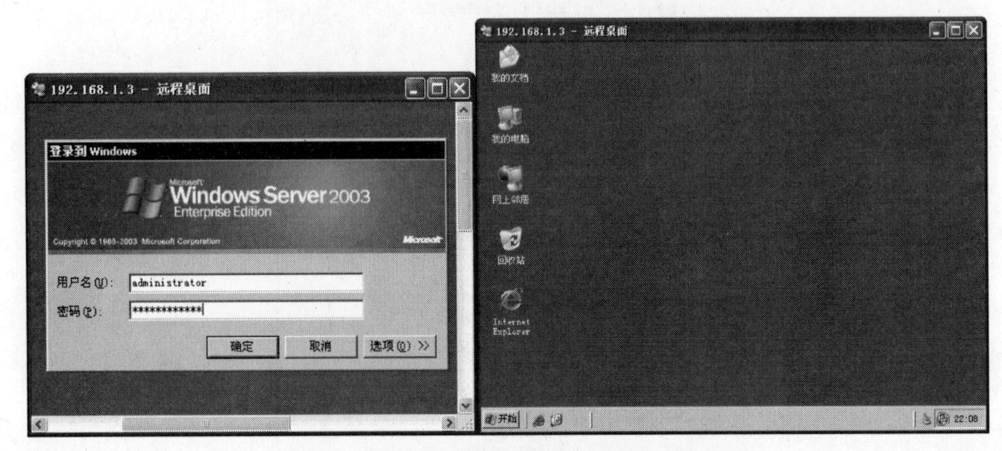

图 10-6　登录到远程计算机

在登录成功后，用户就可以在远程计算机上执行各项操作了，除了不能在本机与远程计算机之间直接进行文件复制外，一切操作如同像在本机操作一般，十分便捷。当然，终端服务中同样也支持像本机中的快捷键操作，表10-1为“远程桌面”中的常用快捷键。

表 10-1　“远程桌面”中的常用快捷键

组 合 键	功　　能	类似的本地快捷键
Ctrl+Alt+END	打开“Windows 安全”对话框	Ctrl+Alt+Delete
Ctrl+Alt+Break	将“终端服务客户端”显示从窗口切换到全屏	
Alt+Insert	在远程计算机上正在运行的程序之间来回切换	Alt+Tab
Alt+Home	显示远程计算机的“开始”菜单	
Alt+Delete	显示远程窗口的“控制”菜单	Alt+空格键

10.2.3　远程终端服务安全设置

终端服务给广大管理员带来了极大的方便，使得管理员不用在本机与远程计算机之间奔波，仅仅使用远程桌面就能及时地控制远程计算机，提高网络管理的效率。但是，终端服务开启后也会对服务器带来一定的安全风险，由于使用终端服务不受客户端IP地址限制，只要拥有用户账号及其口令，便可正常登录。因此，远程使用终端服务既开启了方便之门，也开启了网络安全的安全隐患之门。入侵者们在通过各种手段获取远程计算机的管理员账户后，同样也可以使用终端服务来获得远程计算机的控制权。这里就不得不谈及终端服务的安全设置。

终端服务默认使用“3389”端口，入侵者通过扫描器可以探测到某主机是否开放了终端服务，为了迷惑入侵者，我们可以在远程计算机上重新设置终端服务的端口来保护用户的远程计算机。

首先，我们运行 regedit.exe 打开注册表，依次展开如下键值 HKEY_LOCAL_MACHINE\SYSTEM\CurrentControlSet\Control\Terminal_Server\WinStations\RDP-Tcp\，如图 10-7 所示。

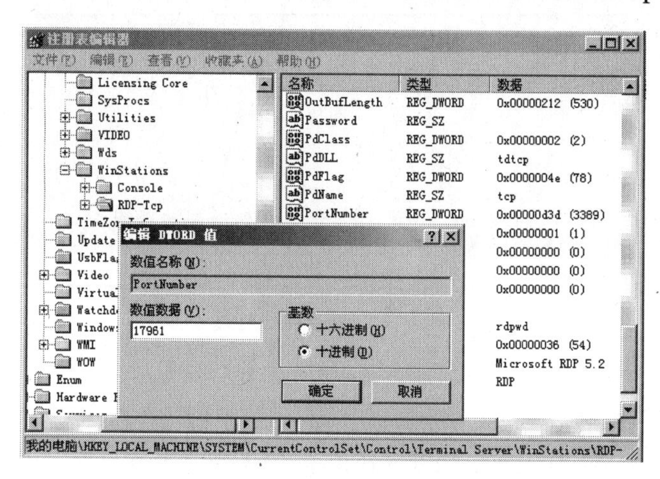

图 10-7　修改终端服务端口

比如我们将终端的默认端口“3389”更改为“17961”，完成后单“确定”按钮。终端端口会在远程计算机重启后生效。待远程计算机重启后，我们打开“远程桌面”，在远程计算机 IP 后添上“17961（端口号）”，如图 10-8 所示。

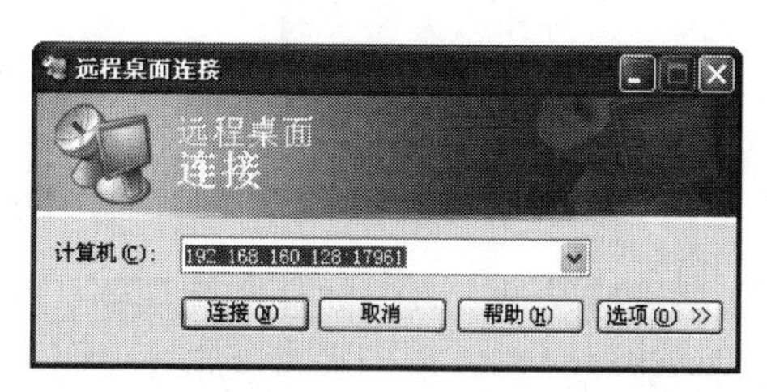

图 10-8　连接非默认端口的远程计算机

在输入远程计算机的账户和密码后，我们顺利地登录到远程计算机中，如图 10-9 所示。

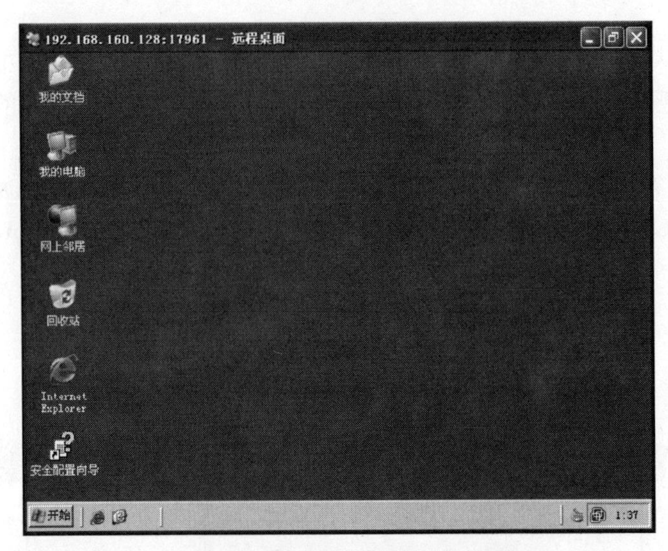

图 10-9　端口更改后的终端桌面

10.3　远程管理工具

除了操作系统自带的远程桌面能够对计算机进行远程管理外，还有一些更加专业的远程管理工具，它们往往具有更加强大的功能。

本节我们将介绍 PCAnywhere 的用法及其在使用过程中应当注意的安全问题。

Symantec PCAnywhere 将安全且业界领先的远程控制与新增的远程管理和高级文件传输功能相结合，加快了解决技术支持和服务器支持问题的速度。新增的一组远程管理工具利用主控端系统和被控端系统间的安全连接，使管理员可以在不用打开完整的远程控制会话的情况下对问题进行疑难解答。最新版本为 PCAnywhere v12.1，其安装界面如图 10-10 所示。

新增的远程管理功能包括一些常见工具，如任务管理器、命令提示符及远程编辑注册表的功能。新增的命令队列功能允许管理员生成包含多个文件和 DOS 命令的队列，并按顺序进行处理。可以根据需要重新设置文件的优先级、暂停文件以及从队列中删除文件。文件传输发生在后台，因此管理员可以不间断地工作，并在发送其他文件的同时继续选择文件。管理员甚至可以将文件按顺序发送至多台计算机。在远程控制、远程管理和文件传输应用程序中，易于使用的图形用户界面提供了一致的导航方式，主界面如图 10-11 所示。下面介绍其基本用法。

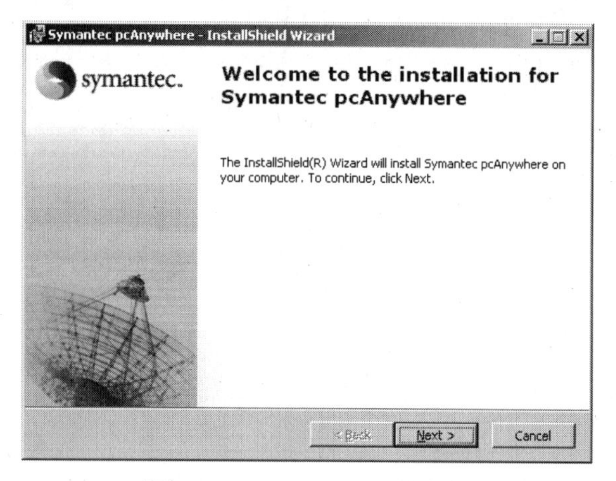

图 10-10 PCAnywhere 的安装

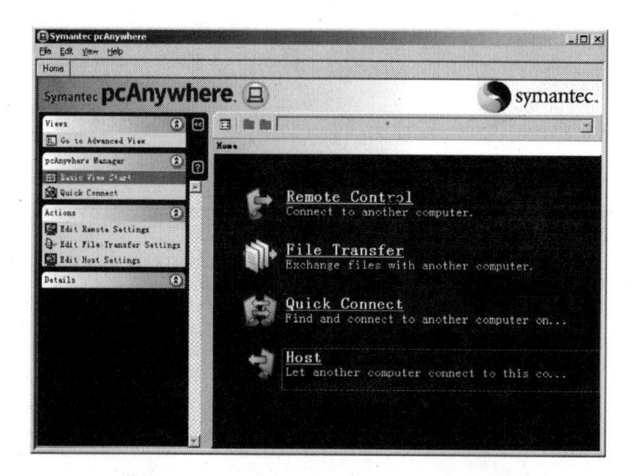

图 10-11 PCAnywhere v12.1 主界面

既然是远程管理工具，自然就得至少有两台机器，我们暂且将被远程管理的机器称作“服务器”，而管理员正在使用的机器称作“客户端”。要想使用 PCAnywhere 进行远程管理，服务器和客户端都必须要安装 PCAnywhere。安装完成后，我们首先对服务器进行配置。

1. 服务器端配置

服务器端要做的就是将要管理的主机配置成一个时刻等待别人连接的状态。单击主界面左侧“Actions”→“Edit Host Settings”，弹出如图 10-12 所示的选择连接策略窗口。第一个选项指通用的因特网服务提供商（例如数字用户线路、局域网等），第二个选项指“电话线 Modem”与“电话线 Modem”之间的连接。在本次配置过程中，我们选择第一项，单击“下一步”按钮，转到如图 10-13 所示的窗口。

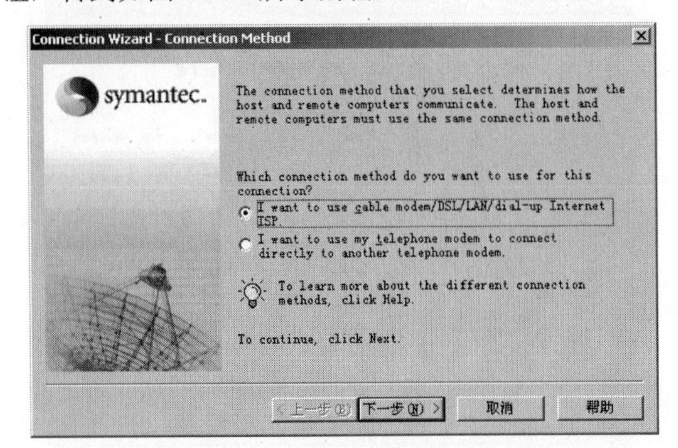

图 10-12　选择连接策略

图 10-13 用于配置服务器允许什么人对其远程管理，想要任何人对其远程管理，选择第一项“等待任何人的连接”，如果希望特定的主机，那么选择第二项“等待另外一个主机的连接”，则需要设定特定的 IP 地址。我们选择第一项继续，转到图 10-14 所示的认证类型窗口。

图 10-13　允许任何人连接

PCAnywhere 一共有两种认证类型，如图 10-14 所示。

（1）第一项，操作系统上现存的用户。选择此项单击“下一步”按钮转到如图 10-15 所示的“Windows 用户选择”窗口；

（2）第二项，重新建立用户名和密码。选择此项单击“下一步”按钮转到如图 10-16 所示的“用户名和密码设定”窗口。

我们选择第二项，单击“下一步”按钮继续。

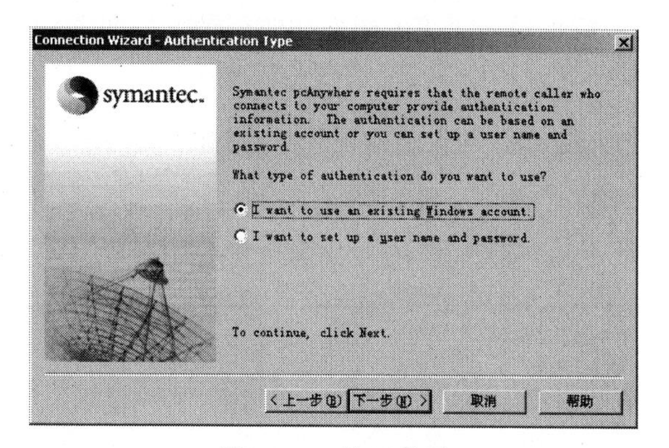

图 10-14　认证类型

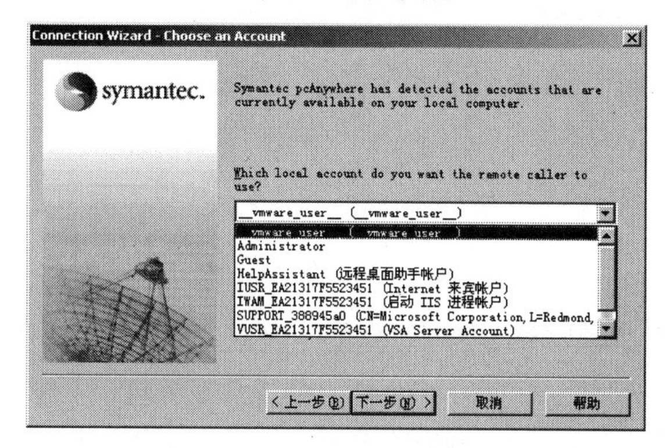

图 10-15　Windows 用户选择

对于密码的设置，为了安全起见有如下原则：口令应该不少于 8 个字符；不包含字典里的单词、不包括姓氏的汉语拼音；同时包含多种类型的字符，比如大写字母（A,B,C,...,Z）、小写字母（a,b,c...,z）、数字（0,1,2,⋯,9）、标点符号（@,#,!,$,%,& ⋯）。

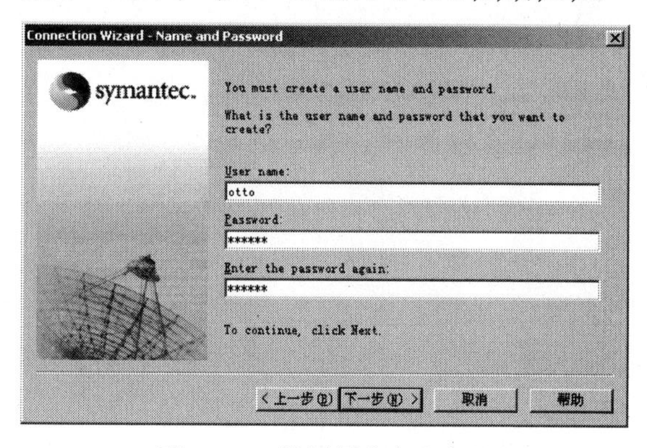

图 10-16　设置用户名和密码

设置完用户名和密码后，单击“下一步”按钮会转到如图 10-17 所示的窗口对此次连接进行命名。

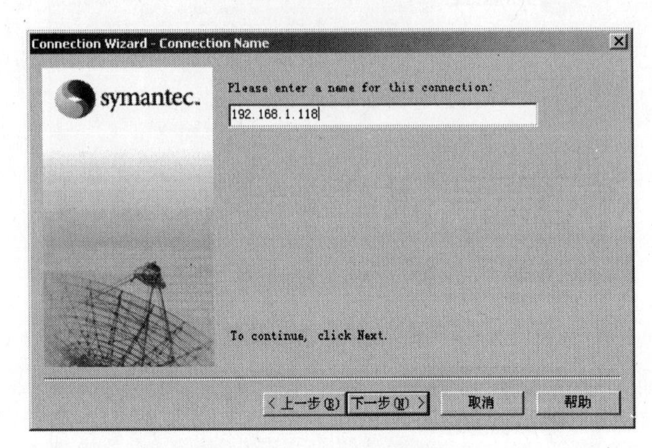

图 10-17　命名此次连接

我们将此次的连接名称设置为“192.168.1.118”，与服务器的 IP 地址一致。

> **注**　实际配置过程中可自定义命名的不一定与 IP 地址一致，这里仅仅是为了读者看得更加明确。

单击“下一步”按钮转到如图 10-18 所示的“总览”窗口，窗口中显示了上述我们配置的所有项目，如果管理员发现有地方需要修正，那么可以通过单击“上一步”按钮回到原地加以修改。单击“完成”按钮结束此次配置过程，并且开启服务等待远程客户端的连接。下面我们来看一下客户端部分的配置。

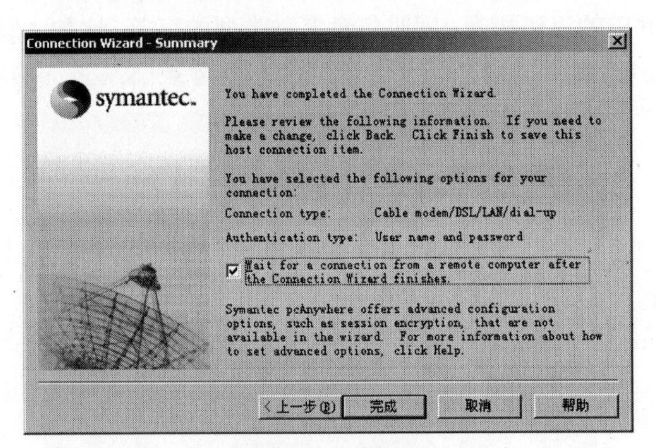

图 10-18　信息总览

2．客户端配置

为了远程连接刚刚配置好的服务器，我们也要在客户机上做一些配置。点击 PCAnywhere 主界面的菜单栏中的“Edit Remote Settings”，转到如图 10-19 所示的“连接类型”，与服务器一致，我们选择第一个选项，单击“下一步”按钮继续，弹出如图 10-20 所示的窗口。

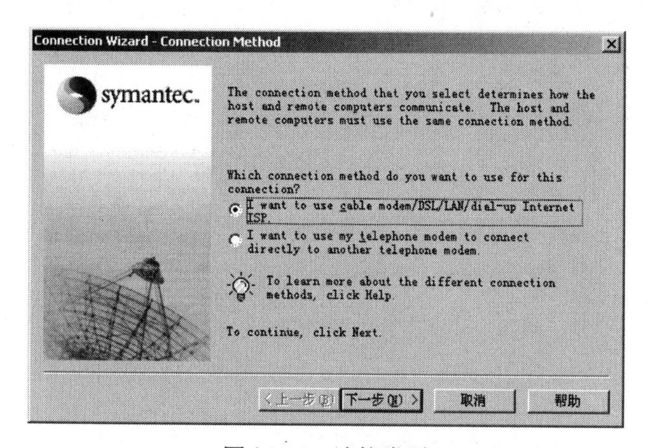

图 10-19　连接类型

连接类型过后即是要填写目的 IP 地址，服务器的 IP 地址为“192.168.1.118”，我们将其填入，然后单击“下一步”按钮继续，转到如图 10-21 所示的窗口，将此次配置命名为“From_218_To_118”。

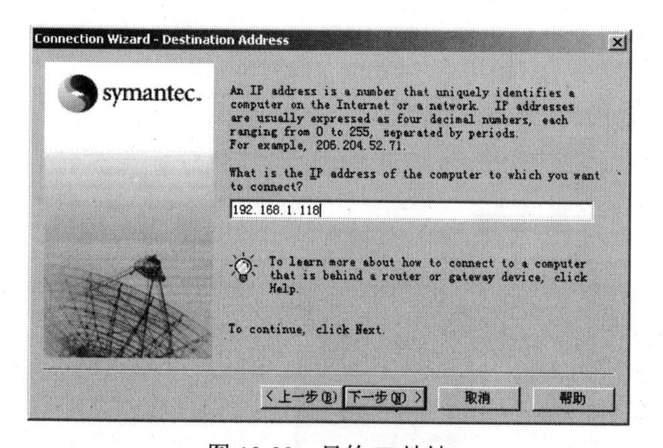

图 10-20　目的 IP 地址

图 10-22 是此次配置过程详细信息总览，如果发现有何不正确的配置，可以通过单击“上一步”按钮进行修正。如果没有任何问题，单击“完成”按钮结束此次客户端的配置过程。

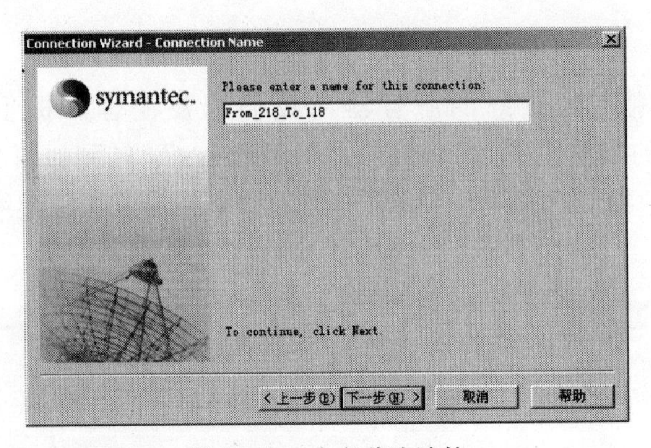

图 10-21　命名此次连接

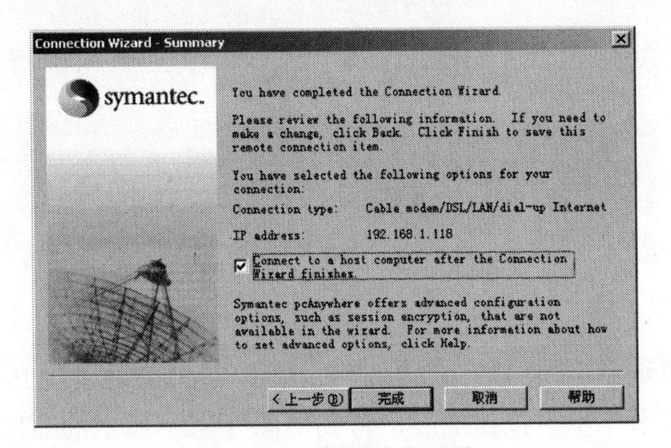

图 10-22　配置信息总览

当上述配置完成过后，点击 PCAnywhere 主界面中的 “Go to Advanced View”，会看到如图 10-23 所示的界面，右键单击“From_218_To_118”项，选择“Start Remote Control”开始远程控制，如图 10-23 所示。

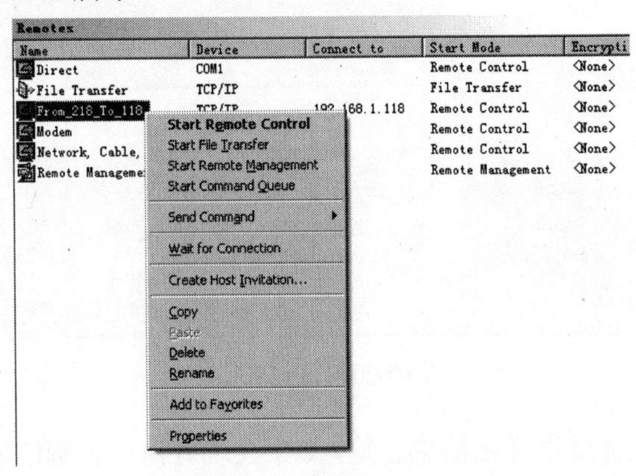

图 10-23　准备远程控制

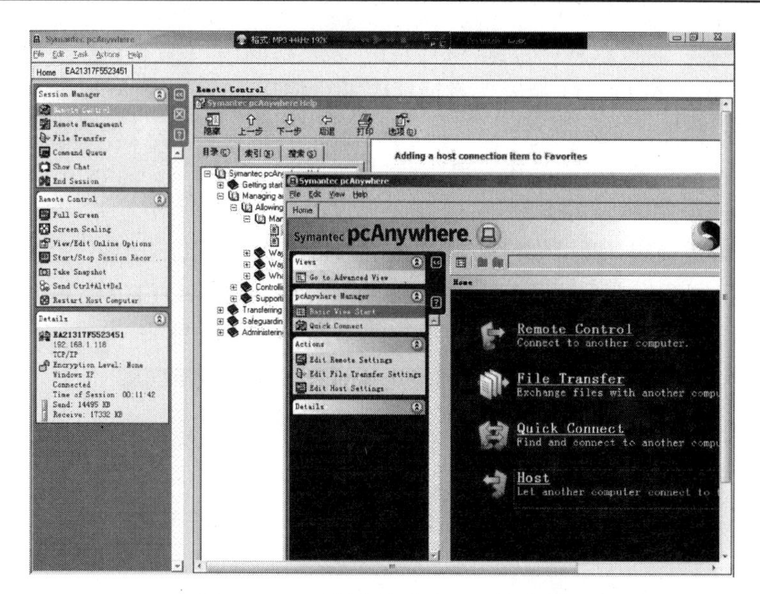

图 10-24　远程连接成功，开始控制

PCAnywhere 在使用过程中，同样也需要注意安全问题。建议采用单独的用户名与口令，而不要采用与 NT 管理员一样的用户名与口令，也不要使用与 NT 集成的口令。PCAnywhere 口令是远程控制的第一个关口，如果与 NT 的口令一样，就失去了安全屏障。被攻破后就毫无安全可言。而如果采用单独的口令，即使攻破了 PCAnywhere，操作系统还有一个口令屏障。另外要注意的是，应当及时安装较新的版本，旧版本的 PCAnywhere 中存在安全漏洞，当 PCAnywhere 服务器的套接字端口的监听口被连接发送不正常的随机字符，会造成一定程度的拒绝服务，PCAnywhere 将不再接受更多的连接和响应，必须重新启动应用程序才能获得正常功能。

10.4　远程协助

远程协助（Remote Assistance）为您提供了一种获取帮助的有效手段，在遇到问题时，您可以通过远程协助从外部获取所需帮助。如果您是一个有经验的用户，您甚至可以使用远程协助直接向您的亲戚朋友提供协助。

本教程中我们主要介绍一下 QQ 和 MSN 中附带的远程协助功能。

10.4.1　QQ 远程协助

本小节，我们通过一个具体的 QQ 远程协助实例来加以说明。QQ 聊天的双方是“OTTO”

和“香烟”，“香烟”通过远程协助向“OTTO”寻求帮助。首先“香烟”点击“与 OTTO 聊天”对话框中的“应用”→“远程协助”，如图 10-25 所示。

图 10-25　QQ 远程协助

“香烟”在请求“OTTO”对其远程协助时会经过如下几个步骤，如图 10-26 所示。

1.“香烟”请求远程协助：您已经请求 OTTO 进行远程协助，请等待回应或取消该请求；

2．OTTO 已同意您的远程协助请求，接受 还是 谢绝与 OTTO 建立远程协助连接。

当远程协助建立后，“OTTO”即可查看到“香烟”的桌面了，如图 10-27 所示。

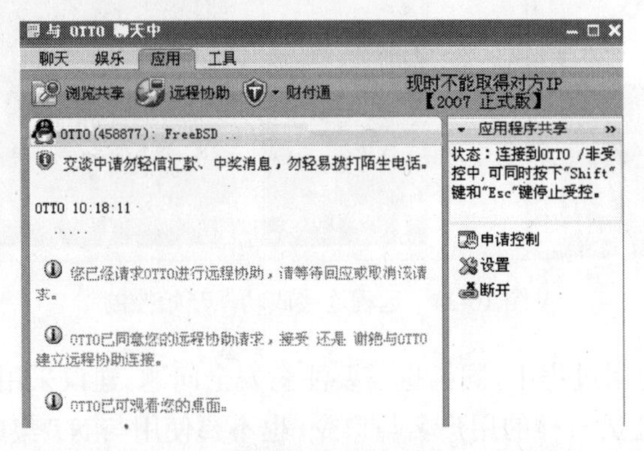

图 10-26　“香烟”请求“OTTO”协助

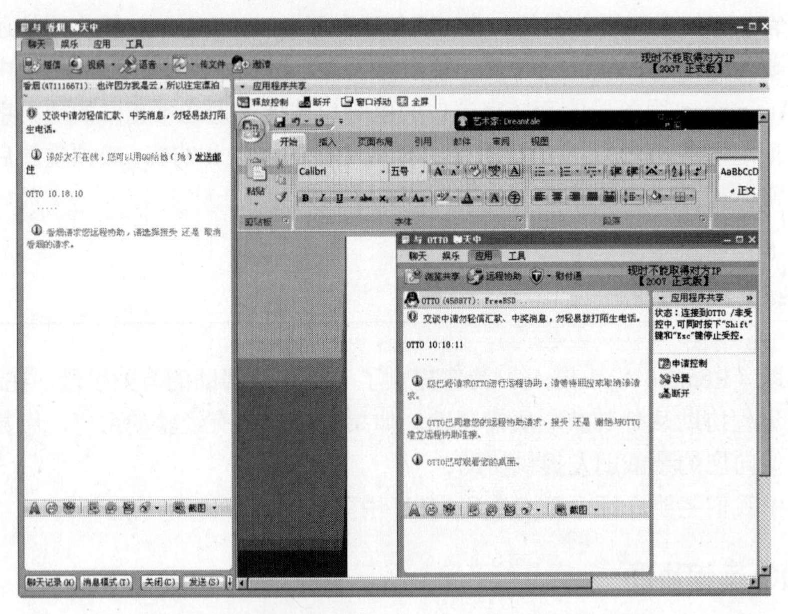

图 10-27　“OTTO”接受“香烟”的远程协助请求

“香烟”不仅希望“OTTO”能够查看到“香烟”的桌面，而且希望“OTTO”能够控制“香烟”的系统，以帮助其解决问题。单击图 10-25 中的“申请控制”选项，然后会经过如下几个步骤。

3．您请求 OTTO 控制，请等待回应或取消该请求。

4．请再次确认接受 还是 取消 OTTO 控制。

5．可以同时按下“Shift”和“ESC”键停止受控。

结果如图 10-28 所示。

当“OTTO”接受了“香烟”的远程控制请求后，“OTTO”即可对其“香烟”的操作系统随便操作了，如图 10-29 所示。

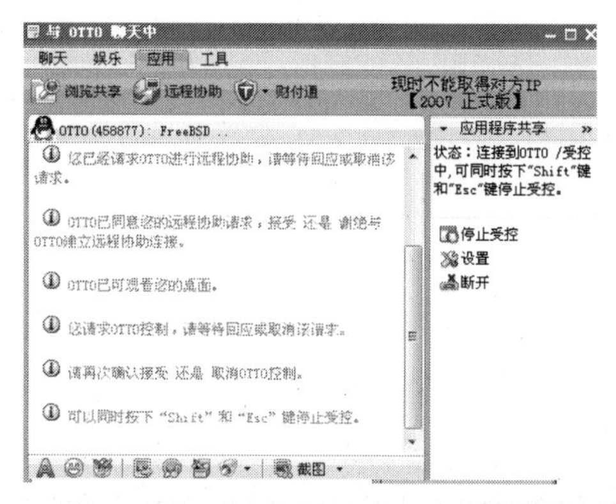

图 10-28　“香烟”请求“OTTO”控制

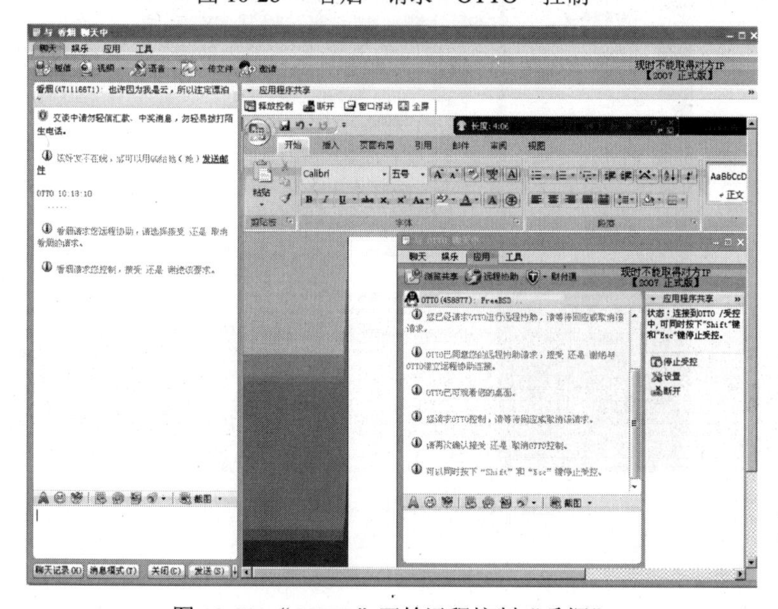

图 10-29　“OTTO”开始远程控制“香烟”

注意　在远程协助过程中，如果请求别人完全控制自己的机器，那么在别人对你自身机器操作的过程中，不要离开本机，以免被别人恶意使用您的电脑。

10.4.2　MSN 远程协助

Windows XP 附带提供的一种简单的远程控制的方法。远程协助的发起者通过 MSN Messenger 向 Messenger 中的联系人发出协助要求，在获得对方同意后，即可进行远程协助，远程协助中被协助方的计算机将暂时受协助方（在远程协助程序中被称为专家）的控制，专家可以在被控计算机当中进行系统维护、安装软件、处理计算机中的某些问题，或者向被协助者演示某些操作。下面我们介绍一下如何使用 Windows XP 系统中的“远程协助”功能。

1．前期配置

（1）允许远程协助

右键点击桌面上“我的电脑”，选择“属性”，在“远程”选项卡中，我们可以看到“远程协助”的选项，如图 10-30 所示，在“允许从这台计算机上发送远程协助邀请”项前打勾。

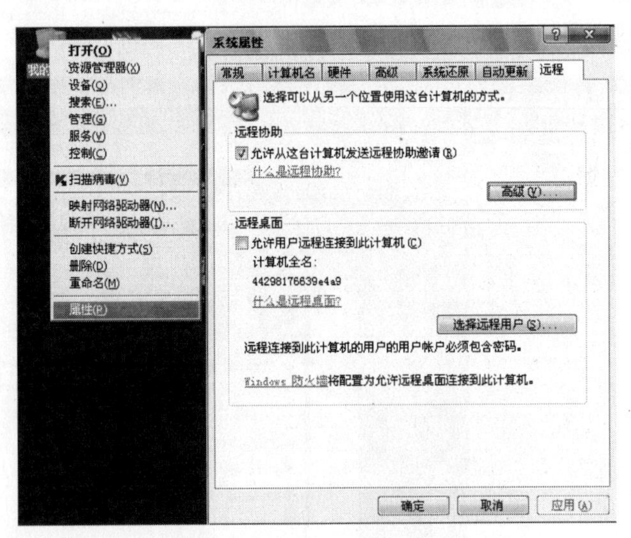

图 10-30　开启“远程协助”

（2）开启服务

- 帮助和支持服务（Help and Support）

在计算机上启用运行“帮助和支持服务”，如图 10-31 所示。如果停止服务，帮助和支持中心将不可用。如果禁用服务，任何直接依赖于此服务的服务将无法启动。

服务(本地)

Help and Support

停止此服务
重启动此服务

描述:
启用在此计算机上运行帮助和支持中心。如果停止服务，帮助和支持中心将不可用。如果禁用服务，任何直接依赖于此服务的服务将无法启动。

名称 /	描述	状态	启动类型	登录为
ClipBook	启用"剪贴簿查看器"储存信息并与远程计算机...		已禁用	本地系统
COM+ Event System	支持系统事件通知服务(SENS)，此服务为订阅...	已启动	手动	本地系统
COM+ System App...	管理 基于COM+ 组件的配置和跟踪。如果服...		手动	本地系统
Computer Browser	维护网络上计算机的更新列表，并将列表提...	已启动	自动	本地系统
Cryptographic Ser...	提供三种管理服务: 编录数据库服务，它确定...	已启动	自动	本地系统
DCOM Server Proc...	为 DCOM 服务提供加载功能。	已启动	自动	本地系统
DHCP Client	通过注册和更改 IP 地址以及 DNS 名称来管理...	已启动	自动	本地系统
Distributed Link Tr...	在计算机内 NTFS 文件之间保持链接或在网络...	已启动	自动	本地系统
Distributed Transa...	协调跨多个数据库、消息队列、文件系统等...		手动	网络服务
DNS Client	为此计算机解析和缓冲域名系统 (DNS) 名称。...	已启动	自动	网络服务
Error Reporting Se...	服务和应用程序在非标准环境下运行时允许...		已禁用	本地系统
Event Log	启用在事件查看器查看基于 Windows 的程序...	已启动	自动	本地系统
Fast User Switchin...	为在多用户下需要协助的应用程序提供管理。	已启动	手动	本地系统
Help and Support	启用在此计算机上运行帮助和支持中心。如...	已启动	手动	本地系统
HTTP SSL	此服务通过安全套接字层(SSL)实现 HTTP 服务...		手动	本地系统
Human Interface D...	启用对智能界面设备 (HID)的通用输入访问，...		已禁用	本地系统
IMAPI CD-Burning ...	用 Image Mastering Applications Programming Int...		手动	本地系统
Indexing Service	本地和远程计算机上文件的索引内容和属性...	已启动	自动	本地系统
IPSEC Services	管理 IP 安全策略以及启动 ISAKMP/Oakley (IKE...	已启动	自动	本地系统
Logical Disk Manager	监测和监视新硬盘驱动器并向逻辑磁盘管理...	已启动	自动	本地系统

图 10-31　启动“Help and Support”服务

- 管理远程协助服务（Remote Desktop Help Session Manager）

管理并控制远程协助。如果此服务被终止，远程协助将不可用，如图 10-32 所示。

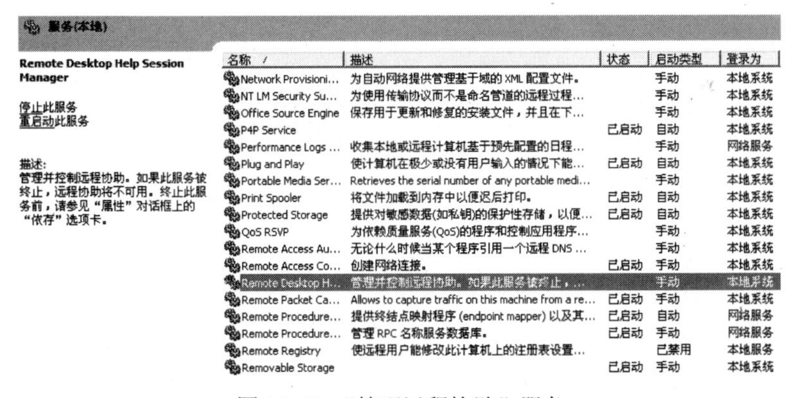

服务(本地)

Remote Desktop Help Session Manager

停止此服务
重启动此服务

描述:
管理并控制远程协助。如果此服务被终止，远程协助将不可用。终止此服务前，请参见“属性”对话框上的“依存”选项卡。

名称 /	描述	状态	启动类型	登录为
Network Provisioni...	为自动网络提供管理基于域的 XML 配置文件。		手动	本地系统
NT LM Security Su...	为使用传输协议而不是命名管道的远程过程...		手动	本地系统
Office Source Engine	保存用于更新和修复的安装文件，并且在下...		手动	本地系统
P4P Service		已启动	自动	本地系统
Performance Logs ...	收集本地或远程计算机基于预先配置的日程...		手动	网络服务
Plug and Play	使计算机在极少或没有用户输入的情况下能...	已启动	自动	本地系统
Portable Media Ser...	Retrieves the serial number of any portable medi...		手动	本地系统
Print Spooler	将文件加载到内存中以便迟后打印。	已启动	自动	本地系统
Protected Storage	提供对敏感数据(如私钥)的保护性存储，以便...	已启动	自动	本地系统
QoS RSVP	为依赖质量服务(QoS)的程序和控制应用程序...		手动	本地系统
Remote Access Au...	无论什么时候当某个程序引用一个远程 DNS ...		手动	本地系统
Remote Access Co...	创建网络连接。	已启动	手动	本地系统
Remote Desktop H...	管理并控制远程协助。如果此服务被终止，...		手动	本地系统
Remote Packet Ca...	Allows to capture traffic on this machine from a re...	已启动	手动	本地系统
Remote Procedure...	提供终结点映射程序 (endpoint mapper) 以及其...	已启动	自动	网络服务
Remote Procedure...	管理 RPC 名称服务数据库。	已启动	手动	网络服务
Remote Registry	使远程用户能修改此计算机上的注册表设置...		已禁用	本地服务
Removable Storage		已启动	手动	本地系统

图 10-32　“管理远程协助”服务

2.“远程协助”功能的使用

与介绍 QQ 工具中的远程协助功能类似，下面我们同样使用一个实例来介绍 MSN 中的远程协助功能。“张”邀请“liu@msn.com”对其进行远程协助，如图 10-33 所示，单击“请求远程协助”选项，过程如下所示。

（1）您邀请了 liu@msn.com 使用远程协助。请等待回应或取消（Alt+Q）该待定的邀请。

（2）liu@msn.com 接受了使用远程协助的邀请。

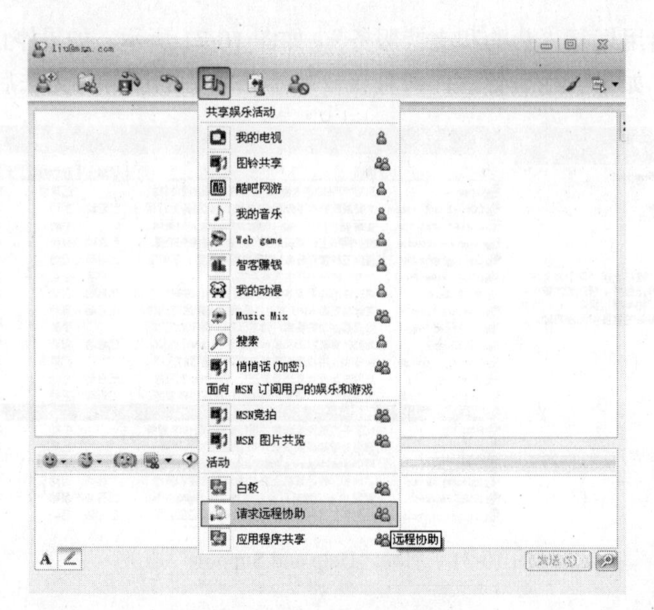

图 10-33　请求远程协助

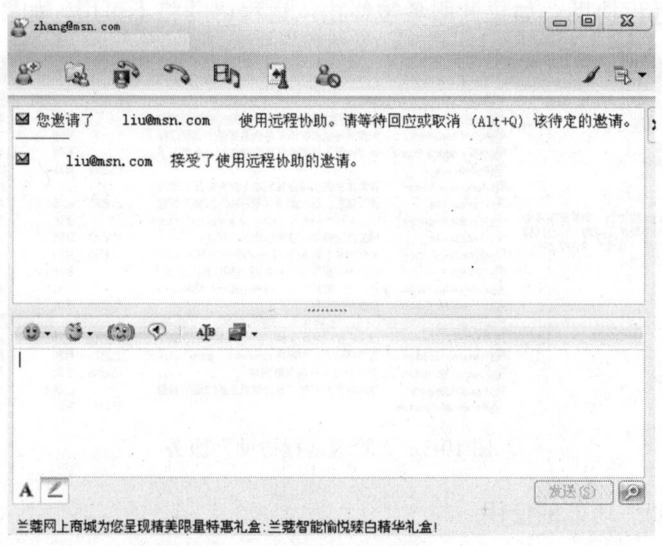

图 10-34　对方接受“远程协助”

当 liu@msn.com，收到“张”的邀请后，如果同意了“张”的邀请，则会弹出如图 10-34 所示的窗口尝试连接到“张”的主机。

接着，“张”的主机上会弹出屏幕查看的提示窗，如图 10-35 所示。“张”单击“是”

按钮即可开始远程协助过程，liu@msn.com 便可以查看到“张”的屏幕了，如图 10-36 所示。

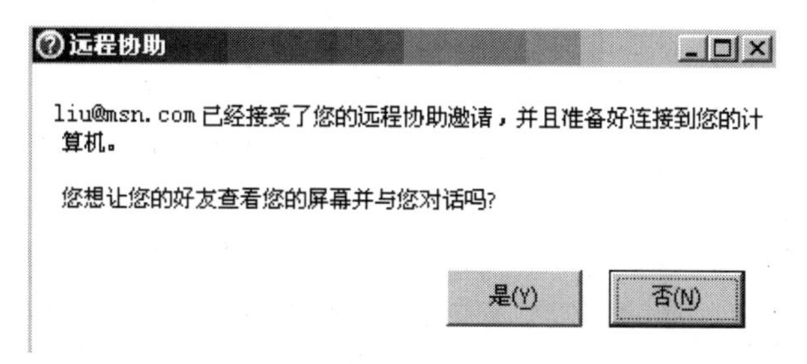

图 10-35　确认

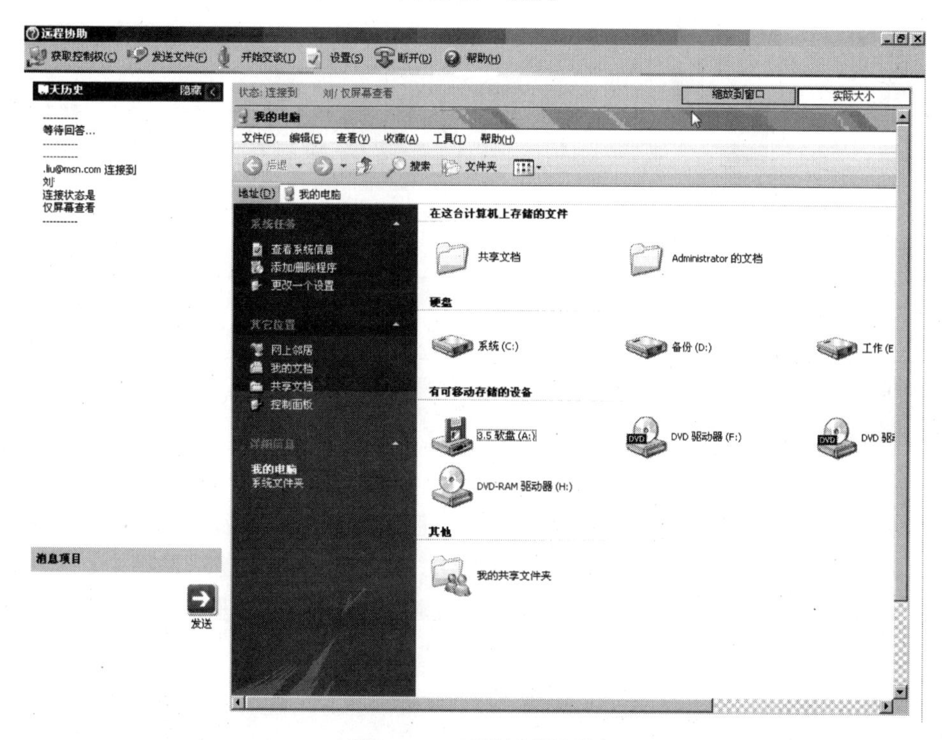

图 10-36　开始远程协助

同时，“张”的机器上会出现悬浮的控制菜单栏，如图 10-37 所示。如果 liu@msn.com 希望能够对其“张”的主机进行远程控制，那么就单击远程协助窗口菜单栏中的“获取控制权”选项请求“张”允许对其控制。同时“张”会收到如同 10-38 所示的提示窗口，征求同意。如果单击了“是”按钮，那么此次远程控制过程正式开始。

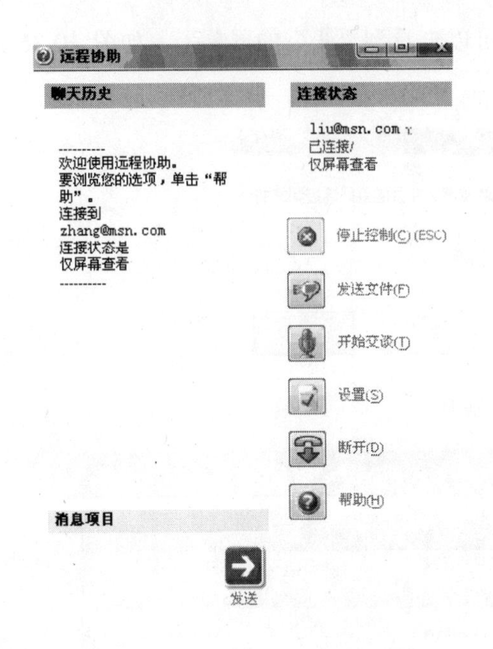

图 10-37　控制窗口（仅查看屏幕）

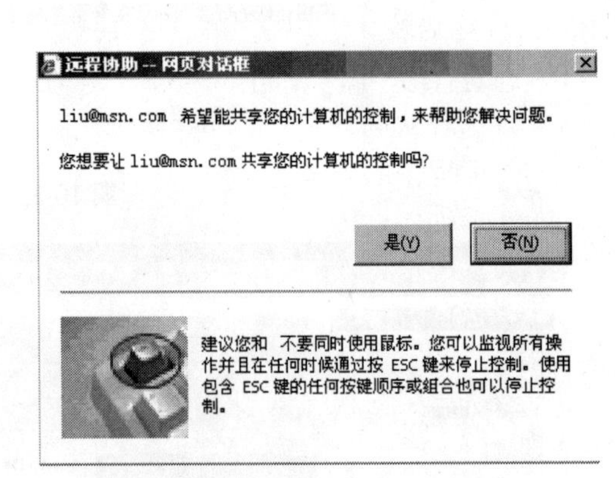

图 10-38　请求远程控制

注意　与 QQ 在远程协助过程中类似，如果请求别人完全控制自己的机器，那么在别人对你自身机器操作的过程中，不要离开本机，以免被别人恶意使用您的电脑。

10.5　小结

本章我们主要介绍了计算机远程管理技术，包括远程终端和远程协助，并讲解了远程终端、远程管理工具和远程协助工具的基本用法。在远程终端的使用过程中，为了防止被恶意暴力破解出口令，必须严格遵守口令设置策略。另外在与人进行远程协助的过程中，一定不要离开本机。

习题 10

一、判断题

1．远程终端在使用过程中不存在安全问题。　（　　）

2．远程终端在使用过程中应该严格配置好口令，防止被暴力破解。　（　　）

3．可以通过修改端口的方法来增强远程终端的安全性。　（　　）

4. 远程管理工具自身的安全漏洞，不会影响机器自身的安全性。　（　）
5. 远程协助工具由于采用了多次认证的过程，因此使用起来更加安全。（　）

二、选择题

1. **[单选题]**有关远程终端的说法错误的是（　）
（A）远程终端方便远程管理；　（B）远程终端存在弱口令问题；
（C）远程终端默认端口是 3389；　（D）远程终端端口不能修改。
2. **[单选题]**有关 QQ 远程协助说法正确的是（　）
（A）QQ 远程协助存在弱口令问题；
（B）QQ 远程协助采用多次确认的方式使得过程更加安全；
（C）QQ 远程协助和远程桌面是一个概念；
（D）QQ 远程协助没有安全问题。
3. **[单选题]**有关 PCAnywhere 的说法错误的是（　）
（A）它是一款远程管理工具；
（B）它的使用过程中不存在安全问题；
（C）客户端和服务器都必须安装才行；
（D）客户端和服务器都必须正确配置才行。
4. **[多选题]**Windows 终端服务，适用于以下操作系统有（　）
（A）Windows 95；
（B）Windows 98；
（C）Windows NT Server 4.0，Terminal Server Edition；
（D）Windows XP Professional；
（E）Windows 2000 Server；
（F）Windows Server 2003。
5. **[多选题]**要使用 MSN 远程协助需要做的工作包括（　）
（A）安装 MSN；
（B）安全 QQ；
（C）允许从这台计算机上发送远程协助邀请；
（D）开启“Help and Support”服务；
（E）开启“Remote Desktop Help Session Manager”服务；
（F）开启防火墙。

三、思考题

1. 调研一下其他常用的远程管理工具，并熟悉其用法，并研究是否存在安全问题。
2. 分组实现一下 MSN 远程协助功能，将遇到的问题及其相应的解决方案罗列出来。

Csdn.net

技术凝聚实力 专业创新出版

博文视点（www.broadview.com.cn）资讯有限公司是电子工业出版社、CSDN.NET、《程序员》杂志联合打造的专业出版平台，博文视点致力于——IT专业图书出版，为IT专业人士提供真正专业、经典的好书。

请访问 www.dearbook.com.cn（第二书店）购买优惠价格的博文视点经典图书。

请访问 www.broadview.com.cn（博文视点的服务平台）了解更多更全面的出版信息；您的投稿信息在这里将会得到迅速的反馈。

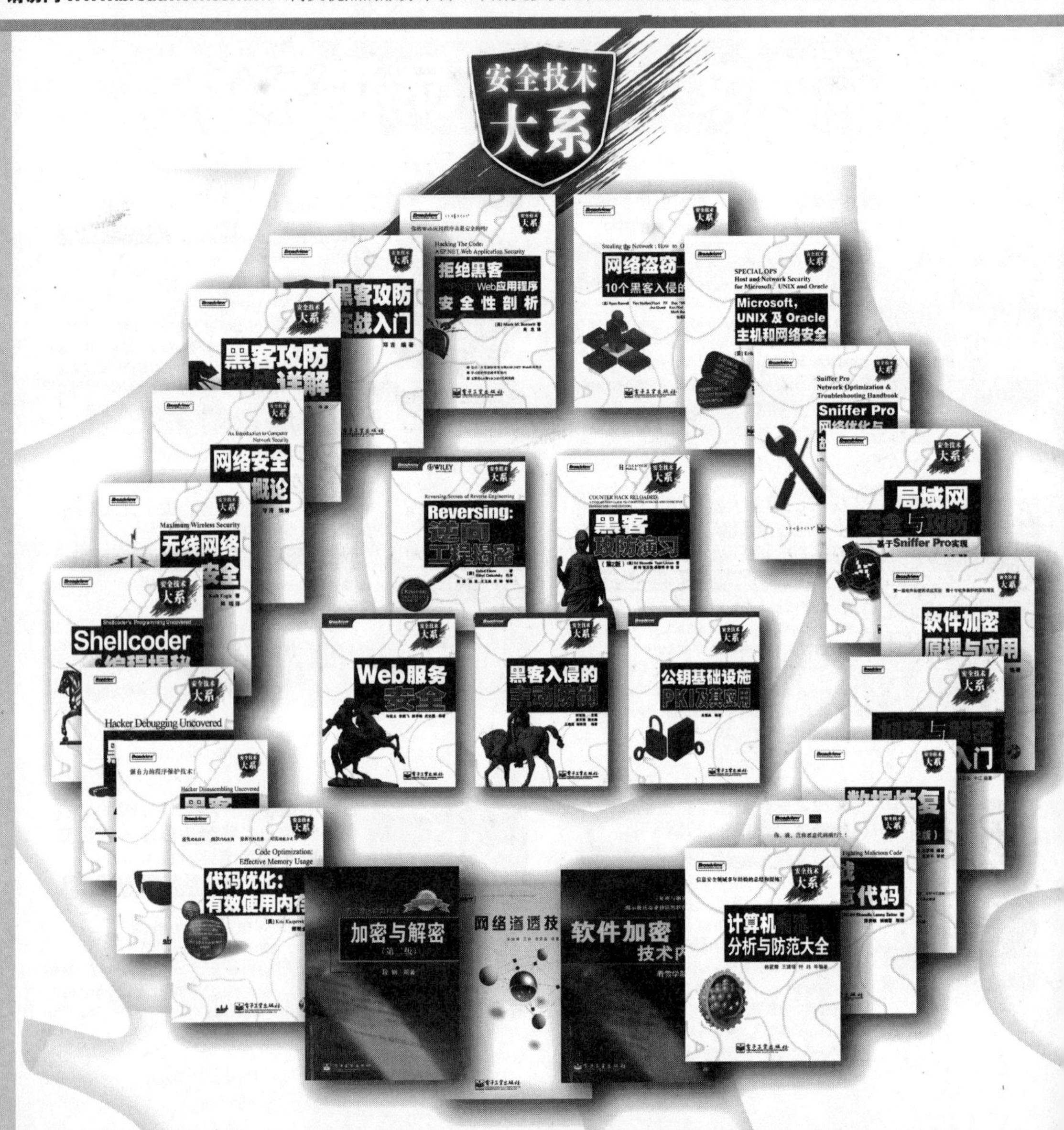

解析安全技术的各种核心问题，彰显领域专家的理论与实践水平，反映安全技术的最新应用，提供完整的解决方案！在相对专业、受众较窄的领域里，以我们的眼光和质量，创造安全技术大系一个个畅销传奇！

投稿热线：
(010)88254013，88254368
投稿邮箱：bn@phei.com.c